为 人 生 提 供 领 跑 世 界 的 力 量

BLACK SWAN

人生难得是初心

星云大师谈人间万事

星云大师·著

甘肃人民美术出版社

图书在版编目（C I P）数据

人生难得是初心 / 星云大师著. — 兰州 : 甘肃人民美术出版社, 2015. 9
ISBN 978-7-5527-0383-2

Ⅰ. ①人… Ⅱ. ①星… Ⅲ. ①人生哲学—通俗读物
Ⅳ. ①B821—49

中国版本图书馆CIP数据核字（2015）第219055号

人生难得是初心

星云大师 著

出 版 人: 吉西平
责任编辑: 田 园
校 对: 孟孜铭
装帧设计: 姜宜彪

出版发行: 甘肃人民美术出版社
地 址: 兰州市城关区读者大道568号
邮 编: 730030
电 话: 0931－8773149（编辑部）
0931－8773112 0931－8773269（发行部）
E－mail: gsart@126.com
网 址: http://www.gansuart.com
印 刷: 北京慧美印刷有限公司
开 本: 710毫米×1000毫米 1/16
印 张: 18.5
字 数: 292千
插 页: 2
版 次: 2016年1月第1版
印 次: 2016年1月第1次印刷
书 号: ISBN 978－7－5527－0383－2
定 价: 39.80元

如发现图书质量问题，可联系调换。质量投诉电话：010－82069336

编者的话

2000年4月1日《人间福报》在台湾地区创刊，创办人佛光山开山星云大师亲自为头版撰写《迷悟之间》专栏；三年之后，大师继续撰写《星云法语》，为社会大众提供丰盛的心灵飨宴；当《人间福报》迈入第三个三年，大师再以《人间万事》专栏与读者结下深厚缘分。

顾名思义，“人间万事”举凡人世间的林林总总，包括人情、人性、人心善恶、好坏之探讨；家庭、社会、世间问题、现象之分析；宇宙、人生、生命真理、奥妙之穷究，大师都以他的生花妙笔，透过《生命的拥有》《人生的通路》《好坏儿女》《旁边的人》《上台与下台》《人间的忌讳》《洗什么》《委屈五法》等，一篇篇文章具体而细微地刻画出人间万象与众生实相，进而深入浅出地探讨世间问题与人生哲理。

《人间万事》专栏不但有理、有事，有知识、有趣闻，还有隐喻、有明示，更有现象的分析、有问题的探讨，尤其大师对各种问题往往也有另类看法。例如，中国古代社会有“女人七出”，大师指出现在是个男女平权的时代，如果丈夫有太多缺点，女人也可能来个“丈夫七出”；大师善于逆向思考，引导人们在谈笑风生之余，深思人生的哲理、探讨人生的问题，继而找出突破困境的方法。可以说，《人间万事》专栏是大师人间佛教“生活佛法化、佛法生活化”的再一次具体呈现，也是大师荟萃生活与佛法的智慧结晶。

星云大师始撰《人间万事》专栏时已八十高龄，以其人生的经验之丰富、思想之成熟、义理之融会，对佛法的诠释自然另有一番新境界，加之大师写作层次分明、文笔洗练，自然精彩，读来欲罢不能。

大师多年来弘化世界，周游五大洲，可以说云水行脚，居无定所，就是佛光山的徒众，平日也难得见上大师一面。但是大师为了与读者们结缘，仍然在忙碌倥偬的行旅之中勉力为之撰写专栏，没有让报纸开过一次天窗。大师不辞劳苦，效法常精进菩萨“永不休息”的精神，其实就是最好的无言说教。

有幸获得佛光山旗下文化机构——上海大觉文化公司信赖，我社欢喜引进这套由《人间万事》专栏汇编成的《星云大师谈人间万事》系列丛书。根据大陆读者需要，按照不同主题依次编辑成六册：

修身养性篇《心量越大，好事越多》（2014年6月出版）

生死苦乐篇《越不怕死，活得越好》（2014年6月出版）

自在生活篇《人生是苦，苦就是福》（2014年6月出版）

家庭和睦篇《人生难得是初心》（本书）

事业智慧篇《凡事多生欢喜心》（暂定名，待出版）

人际圆融篇《生命自有心安处》（暂定名，待出版）

我社编辑群尽可能原汁原味忠实呈现原著全部风貌，分享大师生活哲学。佛法从来不只是“心灵鸡汤”，也不仅是抚慰人心的工具，而是日常生活中无处不在的点滴智慧、为人处世的通达之道、处处无碍的圆融心法。

事业智慧篇、人际圆融篇亟待因缘和合，争取尽快出版，以飨读者。

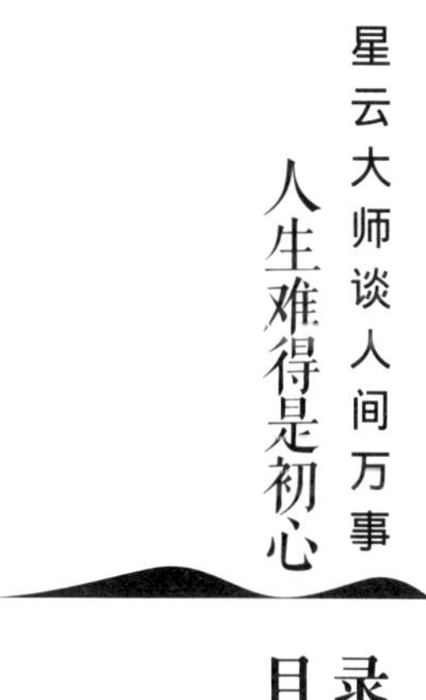

目录

壹・婚姻与家庭

贰·饮食男女

叁·父母与子女

肆·伦理的约束

伍·道德的宣战

陆·如何相处

柒·公道自在人心

捌 · 是非的处理

壹·婚姻与家庭

嫁人（一）

男婚女嫁，男女结为夫妻，共同组织家庭，这是人伦之始；而家庭是社会组成的基本单位，所以男婚女嫁不但是个人的终身大事，也关系着社会的发展。

结婚是男女双方一生的大事，如果能够结个好的姻缘，一生就幸福美满；万一不幸婚姻失败，变成冤家对头，成为怨偶，则终生痛苦不堪，所以选择结婚对象，不能不郑重其事。

中国有句俗语说“男怕入错行，女怕嫁错郎”，可见女孩子嫁人，尤其轻忽不得。过去女儿要嫁人，父母总希望为她找个家世背景好，尤其是有钱有势的人家最好，女儿嫁过去可以不必为生活操劳辛苦。但现代人的观念改变了，尤其现在有些见识多、眼界高的新女性，她们对于选择对象，也有自己的一番见解与看法，略述如下：

一、不嫁有钱有势的人。有钱有势的人，所谓“饱暖思淫欲”，尤其男人钱多容易作怪，喜欢来个“三妻四妾”，所以有些女性宁可嫁个有才华、有志气的穷小子，也不愿嫁给有钱有势的纨绔子弟。

二、不嫁位高权重的人。位高权重的人，平常习惯了指挥别人，容易颐指气使，有时候对待妻子也如对待仆人一样，不容易相敬如宾，所以有些女性不甘愿做个楚楚可怜的小妇人，自然不愿嫁给有权有势的人。

三、不嫁喜欢应酬的人。结婚以后，先生天天在外应酬，经常三更半夜才回家，让妻子在家养儿育女、操持家务，甚至看家守门，这样的生活何乐之有？所以多数女性不愿嫁给喜欢在外应酬的男人。

四、不嫁冷漠无情的人。有的男士个性严肃，经常板着脸孔，对人不苟言笑，甚至冷漠无情。跟这种男人生活在一起，家庭就像冷宫一样，很少有女人能受得了。

五、不嫁有暴力倾向的人。家庭暴力是这个时代严重的社会问题之一。不可否认，家有“河东狮”固然让男人胆战心惊，但多数家庭暴力都来自男性，所以一般女性莫不害怕嫁个有暴力倾向的男人。

六、不嫁言行不一的人。有的男人喜欢花言巧语，赢得女人的芳心。但结婚后，如果丈夫对妻子还是经常油腔滑调，言行不一，彼此就很难相互信赖，夫妻关系也难以天长地久。

七、不嫁好吃懒做的人。一个标准的好男人，必须勤奋顾家，如果好吃懒做，自身都养活不了，如何照顾妻子儿女？所以好吃懒做的男人，总令女人敬谢不敏。

八、不嫁嗜好不良的人。每个人都应该培养正当的兴趣，但是不能养成不良的嗜好，也就是不能有坏习惯。有的男人喜欢酗酒、赌博、吸毒，整天吃喝玩乐，甚至经常涉足风月场所，寻花问柳。嫁给这样的男人，怎么能建立一个健全而美满的家庭呢？所以嗜好不良的男人，绝对不是女人结婚的好对象。

至于什么样的男人，才是最好的结婚对象呢？下文另论。

嫁人（二）

“男大当婚，女大当嫁”，这是正常人生的自然归属。过去男女结婚，都是凭着媒妁之言，现在讲究自由恋爱。媒妁之言未必不好，自由恋爱也未必看得真切，所以婚姻还是要靠缘分。

女人应该找一个什么样的有缘人，才可以下嫁呢？继上文谈过“不可嫁”的对象之后，现在就“可嫁”的对象，列举之：

一、要嫁本分笃实的男人。男人英不英俊，不是最重要；有钱没有钱，也不是最重要；门当户对与否，都不是最重要的。男人最重要的是，诚诚恳恳、老老实实，本分做人；做人能做得好，还怕不能做个好丈夫吗？

二、要嫁幽默风趣的男人。丈夫是一个家庭的中心，他的一言一行，都会影响家庭的气氛，所以一个男人不可以太自私，也不能太固执，做人要风趣，要有一些幽默感。男人赚钱养家固然重要，经常把欢笑带回家，更为重要。

三、要嫁有责任感的男人。一个男人像不像男人，可以从负责任与否来评价他。有的男人讲信用、重承诺，尤其有责任感，能确实负起养家的责任。反之，有的男人当面信誓旦旦，一转身就把他的承诺忘得一干二净，这种不守信、没有责任感的男人，怎么会是一个好丈夫呢？

四、要嫁勤劳俭朴的男人。一个男人，出手大方，海派阔绰，偶尔为之可以，如果经常如此，则经济必会出现危机。再说，出手大方，也要讲究是非善恶，还要懂得量入为出，所以终身可靠的男人，勤劳俭朴是重要的条件之一。

五、要嫁善良体贴的男人。夫妻相处，相互体贴就是最大的幸福。因此，女人要嫁的好对象，要有善良体贴的本性。他对待妻子儿女、对待亲人朋友，甚至对待家中豢养的动物，都很爱护，这种男人怎么会不懂得体贴妻子呢？

六、要嫁厚道有德的男人。女人在选丈夫的时候，一定要观察对方厚不厚道。因为厚道有德，这是做人的根本；失去做人的根本，如何成为一个好丈夫呢？所以品性、道德、操守好的男人，才能放心托付终身。

七、要嫁怀抱理想的男人。男人不一定要有思想，但至少要有理想，而且不可以是空洞的妄想，应该要有切实的目标。不管是为家、为人、为国，也不管理想大小，都要付诸实践。这样的男人，有理想、有目标、有抱负、有原则，才值得信赖。

八、要嫁胸襟宽广的男人。过去一般人都认为女人胸襟比较狭窄，但其实慈悲、厚道的女性，社会上比比皆是。反而有的男人胸襟狭窄，气度不够恢宏，这就不免“常使贤妻良母泪满襟”了。一个男人，所谓男子汉大丈夫，不可以像小女人一样，心中常常存有心结，甚至心机太重，爱在言语上计较，尤其行为粗鲁，总把贪欲、恨表现在最爱的妻子儿女面前，如此家庭怎么会幸福呢?

所以，什么是好丈夫? 标准很多。不过，如果能够具备上述的条件，尤其能够爱家、顾家，这样的男人也就离负责任的理想丈夫不远了。

嫁妆

根据古老的传统，男人娶妻要给聘金，女子出嫁要办嫁妆。但是现在聘金不流行了，嫁妆的观念也改变了，现代人固然不需要侍女陪嫁，其他的冰箱、电视，甚至房屋、汽车等，也不再是必备的嫁妆。现代人真正应该具备的嫁妆是什么呢?

一、以女德作嫁妆。过去的社会要求女人要具备“三从四德”，所谓“四德”就是：妇德、妇言、妇容、妇功。今日女性虽不太讲究三从四德，但基本上“女德”还是非常重要的。现代女人的嫁妆，所谓“女德”，诸如贤淑、温柔、娴静、和顺、勤劳等。平时和亲族相处，要让大家接受，要有现代治家的知识，通晓家务，善于理家，对家庭收支要有预算的经济观念，尤其要有相夫教子的能力。另外，现代社会虽不讲究“书香门第”，但要能带动家人养成读书的习惯。自己本身最好能具备一些职业的专长，如会计、护理、教师等专业能力。一个现代女性能具备这些女德，就算是相当风光的嫁妆了。

二、以孝亲作嫁妆。自古以来，婆媳相处是一个家庭重大的问题。女性出嫁之前，对方不但要了解你的优缺点，对长辈孝顺与否，更是重要的条件。今日社会，虽以小家庭居多，但基本上的家庭伦理不能忽略，婆媳之间仍是关系密切，所以在现代女性的嫁妆里面，孝亲也是重要的项目之一。初为人媳者应该知道，你所嫁的男人是公婆的儿子，是他们所生所养，经过二三十年的辛苦，现在忽然转移给你，如果是一个懂事的媳妇，应该知道要孝顺公婆，感恩回报；反之，如果一结婚，就想把公婆踢开，让他们情何以堪？当然就难以忍耐了。一个家庭里，婆媳相处，当然是双方的问题，婆婆应该把媳妇视如女儿一般疼爱，媳妇要把婆婆当成母亲一样侍奉，早晚请安、问候，尤其热诚更是不可少。婆媳能够如此真诚相待，家庭必能和乐，这就是最好的嫁妆。

三、以巧艺作嫁妆。现代女性的嫁妆，有形的物质不谈，无形的嫁妆如巧艺、专长都必须具备一手。例如，一个女人要控制男人的心，先要掌握他的胃口，所以有好的厨艺，能调理出美味可口的三餐，非常重要。再者，现代女性虽然不一定要会绣花、缝衣、女红等才艺，但若能学会插花、布置、弹琴、绘画、书法、写作，甚至护理、财务、驾驶，等等，这也是才艺。尤其在待人接物上面，大方有礼，能够参加适当的社交，这都是巧艺，也是现代女性很重要的嫁妆。

四、以信仰作嫁妆。现代女性出嫁，不但要知书达理，还要把信仰带到夫家，或者尊重夫家的信仰。因为信仰也是人生重要的部分，进步的人生，信仰是道德的标准，全家人要能同心同德，必须要有相同的信仰。尤其夫妻之间，不管是物质、感情、精神生活，都要能“夫唱妇随”，如此才能建设幸福美满的家庭。

结婚

“男大当婚，女大当嫁”，青年男女到了适婚年龄，有了彼此情投意合的对象，结婚是很正常而自然的事。

结婚的基础，就是要有爱情，有了爱情，即使种族不同、文化不同、信仰不同，甚至年龄悬殊、语言不通，都没有关系，只要相爱就好。但是有的人虽然同在一地，日日相处，内心就是燃不起爱的火花，所以爱情不来电，即使有人撮合，也没有用。

中国有句话说：“千里姻缘一线牵。”路途相隔再遥远的两个人，只要相爱，即使父母反对、组织家庭的条件不够，乃至遭受再大的困难，都会想出种种办法克服，总要让有情人成为眷属。

对爱情的憧憬，其实不分族群、地域，每个少男少女，心中都有同样的向往，但是对于结婚的态度、观念，就未必如此了。兹就世界各民族对结婚的心态，略为一谈：

一、意大利人把结婚当歌剧。人生假如是一出戏剧的话，意大利的青年男女结婚，就像在表演一出“歌剧”。结婚像赞美诗一样，值得歌颂，歌颂情投意合、歌颂两性和合、歌颂爱情甜蜜、歌颂未来幸福，所以在西方流行的歌剧，大都以爱情为主。

二、法兰西人把结婚当喜剧。法国人生性浪漫，因为浪漫的性格，只要男女两情相悦，就可以罗曼蒂克地生活在一起。他们认为人生就是一出喜剧，只要彼此喜欢，就可以同居，就可以一起生活，所以法国人很讲究浪漫的情调，也因为他们的想法单纯，很容易增加彼此相处的欢喜。

三、英吉利人把结婚当悲剧。英国王室的婚姻，有些以喜剧开始，以悲剧收场。因为本来美好的姻缘，结了婚之后一旦爱情变了调，就成为悲剧。例如戴安娜王妃与查尔斯王子，本来是金童玉女人人称羡的一对，大家也都寄予祝福，希望他们如童话故事一样，王子与公主结婚之后，从此过着幸福快乐的日子。但结果令人遗憾，两人维持了十几年貌合神离的婚姻之后，终于宣告离婚，最后戴安娜王妃不幸车祸丧生，留给世人无限的怀念与感伤。

四、美利坚人把结婚当闹剧。在美国，今天结婚，明日离婚，甚至结婚仪式才刚完成，两人走出教堂马上就闹别扭，于是再回教堂办离婚。美国人把婚姻当闹剧，有的结婚后离婚，离婚后再结婚，结了又离，离了再结，三次五次，十次八次，稀松平常。美国人离婚率很高，只是苦了儿女，因为离了婚的家庭，儿女为了探望父母，两地奔波。而这一切，应该是因为他们太把婚姻当儿戏了。

五、中国人把结婚当丑剧。中国人的传统爱情观，女性要三贞九烈，所谓“一女不嫁二夫”，女性的贞节牌坊往往被看得比生命重要。但是反观男性，三妻四妾，在外逢场作戏，视为平常。乃至古代的皇帝，三宫六院、七十二嫔妃之外，唐玄宗甚至硬把儿媳夺为自己的宠妃，真是丑剧一场。现在法律虽然规定“一夫一妻”制，但是一些殷商巨贾，仍有不少同居人。尤其现在海峡两岸往来密切，“包二奶”的现象也时有发生。在台湾也有不少大陆新娘，以及来自越南、泰国等地的“外籍新娘”，但是有些台湾男人只是把她们当成生儿育女的工具，这些都让人觉得中国人的婚姻，简直就是一场丑剧。

其实，世界各国的文化虽有不同，但是男女结婚是家庭人伦之始，有健全的家庭才有健全的社会，所以现代男女应该过着合乎法律的夫妻生活，这才是文明社会应有的健康人生。

结婚三阶段

人生最大的问题，就是“结婚”。

结婚是人生另一个阶段的开始，结婚之后，本来是一个人，忽然变成两个人共同生活，尤其是两个来自不同地方、不同家庭、不同背景、不同习惯、不同观念的两个人，把很多的不同，忽然结合在一起，要说婚姻和谐如鼓琴瑟，确实不易！

过去，男子背负中国传统的道德、社会的希望、父母的嘱托、家庭的需要，总要多方维护丈夫的责任，女方则有三从四德的要求，因此大都还能维护男女双方应扮演的夫妻角色。但是现在社会变迁，家庭伦理意识薄弱，是以今日社会离婚率不断上升，男女双方要求一生情投意合更属不易。

过去中国文化“不孝有三，无后为大”，丈夫为了家庭传宗接代，势难推翻传统的要求；女人所谓“男大当婚，女大当嫁”，嫁不出去的女人非常没有面子，因此即使对婚姻有诸多的不以为然，在传统的舆论、道德、文化影响下，一个小女子也不得不随着社会洪流运转。

过去男女的婚姻，一直受着传统文化的束缚，但时代不同了，现在维护男女婚姻关系的要件，已不是过去的门当户对、媒妁之言，或是双方家长同意就算数了。

综观中国的婚姻，就拿近代几十年来说，五十年前要结婚，总是先问：对方有钱没有？到了四十年前，会问：他的学历如何？再到三十年前，则问：他的身体健康如何？二十年前是以信仰为主，十年前重视的是职业，现在则讲究对方的幽默感如何，可见男女的婚姻观越来越不一样了。

结婚是一辈子的事，如果把对方估计错误，勉强结合，最后经不起时间考验，难免以离婚收场，无法天长地久，所以要郑重其事。以下兹以“结婚三阶段”，提供给有心人参考：

一、恋爱前，用双眼把对方看个清楚。因为恋爱前，没有什么承诺，也不必遵守任何誓言，可以千挑万选，因此要把对方看清楚，近视远观，统统都合己意，这才可以进行第二阶段。

二、恋爱时，要用一个眼睛看。因为爱情常常会冲昏理智，双眼有时也会看走了样，所以要用一个眼睛看。就如木匠做木工，也都是用一个眼睛来目测标尺、吊线；用一个眼睛才能看得直、看得准，不会出差错，这是第二个阶段。

三、结婚后，闭起双眼，就不必再看了。男女双方既已结婚，彼此成为一体，何必再睁大眼睛去看耳朵、眉毛、鼻子、嘴巴呢？不看，大家共同生活，才会相安无事。尤其夫妻结婚，大家都是凡人，用不着以圣人的眼光来检视对方，只有用爱心、体贴来尊重、包容对方，那才是结婚的最高境界。

上述三点意见，只是告诉现代社会的有情人，不要一时冲动、一厢情愿、一见钟情，应该把初看、再看、不看，作为婚姻的三步骤，这也是巩固婚姻之道。

三等媳妇

中国人一向喜欢养儿子，儿子大了必然要娶媳妇，媳妇一进门，忽然多了一个女人，家庭就此风云变幻莫测。

有的家庭多了一个女人，贤惠体贴，如“开心果”一般，增加家庭的欢乐气氛；有的家庭多了一个女人，也多了计较、多了是非、多了许多问题，使家庭难以安宁。

媳妇进门，最大的问题无如“婆媳相处”了。好的男人处理“婆媳问题”，善于规范，善于调停；不善于处理婆媳关系的男人，一边是妈妈，一边是妻子，自己夹在中间成了夹心饼干，那就真的是“里外不是人”了。

其实两个女人之间，也不一定就会有问题，先要看做媳妇的，肯不肯用心经营婆媳之间的关系。以下兹有“三等媳妇”，提供参考：

第一等媳妇。想要做第一等媳妇的人，嫁到婆家的第一件事，就是要建立与婆婆之间的良好关系，不可先怀有成见，或主观地认为婆婆一定是个不讲理的人。反而要想：今后婆婆是我最亲、最爱的人，我从此就多了一个母亲。不过，另一方面做媳妇的还必须知道，今后万一自己有什么过失，丈夫会原谅，但是婆婆可能会计较，所以必须侍奉恭敬、谈话谨慎，对婆婆要如母亲一样的体贴、重视、尊敬，让婆婆对你生起好感，则以后的日子自然好过。

因此，第一等媳妇不但要让公婆尊重你、丈夫爱护你，尤其要善理家务，把婆家视如娘家，每日洒扫庭除，供应三餐，委屈忍耐，不可以有情绪化的语言、动作出现，这是最为重要的。

第二等媳妇。假如不幸，婆媳无缘，虽居一家，却形同路人，互不来往。尽管如此，但是做晚辈的礼貌不能不顾、伦理不能不重。做媳妇的怎么不甘愿，在恶婆婆面前仍要做一个贤惠的媳妇，要侍奉恭敬，就算是虚与委蛇，也不能不做个样儿，不能把家庭当战场。所以第二等媳妇，至少要顾念大局，要为亲爱的丈夫做人，要设法对婆婆表示臣服，不可意气用事，做晚辈的本来注定就是理亏，如果能够认清自己的身份，后面就会有改善的空间。

第三等媳妇。第三等媳妇一到婆家，立刻摆出对立的态势，开口“你们这一家”，闭口“你的爸爸妈妈”，就是藐视公婆，存心向伦理挑战。甚至平日生活里，斤斤计较，一点委屈都不能忍受，整天诅咒、怨恨、哭闹、投诉，这就无法维持正常的婆媳关系，甚至也没有办法成为一个正常的家庭了。

东西有上等货、中等货、下等货；如果把人比为货品，上等的媳妇就是上等货、中等的媳妇就是中等货、下等的媳妇就是下等货。希望全天下的年轻女孩，当你准备结婚时，也一定要预备好务必做个上等媳妇，千万不要成为下等媳妇才好！

丈夫五等

俗语说“男大当婚，女大当嫁”，男人都要娶妻为人丈夫，女人也总要嫁人为妻。男女双方结婚以后，彼此从不同的姓氏、不同的地方、不同的家世背景、不同的生活习惯等，忽然结合在一起生活，“琴瑟和鸣”最为重要。所以，男人有了妻子之后，要扮演好丈夫的角色，要负起做丈夫的责任，要做一个称职的好丈夫。

如何才能做一个好丈夫呢？兹分五等说明如下：

一、负责任的丈夫。丈夫的责任，要保护妻小、要守护家人的安全、要让家人生活不虞匮乏，对于儿女的教育及其交友情形等，都要关心，所以举凡家中的经济、教育、安全、对外公关、与朋友往来等，丈夫都要负起一家之长的责任。

二、有职业的丈夫。男人要有职业，才能养家糊口，而且所从事的职业要正当，不可以靠赌博、走私、贩毒，乃至贪污等非法所得营生，要让家人有正当的经济生活，同时要顾及家人的荣辱、安全，所以要安分、守法地勤劳工作，不可以非法营生，也不要妄求一夕致富。

三、有爱心的丈夫。男人是一家之长，不但要供给家人的经济生活所需，还要对家人关怀，尤其要能体恤妻子的辛劳，主动帮忙做家务，以身作则做子女的榜样。甚至家人以外的亲朋好友、邻里、同小区的人等，都能关心。一个有爱心，尤其有幽默感的男人，能制造家庭的欢乐、丰富家人的精神生活，才是一个好丈夫。

四、有知性的丈夫。丈夫在家庭里，其地位如同总司令，家里大大小小都要尊重总司令的权威，所以做丈夫的必须要有广博的学问，要有通达的知识，对社会的政经时事要能了解，对地理历史的常识都能知道，一个有知性的丈夫才能做妻儿的老师，才能领导家人学习、成长，提升生命的内涵。

五、有正行的丈夫。为人丈夫要让妻子儿女等全家老小以他马首是瞻，不但要有渊博的知识，尤其要有高尚的品格与健全的道德，为人正派，不酗酒、不赌博、不借贷、不晏游等。平时要能回家吃晚饭，偶有交际应酬，纵使不能全家参加，至少要夫妻双双出席。所谓身教重于言教，一个有正行的丈夫，必能成为妻儿的表率，必能教育出品学兼优的下一代，所以是一个好丈夫。

女人选择丈夫，不一定要外表高帅，或是能言善道，重要的是要诚实、正直、负责任、有爱心。所谓“男怕入错行，女怕嫁错郎”，丈夫是一生的伴侣，不能不慎重选择。

丈夫七出

古代的中国社会，有所谓“女人七出”，也就是一个女人出嫁后，如果犯了七件事，丈夫可以用一纸休书把妻子休了。七件事分别是：一、不孕无子；

二、红杏出墙；三、不事舅姑；四、饶舌多话；五、偷盗行窃；六、嫉妒无量；七、身患恶疾。

古代的女人，社会地位低下，必须仰仗男人过活，从“女人七出”可以看出当时女性的处境艰难。但是现在时代不同了，不但提倡“男女平等”，甚至现在新时代的新女性，女权意识高涨，女人独立自主的能力增强，已经不一定要依靠男人过日子，所以现代的家庭里，如果男人有太多的缺点，让女人无法忍受，女人也可以提出离婚，因此现在也有“丈夫七出”，例如：

一、懒惰。有的男人生性懒惰，平时好吃懒做，不但没有正当职业可以养家糊口，甚至在家做大老爷，家务不肯做，与家人相处也不融洽，这种不负责任的男人，无法带给家人幸福，所以妻子只好休夫。

二、赌博。俗语说“十赌九输”，染上赌瘾的男人，往往把家产败光，甚至负债累累，惹得债主一天到晚上门骚扰，家人也无法安心生活，最后只有身败名裂、妻离子散。尤其是现在的赌博，不只是打麻将，有的赌棒球、赌选举等，赌法虽有不同，相同的是有赌就有输赢。所以嫁个好赌的男人，有远虑的女人，也会早早离婚为妙。

三、酗酒。饮酒容易误事，例如酒醉驾车肇事，酒后失态骂人、打人等。一般来说，经常酗酒的男人，容易引发家暴事件，尤其酒后神志不清，什么事都可能发生，因此家有酗酒的男人，就像装了一颗不定时炸弹，随时都会引爆，一般女人当然不愿与这种男人共同生活。

四、家暴。有的男人虽然不酗酒，但是专制、独裁，经常动不动就骂人，甚至对太太、小孩动粗，这种有暴力行为的男人，也是让女人唾弃的对象之一。

五、吸毒。有吸毒恶习的男人，平时结交的大都是邪友，所从事的也都是违反国法人情的事。尤其为了吸毒，往往举债维生，甚至倾家荡产，这种男人也会让女人“去之而后快”。

六、不务正业。有的男人游手好闲，不务正业，有的品性不端，贪污、窃盗、欺诈、拐骗等不良记录一箩筐，这种男人也让女人羞与为伍。

七、行为不检。有的男人性好渔色，经常在外拈花惹草，甚至发生婚外情，这种对感情不专的男人，更让女人不堪同居共住。

所谓“风水轮流转”，过去社会以“一夫一妻”为正常，“一夫多妻”也很平常；但随着社会结构改变，男女人口比例失衡，未来在男多于女，以及社会观念改变下，“一妻多夫”将可能成为新的婚姻制度。

其实，不管“一夫一妻”，或是“一夫多妻”“一妻多夫”，总之，夫妻之间应该互敬互重、互爱互谅，这才是夫妻相处之道，也才有可能营造幸福美满的婚姻。

贤妻八法

一个家庭里，丈夫要能干、妻子要贤惠，才能共创幸福的生活。如何才能成为一个贤惠的妻子？兹有八事勉励：

一、治家理财有道。家有贤妻，就像得到一个好总管，不但治家有方，尤其理财有道，对钱财的用度分配得当，既不浪费，也不悭吝，应该供应家人的要供应，应该喜舍给人的要喜舍，平时持家之余，适当从事副业，增加家庭收入。

二、相夫教子有方。人都希望得到别人的爱，身为一个家庭主妇，所谓“贤妻良母”，不但要襄助夫婿事业、教育子女成长，而且要爱夫、爱子，因为以爱才能赢得爱，所以对丈夫要能“夫唱妇随”、对儿女要用鼓励代替责备。

三、家事一一承办。一个称职的家庭主妇，除了忙于“开门七件事”，还要勤于整理家务，随时保持家中的整洁，比如“窗明几净”之外，还懂得布置一些书画、花卉等，增加家中的美感。

四、带动人事和乐。身为女主人，有时上有公婆，对公婆要礼敬；有时下有弟妹，对弟妹要关怀。尤其要带动家中人事的和谐，营造家庭欢乐的气氛，使家庭和乐融融像乐园一样，这是最高竿的女主人。

五、营造书香世家。家庭生活不能只重物质，尤其要提升精神生活。最好以书柜代替酒柜，帮助家人养成读书的习惯。

六、琴棋艺能出众。家庭主妇不能每日只为家务繁忙，自己也要不断自我充实，举凡琴棋书画，乃至插花、烹饪、裁缝等才艺，都能学习、涉猎，才能成为一个全方位的称职主妇。

七、敦睦亲人邻里。家，不能只成为个体，还要有很多因缘，所以对小区邻里，都要和睦往来。但也不应经常串门子，否则容易散播是非。最好投入义工行列，从事社会公益活动，以服务来敦亲睦邻。

八、注意身体保健。一个家庭里，如果有人生病了，全家人都要为他辛苦忙碌，所以家庭主妇不但要自己身心健全，而且要关心照顾到全家人的生活起居正常，唯有家人身心健康，才能保障家庭的幸福美满。

以上八事，要求现代的妻子如数做到，或许要求太高，但是如果家中的成员能够一起努力，家人之间相互合作，则要达到一家和乐融融，当不为难也，否则可就真的是“主妇难为”了。

五种丈夫

在佛教的经典里，有很多充满佛教思想的经句教义，其对社会人生的各种行事，都有明确而翔实的开示。例如，女人如何做个好妻子、男人如何做个好丈夫。在《阿含经》《维摩经》《大宝积经》《善生经》等经典里，都有很多合乎人间需要的指引。本文先针对如何做个好丈夫，列举五点如下：

一、做个如父兄的丈夫。在举世的男女婚姻生活里，大都男长于女，因为男人要负起照顾家庭、保护妻儿的责任，他当然就必须具备这样的能力。他对人世的经验阅历要强，所以年岁自然要比女方年长一些。我们看现代的女性，也都比较喜欢嫁给中年男士，因为他们有丰富的人生历练，个性沉稳，比较懂得爱护妻儿。相较之下，一些青涩不够成熟的年轻人，性情不稳，自己都还不懂得做人，怎么懂得做一家之长呢?

二、做个如老师的丈夫。根据一些社会学家的研究，女性在高中之前，读书慧解的能力胜过男生，到了大学之后，男生的智慧开展胜过女生。男女的智慧能力，本可同等看待，但各有专长轻重，所以女人找对象结婚时，对方要能像自己的老师，不断给予一些新的见解、新的思想启发。尤其女性生来比较优柔寡断，需要有一个有魄力的男性，彼此刚柔并济，相得益彰。因此，丈夫对世界的时事、对家中的财务、对儿女的教育、对未来的策划，都要能做个家庭老师，才能成为家中依赖的支柱。

三、做个如英雄的丈夫。一般女性都把丈夫看成是英雄，好像丈夫无所不能、无所不会。丈夫是妻子心目中信仰的本尊神明，但是万一这个做丈夫的男子，生性懦弱，凡事都不敢轻易决断，这样的男人，假如能娶到一个性格独立的妻子，倒也罢了，如果妻子也是性情柔弱，这个家中没有一个强人，对内对外的事情，就很难处理得宜了。因此，妻子理想中的丈夫，要像英雄一样，太太每天等待丈夫下班，就如同等待英雄归来，有时丈夫出远门，所谓“小别胜新婚”，做妻子的更像是期待君王驾临一般，因此身为丈夫的，不做一个英雄也不行。

四、做个如君子的丈夫。每个女人都希望自己所嫁的，是个好丈夫。什么是好丈夫?就是像个“君子”的丈夫。因为君子讲信用、道德、仁慈、礼貌、规矩，男人凡事都以圣贤君子自居，怎么不能成为好丈夫呢?女人有幸嫁了一个像君子的丈夫，崇仁重义，为人称赞，做妻子的脸上也有光彩。尤其丈夫是君子，必然不会为非作歹，不会违反纲常纪律，对妻子必然也会善待而且爱护有加。

五、做个如丈夫的丈夫。每个做妻子的人，都希望自己的丈夫像个丈夫，像个男人。怎么样才能像个丈夫、像个男人呢?例如，有经济能力，足以养家；有社会地位，受人尊重；有担当魄力，不会让妻儿受外人欺负。遇有自然灾害、社会刀兵等，都能奋勇保护妻儿的安全。乃至平时处理家中事务、对外交涉等，丈夫都能一马当先，在前方抵挡。妻子儿女受丈夫如此保护，有这样的丈夫，家庭还会不幸福美满、妻子还能不心满意足吗？

五种妻子

记得20世纪30年代有一部电影《渔光曲》，里面有一个打鱼的老祖父，和年幼的小孙女生活在一起，小孙女经常唱着“我们家里人两个，爷爷爱我我爱他”。

的确，人都是相互对待的，你为我来我为你。就像夫妻结婚，营造一个幸福的家庭，并不是单方面的事。妻子爱丈夫，或是丈夫爱妻子，如果只有一方付出是不够的，爱要靠双方共同经营。所以男女既然结为夫妻，就必须相互恩爱、相互信赖、相互包容、相互帮助，才能真正白首偕老。

上文讲到如何做一个好丈夫，本文再继续针对如何做个好妻子，列举五点如下：

一、做个如母姐的妻子。一个男人，即使当了丈夫，其实还是希望和妻子像情人一样，打情骂俏，有时偶尔吵吵嘴，也是难免的。但是一个真正成熟的丈夫，更希望自己的妻子，能像母亲、像姐姐，把自己当成儿子、兄弟一样地关心、爱护，所以在佛教的《玉耶女经》里，佛陀就指导玉耶女，要做个如母、如姐的妻子，这才是一个好太太。

二、做个如管家的妻子。中国的传统家庭，一向“男主外，女主内”，所以男人总希望所娶的妻子，能像管家一样，帮他把家管理好。家事其实也像国事一样，琐碎复杂，除了“柴米油盐酱醋茶”等开门七件事以外，还有如何侍奉公婆；如何摆平妯娌姑叔，让大家和乐相处。乃至要会敦亲睦邻，要能代替丈夫在亲族之间做人处事，让丈夫感觉“家有贤妻”，在外没有后顾之忧。所以，能把家管理好，才是一个好的妻子。

三、做个如护士的妻子。夫妻之间，妻儿有病，丈夫当然要照顾。不过，男人的生活，以及身体、心理的健康，也需要一个像护士一般的妻子，细心、体贴地照顾他。做护士的人，最为人称道的，就是脸上经常挂着如春风般的笑容，性格爽朗活泼，一副天下太平的无事模样，别人和她在一起，就觉得很快乐，很有安全感。男人所喜欢的妻子，就是像护士一样，能带给自己身心的鼓励、慰藉，当然也能促进身心的健康。

四、做个如助理的妻子。在一般公司机关里的主管，都有秘书、助理、特别助理，帮他处理很多公务。丈夫当然也希望自己的妻子是最特别、最值得信赖的助理。举凡家庭财源的开拓、家务的料理、儿女的教育、亲朋好友婚丧喜庆的打点，乃至每日书信的处理、各种数据的归档等。妻子若能做丈夫的好助理，则丈夫在日常的工作生活中，会减轻很多压力，他必然会感谢妻子的帮助，也会佩服妻子的能力，当然也会更加敬爱自己的妻子。

五、做个如妻子的妻子。男人娶妻，是娶个帮手，不是像君王找个皇后、贵妃，是在后宫享受的。所以，做妻子的要像个妻子，当丈夫宴请宾客时，要能亲自下厨料理；客人来访，要能应对交谈，行止进退都能得体有礼，让丈夫感觉很有尊严；家中的经济，要能量入为出，不可开支浩繁，让丈夫无力应付；平时家务料理得井井有条，家中打扫得窗明几净，让丈夫儿女回到家中，感觉家里就如天堂一样。如果再懂得经常赞叹丈夫，慰问其辛劳，丈夫怎么会流连在外而不喜欢回家呢？所以，一个贤惠的妻子，必然懂得掌握丈夫的心；夫妻能够同心，才有幸福美满的家。

大丈夫

世界上的男士，人人都希望做个英雄好汉，做个顶天立地的大丈夫。过去的英雄好汉，需要有十八般武艺，无影神拳之功、摘叶飞花之能，样样来得；要做个大丈夫，就需要学富五车，在社会上出人头地，扬名立万。但现在的英雄好汉大丈夫，都不需要这些本领了，只要能做到以下五点：

一、说到做到。说话算数，有信用，说到的必能做到，这应该就是英雄好汉大丈夫了。所谓“君子一言既出，驷马难追”，君子应该就是由英雄和大丈夫塑造而成的。我要孝顺父母、我要和睦邻里、我要服务社会、我要利济群主、我愿工作勤奋、我愿担负责任，等等，只要能说到做到，你就是英雄好汉大丈夫了。

二、公是公非。英雄好汉大丈夫，最忌讳的是婆婆妈妈，不能是非不明，不能善恶不分，要能明白公是公非。个人的事不可以太过执着，反之，如果你无视于公众的是非，就是不明是非的人。做人，尽量不能太过重视利害，应该重视是非；是的，勇往直前，非的，立刻不做。是非之间的原则，不可以有隐晦不明的地带。能做到认清是非、轻于利害，这应该就是英雄好汉大丈夫的行为了。

三、见义勇为。英雄好汉大丈夫的语言、行为，最标准的，应该就是见义勇为了。凤凰没有梧桐树不肯栖息，君子没有道义的事绝对不为。过去中国人崇拜侠义精神，行侠仗义的人，我们就尊这样的人为英雄好汉大丈夫。一个人能做到非义不取、非礼不作、非善不说，像唐三藏玄奘大师“行绝虚浮，言无名利”，他的德行操守就为人所钦敬。如果能进而见义勇为，凡为了维护公理正义之事，虽赴汤蹈火，在所不辞，所谓“杀身成仁，舍生取义”，那就更是英雄好汉大丈夫的模范了。

四、济弱扶贫。既是英雄好汉大丈夫，就不能欺负弱小，不能贱视贫穷。现在的父母，任由儿童作践小猫小狗，甚至花个几块钱，到街上路边的摊位捞鱼，玩弄生命。如果从小就养成他不爱护弱小、不尊重生命这样的恶习，将来怎么能成为英雄好汉大丈夫呢？父母都有望子成龙的心理，如果希望子女将来成为英雄好汉大丈夫，首先就要让他学习养成济弱扶贫的观念。

五、坦诚正直。我们自己是不是英雄好汉、是不是一个大丈夫，可以问一问自己：我是否能坦诚正直？是英雄，就不诿过于人；是大丈夫，就不能做缩头乌龟。遇事勇于负责任、能担当，做一个堂堂正正的好男儿，所谓“为天地立心，为生民立命，为往圣继绝学，为万世开太平”，那就是英雄好汉大丈夫了。

治家五法

老子说：“治大国若烹小鲜。”有时治国容易，治家很难；治一人容易，治多人共聚之家，诚属不易。

家，是父母兄弟姐妹所共有，治家不能只靠一人，家中每一分子都应该负起责任。家是安乐窝，鸟儿分头衔草做窝，共成一个躲风避雨的鸟巢；人也一样，应该由家人同心协力，共同把家治成一个温馨幸福的快乐园地。

以下“治家五法”，提供参考：

一、家和万事兴。组成幸福家庭的要素，第一就是“家和”。有时家中婆媳不和，此中必定有一个重大的罪人；或者兄弟姐妹不和，当中也必然有一人破坏了家庭的和乐；有时甚至夫妻不和，这个家庭也会亮起红灯。所以维护一个安乐窝的家，必须要每个分子都能与人为善，凡事多忍让，才能营造家庭的和乐。

二、积聚诸善事。一个家庭的分子，如果不为家庭积聚好事善缘，经常滋事，为家庭增加负担，或者败坏门风，为人笑柄，使家人彼此抱怨，生活必然笼罩着不愉快的气氛，日子一定不会好过。所以家人之间，要互相规劝，所谓“诸恶莫做，众善奉行”，积德行善，必能带来家庭的和乐。

三、能量入为出。一个大家庭要分家了，必定是有人透支过度，使家中人口不平，因而要分家。因此，家庭分子，要知道家中的财务状况，每个人要知分、知本，不要让个人的支出超出家中所有。人人都想节余一些给共同之家，不要人人都想多分一杯羹；能够“家财共享”，懂得“量入为出”，也是家和的重要因素。

四、以教育为本。家庭的分子，每个人都要尽量受教育，受教育才能改变气质，才能去除自私，才能与人和合，团结一家。过去一些贫苦人家，宁可卖田地、卖家产，也要让子弟受教育，这都是兴家之道。每个人都能受高等教育，让家庭成为书香之家，这不仅是家庭的进步，也是国家之成长。

五、忍让为家风。家庭的和乐，要建立彼此谦虚、礼让，要有“你大我小、你有我无”的雅量和美德。如《渔光曲》说：“我们家中很可爱，你爱我来我爱你……”如果，每个家庭都能如此，社会必然和谐安乐。

综上所说“治家五法”，家，不是哪个个人的，是全家大小所共有的，以爱自己之心来爱家，以爱家之心来爱乡里，以爱乡里之心来爱国家，如《大学》说：“家齐而后国治，国治而后天下平”，所以普世人类皆以家庭为社会的组成根本，“本立而道生”，把根本做好，何怕枝叶不繁茂呢?

婆媳关系

在一个家庭里，由于婆婆对媳妇不满意，媳妇也看婆婆不顺眼，身为丈夫跟儿子的男人，夹在两个女人当中很难做人，于是心生一计。他先对母亲说，半年以后将和太太离婚，请母亲在这段期间能尽量对媳妇好一点；另一方面则对太太说，半年以后就要搬到外面组织小家庭，不过在与母亲同住的半年里，请太太务必要好好孝顺母亲。

半年后，媳妇觉得婆婆对自己实在爱护，是一个好婆婆；婆婆也觉得媳妇贤惠，对自己孝敬有加，是个不可多得的好媳妇。因此，媳妇再也不想搬到外面住，婆婆也不愿让儿子和媳妇离婚，一家人从此婆媳和谐共处，儿子不再是夹心饼干，而是受到两个女人照顾的幸福男人。

婆媳之间的关系是可以促进的，婆媳的问题也是可以改善的，兹提供做法和观念如下：

一、婆媳亲如母女。首先，婆婆要把媳妇当成女儿，媳妇也要把婆婆视为母亲，不如此难以建立水乳交融的感情。有的人家，总把媳妇当成外人，自然无法建立厚实的感情。但是古代的中国，所谓“秘方”“技艺”，都是传媳不传女，因为女儿嫁出去是别人家的，会把秘方带出去，而媳妇会守住家的根本。假如婆婆的观念里，媳妇是女儿，就会照顾媳妇，而不会要媳妇照顾；媳妇把婆婆当成母亲，就觉得应该要孝顺，就会甘愿低声下气地孝敬婆婆。如此观念一改，婆媳亲如母女，还有什么婆媳问题呢？

二、婆媳彼此尊重。婆媳之间要互相尊重，媳妇除了每天问候、请安以外，还要赞美婆婆的优点，要感觉婆婆是很值得学习的对象；婆婆也要提携、赞美、鼓励媳妇。婆媳之间，最好每天要有三五次的对话，要有一两次的特别关心、侍奉。如此婆媳之间好来好去，建立好因好缘，怎么会没有好的结果呢？

三、婆媳相知相惜。婆婆虽是长辈，但是切忌摆架子要媳妇尊敬；媳妇在婆婆面前要谦恭有礼，不能以傲慢的态度对待婆婆。婆媳之间能够以同是女人的立场，互相传承经验，互相分享成长心得，彼此相知相惜，相敬相爱，如此必能亲如母女，建立良好的关系。

四、婆媳少犯顾忌。婆媳之间关系再怎么好，还是有一些必须注意的禁忌。例如媳妇切忌经常在婆婆面前与丈夫特别亲密，因为丈夫是婆婆的儿子，夫妻经常在婆婆面前表现亲热，婆婆也会嫉妒。另外，媳妇不可以开口丈夫、闭口丈夫，让婆婆觉得你依恃丈夫来显示自己的权威；也不可以经常在婆婆面前提到娘家的好处、优势、财富等，更不要经常提起自己的过去，应该让婆婆谈论她的历史与经验。不过，婆婆也不要一再贬低媳妇的地位，不要老是开示媳妇要做一个如完人的贤妻良母。当然，婆婆更要忌讳，不要把媳妇当成外人看待，她是你儿子的妻子，也是你的女儿。

婆媳相处，自古以来就是家庭中严重的问题。假如婆媳之间能多一些爱的包容，多用真心示好，一切自然风平浪静，自能建立美好的三代同堂了。

四等婆媳

俗语说“一个厨房里容不下两个女人”，“婆媳问题”由来已久。在过去农业社会里，小区邻里之间，几乎每天都在等着看婆媳吵架的笑话。有的家庭里，婆婆如罗刹恶鬼，媳妇如冤家对头；婆媳不和，丈夫就像夹心饼干，两边为难，不知如何是好。

当然，也有一些婆媳融洽之家，但毕竟是少数。有很多媳妇，数十年的光阴岁月，饱受婆婆之气，等到好不容易“多年媳妇熬成婆”，婆媳问题又再延续到下一代，始终不断地循环发生。

婆媳共同生活在一个家庭里，为什么会成为仇敌呢？因为婆婆总觉得儿子是自己生的，忽然有另一个女人把儿子夺走，当然于心不甘。另一方面，在媳妇的心里，认为丈夫当然是她的，婆婆怎么能干涉？所以婆媳相争，骨子里其实是在争夺独占一个男子的特权。

如何才能化解婆媳之战？现在试为天下的婆媳拟订一些相处之道：

一、婆媳似母女。婆婆看媳妇，不要把她当成是外来的人；既然同为一家人，应该把她当成女儿一样。媳妇看婆婆，也不要认为她是跟你争夺男人的人，她是你所爱的丈夫的母亲，自然你也应该把她当成自己的母亲一样。如果彼此能以母女相待，婆媳怎么会成为仇敌呢？

二、婆媳像朋友。婆媳之间要有善缘相处，最好的方法就是：婆婆把媳妇当成小友，媳妇把婆婆当成老友，老少之间像忘年之交。婆婆时常找媳妇谈心忆旧，媳妇经常向婆婆请示问道；婆婆体贴媳妇工作的辛劳，媳妇关心婆婆年长的辛苦。婆媳彼此都是女人，再说婆婆也曾经为人媳妇，媳妇将来也要为人婆婆，因此彼此应该相互体谅、相互关心，有了互相设想的心，自然能融洽相处。

三、婆媳如师生。婆媳相处，能像母女最好，不然能像朋友也不错，再不然就要像“师生”——婆婆是老师，媳妇是学生。婆婆既是老师，对学生就要爱护有加；媳妇既是学生，应该尊敬婆婆如老师。师生一向都是善缘友好，婆媳能像师生，自然不会互不兼容了。

四、婆媳是婆媳。媳妇不是女儿，既不是女儿，就应该把她当成晚辈来教导、帮助、包容；婆婆不是妈妈，既不是妈妈，就应以对待长辈之礼来亲近、尊敬、赞美，主动跟婆婆融和交心，诉说家常，共商家事，如此还会有什么婆媳问题呢?

夫妻不和

男女结婚，成为夫妻，真是难得的姻缘，应该互相珍惜，所谓“少年夫妻老来伴”。但不幸的是，这个时代，夫妻吵架离婚，已经是司空见惯、稀松平常的事。有的夫妻，为了一支牙刷、为了一个挤牙膏的方式不同，可以数月不讲话，甚至为了喝茶、喝水意见不一，也可以冷战数日。

夫妻本来应该是亲密的一对，有时反而却成为怨偶一双，所以现代年轻人往往对婚姻“望而却步”。婚姻是人生大事，自古所谓家庭的伦理纲常，都是由男女婚嫁组成家庭开始。男婚女嫁，彼此应该和谐互爱，之间纵有一些问题，应该互相改进，以符合对方的需要，千万不能任他恶化，否则家庭不成家庭，夫妻不像夫妻，最可怜的是无辜的小儿小女。

针对家庭问题、夫妻不和，如果细心观察，大概不出以下几个阶段：

一、冷战。丈夫不满意妻子的语言，妻子不满意丈夫的行为，夫妻就这样开始冷战。夫妻之间，有的人个性怪异，一点小事就故意加以放大，彼此可以因此冷战数日之久，相互不肯退让一步。这种不服输、不认错的性格，即使亲如夫妻，在一起日子久了，怎么能不出问题呢？

二、斗嘴。有的夫妻不会冷战，一有问题马上爆发开来，大吵一架。彼此在语言上你来我往，以斗嘴为能事，结果愈斗愈凶，愈斗愈气，愈斗愈觉得对方不可原谅。于是过去的往事都可以悉数搬出来，举凡你对不起我、你辜负了我……旧账一箩筐。像这样经常吵架的夫妻，婚姻怎么会不亮红灯呢？

三、打架。夫妻斗嘴的结果，可想而知，一旦到了失去理性兽性大发的时候，拳脚交加，彼此扭打，许多男人的家暴问题，多数由此而起；而女人的“一哭二闹三上吊”，就更加无法解决问题了。所以，自古所谓“清官难断家务事”，诚哉斯言。

四、出走。一场打斗以后，常见的结果是太太回娘家，不顾家中儿女；丈夫也卷铺盖到朋友家，或到公司打地铺，也不管家事。可怜的小儿小女，在这样的家庭长大，怎么能成为身心健全的人呢？

五、离婚。夫妻到了离家出走，家人苦劝不肯回头，朋友拉拢也不能解决问题的时候，则曾经亲爱的夫妻，如今成为冤家对头，最终解决的办法，只有签下一纸离婚协议书，彼此各奔前程了。

六、互控。夫妻不和，最后协议离婚，彼此好聚好散，还算好事。有的夫妻离婚后，还要法院再见面。有的控告伤害，有的为了赡养费而诉讼，有的为了争取子女的监护权，甚至为了争夺房产而对簿公堂，不禁让人慨叹，婚姻难道就这样不值得信赖吗？希望天下有情人，不妨三思之。

不当的感情

人又称为“有情众生”，人类是有感情、有爱心的动物，所以能为“万物之灵”。但是爱情要爱得正当、爱得合理、爱得合情；如果爱得不当，爱不但不能帮助自己，反而会陷身在“爱河千尺浪，苦海万重波”当中，将会苦不堪言。兹举“不当的感情”如下：

一、婚外情。世界文明的国家，大都实施一夫一妻制，因为感情单纯，才能幸福。假如在一夫一妻之外有了婚外情，男女双方必定认为对方不忠于自己，难免醋劲大发，则家庭一旦“酸气四溢”“异味难闻”，必定难以幸福。因此，美国风气开放，男女可以自由离婚，之后正正当当再婚，这也不失为正当的解决之道。

二、三角恋。年轻的男女，有时不善于处理感情，往往陷身在三角恋情当中，纷争不已，痛苦不堪。旁观的人会说：“天上的星星千万颗，世上的人儿比星多，为什么恋爱只要他一个？”但是当局者迷，对爱情的执着，一旦到了“非你不嫁”“非你不娶”的阶段，痴情的男女可能闹出多少事端来，都是难以预料的。

三、私生子。世间男女问题很多，有的损及上一代父母的面子，有的影响下一代儿女的人生，像“私生子”自古有之，今日尤盛。现在常见一些未成年的小妈妈，生下儿女后，将私生子遗弃在医院、路边，甚至丢进垃圾桶里，真是令人闻之不忍。可以说，今日社会男女因为不当感情，不只造成自己人生的重重痛苦，而且衍生出种种的社会问题。

除了上述所举不当的感情以外，其他如借腹生子、不当乱伦、性交易等各种男女问题，千奇百怪，不一而足。希望今日相关学者，对新道德的建立，能够多费一些心思，能为新人类树立一些新的道德观。

出轨

交通有轨道，人生也有轨道。人不能脱轨而行，人出轨就如飞机偏离航线、轮船不走航道、火车不走轨道、汽车不走车道，怎么会不危险呢？人生有哪些事容易出轨呢？试举如下：

一、感情出轨。正当的感情，无可厚非；一旦用情不当，红杏出墙、拈花惹草、金屋藏娇、人尽可夫，无论是男或女，感情出轨就如同玩火自焚，怎不堪虑？

二、语言出轨。所谓“一言以兴邦，一言以丧邦”，有的人口无遮拦，信口开河，批评这个，批评那个，满口是非闲话，到处散播狂论，如此出言莽撞，怎能平安度日？

三、行事出轨。报章媒体经常揭露的社会上贪赃枉法、徇私舞弊等不正当事件，这些不正当的行为就是行事出轨。一次行事出轨，或许没有被察觉，但是两次、三次，坏事做久了，受害的人一多，麻烦也就随之而来，不但弄得自己身败名裂，还可能因此锒铛入狱。

四、思想出轨。思想可以自由，但是也要合乎法律、道德的规范。如果不守规范，思想出轨，一经表现在言论或行动上，则可能侵犯别人的自由。好比过去发生的宗教狂热分子集体自杀事件，就是思想出轨，也就是邪见所带来的悲剧。

五、伦理出轨。世间的秩序、天地间的纲常，要靠伦理维系。如果一个国家君不君、臣不臣，则国家哪里还有纪律？如果一个家庭夫不夫、妻不妻，则家庭哪里还有伦理？

六、信誉出轨。有的人诚信昭著，为人所信赖。然而一旦以假乱真、以邪为正，信誉出了轨，则无论经商也好、为官也好，就很难再为人所称道，甚至难以在社会上立足了。

七、财务出轨。赚钱是好事，但是如果侵占别人的财富，乃至非法经营、借贷不还、账目不明等，则朋友的合作都将告终，即使至亲也可能反目成仇，更严重的是人格、形象将因此扫地。所以，钱财的往来要依循正道。

八、产业出轨。现代各种产业都讲究品牌，重视质量管理，有时已经上市的产品，一旦发现问题，即刻下架回收。例如，已经销售的汽车，发现有缺陷，一回收就是几万台；计算机发行出去，发现有瑕疵，一回收也是几十万台。这么做无非是为了让产业不出轨，是为了维护品牌而不得不采取的行动。

除了以上这些事不能出轨以外，国家的教育、政治、交通、狱政、法律、警务都不能出轨。一个国家里，医院不误诊、饮食不卖假，各行各业都不出轨，每个人都能兢兢业业、循规蹈矩，社会必然健全、和谐。

怨妇

古代的中国，有所谓“深宫怨妇”。一个长期居住在深宫里的女人，没有获得皇帝的宠爱，也没有亲人朋友，周遭只有一群争风吃醋、钩心斗角的女人，难免不变成深宫怨妇。然而现在社会开放，女人已经和男人一样走上社会，但是仔细调查女人的生活，社会上仍有很多家庭怨妇，试说如下：

一、怪丈夫没有发财的怨妇。一般妇女大都负责家里的“开门七件事”，有时家用捉襟见肘，度日艰难，因此总希望有个会赚钱的丈夫，能有足够的钱供给家用，免得生活缺柴少米难以度日。有时因为没有足够的钱可以捐献公益，在小区里无法取得较高的地位，也会怨怪丈夫无能，不能赚大钱、发大财。

二、怪子女不能成器的怨妇。一个家庭主妇，她的生活里除了丈夫就是子女，如果子女聪明能干，还能稍解她为家庭付出的辛劳；万一子女不成材，在学校里成绩不好，下课以后还在外面惹是生非，不但增加挂念，也觉得没有面子。于是，她们难免就会怨怪当初不应轻易结婚，更不该生养这许多孩子，整天长吁短叹，怨天尤人，这不就是家庭怨妇吗?

三、怪年华逐渐老去的怨妇。身为家庭主妇，每天与锅碗瓢盆为伴，和扫帚抹布为伍，日复一日，日日如是，慢慢地，青春岁月随着时光逝去，自己的皮肤愈来愈粗糙，双手也慢慢长茧，于是感叹风华不再，感觉人生索然无味。如果夫妻感情恩爱，还聊可告慰；如果丈夫流连在外，偶尔回家还大男人气势，怪东怪西，一句安慰也无，那女主人满腹辛酸向谁诉说？也难怪有很多女人喜欢串门子，因为她没有正当的交际，生活得不到调剂，只好张家长、李家短地成为长舌妇，甚至到处诉苦抱怨，如此怎能不成为怨妇呢？

四、怪亲友不够义气的怨妇。俗语说“家家有本难念的经”，有的家庭主妇遇到经济上的困难，求助亲友，但是有时候亲友的生活并不宽裕，自顾无暇，哪有余力济助他人呢？所以当得不到亲友济助时，就会怪亲友无情无义，难免不生出满腹怨言。

综上所说，怨妇的辛苦值得同情，但是解决之道，必须从自身改善起，例如帮助丈夫从事家庭副业，增加经济来源。另外，在家务之余，可以投身公益团体，参加正当的妇女会，学习社交礼仪，开阔自己的生活圈，增长自己的知识、见闻；或是到自己所信仰的宗教道场，发心当义工，借此广结善缘，结交一些善知识。如此，纵使偶尔生活上遇到不如意的事，或是有了不满的情绪，经过善友开导、宣泄，自然就不会成为家庭怨妇了。

养姆

世界上有很多的继母，有的继母对待前妻的儿女如同己出，百般地爱护、照顾；但是也有不少的继母，对前妻所生的儿女，极尽排斥、虐待，这在现在的社会，也多有所闻。

相传过去有一个继母，三餐总给自己的亲生儿子吃饭配菜，只把菜汤留给前妻之子，但是前妻的儿子却愈长愈壮，因为营养都在汤汁里。平时做工挑担，继母总把粗重的木材让前妻之子肩挑，自己的亲生儿子只挑些稻草；但是一阵大风吹来，稻草被吹得四处飘散，一根也不剩。所以继母的坏心、算计，总是难以得逞。

三国时，诸葛亮奉命前往刘备的表兄刘表处商借荆州，以作为兴复汉室的根据地。刘表的长子刘琦，因为不能见容于继母，对自己的处境常感惶恐不安，因此趁机向诸葛亮请教保全之计。刘琦几次请教，诸葛亮始终推辞不开口，直到有一天，两人上了一个小阁楼，刘琦命人把梯子撤掉，这时诸葛亮终于放心地对他面授机宜，告之可向父亲讨得一军驻守江夏，一则远离继母可以避祸，二则有了军队可以保护安全，三则还可以借机立功。这段记载有关继母与前妻之子的故事，就是有名的“去梯言”。

女性一向都是性情柔和，温厚善良，为何会对前妻的子女如此嫉妒、放心不下，甚至不能容忍而施以种种迫害呢？这种心态实在值得研究。以下就针对“继母”略作探讨：

一、继母的面孔。千娇百媚的女性，一旦做了继母就会变为“继母面孔”。因其心胸狭窄，容不下前妻之子，不给其好的脸色看，所以现在人讥讽一些表情严肃，整天见不到笑容的人，就说她是“继母面孔”。可见要改变继母的形象，必须从更换面孔做起。

二、继母的心肠。“继母的心肠”，一听就知道是阴险毒辣，不会是慈悲宽容的。历史上，虞舜是有名的孝子，他对继母孝顺有加，但是继母却处心积虑地想方设法，非要害死他而后快。时而叫他上屋顶修茅房，却放火烧屋；时而叫他到井下工作，然后以土填井。虽然舜命不该绝，一次又一次地逃过劫难，但是他的孝心也始终没有办法感化继母，无法改变继母的性情，以此来看有些继母的心肠之狠，真是骇人。

三、继母的计谋。继母容不下前妻子女，千方百计伤害他，但是人言可畏，又怕别人的闲言闲语批评，所以很多继母只有暗中下毒手，谋害前妻子女。如“白雪公主”“灰姑娘”故事里的继母就是如此。但是“人算不如天算”，继母的计谋非但未能得逞，反而让前妻的女儿遇到白马王子，所以这两个故事，应该能对世间的继母有所警示。

四、继母的心态。一般继母的心理，一面爱着丈夫，一面又讨厌丈夫与别人所生的子女，所以在情感矛盾、挣扎之下，有的可以忍耐，有的则不能忍耐，总想把前妻的儿女去之而后快。所以世间常常形容一个人的心胸狭窄，不能容物，就说是“继母的心态”。

其实，世间事也不能一概而论，继母有好有坏，有的继母为了家庭和谐，百般忍受前妻儿女的无状与忤逆，也不免让人替“继母难为”寄予同情。因此，奉劝世人，不管是否亲生，既然有缘成为一家人，彼此应该把对方当成是自己的亲生儿女或父母，唯有互相珍惜情缘，以真诚的心相对待，才会有美好的结果。

女人家暴

家庭暴力是现在社会严重的问题之一，一般的家庭暴力，施暴者多数是男人，男人是罪魁祸首，女人大多是受害者。但是如果从另一个角度来看，女人施给男人的语言威胁、精神虐待，也是一种家庭暴力，所以女人施暴的例子也很多，兹举如下：

第一，有的女性比较啰唆、喜欢唠叨，有时候已经过去很久的事还一直念念不忘，再三拿出来重复讲，男人听了觉得无比厌烦，所以“唠叨不休”的疲劳轰炸，也是一种暴力。

第二，有的女性疑心比较重，一点小事情就放不下，于是一哭二闹三上吊，惹得丈夫厌恶反感，所以“疑心多事”这也是暴力。

第三，有的女人嫌丈夫没有出息，没有用，经常数落丈夫不能赚钱、不能升官发财，总觉得别人的丈夫怎么好、怎么能干。由于总是嫌这不好、怪那不对，说得丈夫一点信心都没有，如此“诉苦怨恨”，这也是暴力。

第四，有的女性不善理家，家中经常乱成一团，三餐也不肯亲自下厨，经常买一些现成的食物，让丈夫儿女感受不到家庭的温暖，如此邋遢懒散“不会治家”，这也是家庭暴力。

仔细分析起来，家庭暴力男女彼此都有责任，夫妻之间如果不能相互忍让、相互尊重、相互敬爱，家庭就会乌烟瘴气，影响所及，也会衍生出不少的社会问题。例如，“家庭暴力”下长大的儿童，身心不平衡，人格不健全，日后又可能成为另一个施暴的问题人物。因此，一个家庭里，男人有家庭暴力行为和女人是“河东狮”，都是家庭的不幸，也是社会问题的根源。

总之，世间不是一个人的，人与人之间应该互相体谅、尊重、包容，虽然有的男人性格暴躁，动不动就发脾气，像个暴君经常打老婆小孩，制造家庭暴戾之气，甚至，让家人天天生活在恐怖阴影之中，如此丈夫固然不可原谅，但女人有时也在无形中施加暴力给丈夫而不自知。不管施暴者是男人还是女人，家庭暴力最后往往以悲剧收场，因此如何营造幸福的家庭，值得大家深思。

婚外情

有一个家庭，女儿觉得爸爸是一个很有道德的君子，妈妈也是一个勤劳、贤惠的家庭主妇。他们都是好人，一个是好爸爸，一个是好妈妈，爸爸勤于读书、写作、办公，妈妈勤于家务，擅长理家，但是他们两人感情不好，夫妻相处冷若冰霜。爸爸老了以后，就跟女儿讲：“女儿啊，爸爸这一生最遗憾的就是婚姻不幸福。”

“好爸爸、好妈妈，奇怪，为什么不幸福呢？”女儿不理解。后来女儿长大后也结婚了，跟过去的爸爸妈妈一样，对方也是一个好丈夫，自己也自觉是个贤惠、勤劳的家庭主妇，但是夫妻感情一直不好，妻子常想：我如此为家庭努力付出、为家庭勤劳作务，为什么丈夫不爱我呢？

有一天，丈夫正在庭院里弹吉他，弹得正得意的时候，看到太太提着水桶、拖把走过来，就说：“太太，你来听，我弹的这一段好听吗？”太太立刻放下杂事，走过去听先生弹吉他。丈夫这时忽然有感而发，他说：“我现在才觉得你是我太太，你对我还是很好，过去你都是爱拖把、爱地板，我总觉得你根本不爱我。”

丈夫接着说：“你平时虽然把厨房整理得十分干净、把客厅布置得极为雅致，但是这些工作只要找个工人来做就可以了，何必讨个太太呢？我娶太太的目的是为了要你爱我，现在你来听我弹吉他，我才感觉到原来你还是爱我的。你记得吗？过去我们谈恋爱时，经常到公园去谈心，是不是我们现在每天也拨一些时间到公园走走啊？”

后来夫妻俩彼此协议：丈夫要太太做什么，就写给太太看；太太希望丈夫怎么待自己，也写给丈夫看，两个人每天都要看一看彼此的要求与希望，然后互相配合。

由上述的故事看来，社会上为什么会有很多婚外情的发生？其理由不外乎：

一、夫妻沟通不良，彼此没有相互体贴、包容，没有共同的兴趣、嗜好，尤其没有共同的话题，自然感情日趋转淡。

二、没有建立共识，没有和对方融为一体，彼此同体共生。

三、有第三者介入。这种情形通常是夫妻之间已有不能令对方满意之处，这时刚好有第三者介入，于是很容易一触就产生火花。

四、丈夫性好渔色，见异思迁。

五、妻子所爱不当，太过专注于家务，或只关心孩子，也会让丈夫移情别恋。

六、双方各有缺陷，包括身体、心理、思想上的，让对方不能满足。

夫妻之间怎么会产生婚外情？观此可见双方都有责任，所以营造一个幸福的家，要靠夫妻同心协力，不能把责任留给任何一方。

仙人跳

现代的夫妻之间，常有婚外情发生，这是家庭的不幸。造成婚外情的原因，有时是男人性好渔色，拈花惹草；有时是女性难忍寂寞，红杏出墙。但也有的婚外情，则是遭人设计，也就是俗称的“仙人跳”。

所谓“仙人跳”，意指男女其中一方，被第三者所利用，通过情色诱惑，让对方跳入陷阱，最后只得花钱消灾，遮羞了事。

为什么会陷入“仙人跳”？一方面固然是被人设计，但是受害者本身必然也有一些缺陷，才会让人有机可乘。兹将造成“仙人跳”的原因，试述如下：

一、私德不检。有的人不重视个人私德，平时行为不检，遇到外界的勾引，更难有坚定的意志拒绝，因此容易为有心人所乘，难以收拾残局。

二、爱讨便宜。有人平时爱吃人豆腐，喜欢占人便宜，见到有人主动送上门，主动示好，更觉机会难得，难以自禁，于是就像鱼儿上钩，注定劫数难逃。

三、自作多情。无论男女，自作多情，总易失败。尤其男士，以为自己或有钱财、或有势力、或觉得自己风度翩翩，总觉天下女人见到他，都会倾心，这时如果遇到有心人设陷，想不身败名裂也难。

四、性好渔色。有些男士，性好渔色，总觉得妻不如妾，妾不如偷，偷不如偷不着。这种人遇到诱惑，往往经不起考验，好色的本性显露，被人所用，这也是罪有应得。

五、难禁诱惑。孔子说：“吾未见有好德如好色者。”情色之迷人，虽经古人三番五次的教诫，所谓情色如蛇蝎、如刀口之蜜，但还是难以唤回迷失的真心本性。所以一般人往往经不起声色诱惑，尤其如果有人乘其弱点，推波助澜，更是原形毕露，难以收拾。有时纵使事后明知被设计，也只有“哑巴吃黄连”，有苦说不出。

六、感情缺陷。有的人因为身体的缺陷，思想的不健全，不容易获得正常的感情发展，所以容易为人所窥破，而陷入别人所设计的“仙人跳”里。

一般说，设计“仙人跳”的搭档，大都是夫妻，或是兄妹，或是朋友，或是家人、亲戚等，实在难以防备。尤其所谓“色不迷人人自迷”，自古以来柳下惠难寻，所以就让设计“仙人跳”的人更加容易得逞了。

现在的社会，情色诱惑之多，除了过去的“仙人跳”，现在还有网络援交、情色电话、色情网站、情色光盘等，花样更多，所以现在的社会，世风日下，毁名败德之行，无奇不有。其实，关于“仙人跳”或其他情色问题，无非都是借助情色为手段，以诈财为目的，所以喜欢寻花问柳的人，应该自我警觉，才能免蹈陷阱。

主妇薪资

现在社会上有一个最讨便宜的事，就是当男人把太太娶回家，则如同雇请一个不需要付工资的劳工一样。新娘子打从嫁到夫家以后，每日烧煮三餐、洗涤全家大小衣物，还要打扫厅堂、侍奉公婆丈夫等。一旦生了儿女以后，尽心抚养教导，每日起早待晚，只为了做个称职的“贤妻良母”，因此尽量把无偿的劳工做好，仔细算来，实在很不公平。

现在社会上最便宜的劳工，例如学生到餐馆打工、妇女受雇到一般家庭做清洁打扫，每小时没有一百元也要八十元[1]，如果比照这种待遇，一个家庭主妇每日从事家务所花费的时间，其工资所得略计如下：

一、烹煮三餐。熟练的家庭主妇，每餐至少要花费一小时，一日三餐加起来需要三小时，如果以最便宜的每小时八十元来算，就要二百四十元。

二、整理家务。家庭主妇每日打扫厅堂、整理家务，包括清洗全家大小换洗衣服等，每日少说也要两小时，同样以八十元计算，两小时就要一百六十元。

三、教育子女。父母养儿育女，打从婴生时期开始，母亲就要照顾、喂奶，及至长大进入幼儿园、小学，每日接送上下课，每晚督促做功课等，少算也要三小时，一样以八十元计算，又是一个二百四十元。

四、侍奉公婆。身为主妇，不但要接送儿女上下学、侍候丈夫上下班，还要向年老的公婆早晚请安，嘘寒问暖。有时为了赢得公婆的欢喜，还要陪他们闲聊，每天也得花个两小时左右，算起来也要一百六十元。

---

[1] 本文中的钱币均以台币计算。

其他诸如敦亲睦邻、采买置办、装修房屋、处理杂务、修补衣服等，所费的零碎时间不算，就只是以上所举要者，已经有十小时了，少说每日也要八百元。再说，一般员工还有周末双休日，家庭主妇连周休一小时都不可得，事情一件件接踵而来。如果以每日八百元计算，一个月就有二万四千元，这还是一般普通家庭主妇，如果是能干的主妇，平时帮助丈夫拓展公关、起草书函、张罗请客送礼等，每个月领个五万元也不为过。

但是家庭主妇的功劳贡献，有的丈夫不了解，还怨怪太太在家没有事做，因此有这么一个故事：太太休假一天回娘家探亲，先生只得负起烧煮三餐的责任，女儿帮忙洗碗筷、擦桌椅等，儿子负责浇花、打扫庭院，一天下来大家累得腰酸背痛，这时他们终于体会到，平时自己的太太、妈妈每日工作之繁忙辛苦，真不是一般人所能胜任。

伟大的妇女，放弃她们的酬劳，任劳任怨地把自己奉献给家庭，成为廉价劳工。如果遇到体贴太太的丈夫，彼此恩爱，相互信赖，日子倒也好过；如果丈夫喜欢在外拈花惹草，对家庭不负责任，则身为家庭主妇，一生之遭遇，怎不悲惨！

好邻居

过去的农业时代，不同家族的人群居在一起，成为一个村庄。村庄里的住户，有时虽然前后左右间隔着相当的距离，但大家守望相助，最终成为好邻居。

现在的小区，高楼林立，彼此上下而居，虽然同在一个屋檐下，每天进出却互不招呼，彼此形同陌路，很少有友谊存在。

对照古今的人际差异，不禁令人怀念起过去的“好邻居”。所谓“好邻居”，应该做到如下数点：

一、远亲不如近邻。所谓“远亲不如近邻”，远居在他乡的亲戚，虽然彼此有着家族、亲人的情谊关系，大家也都懂得珍惜情缘，平常时常往来，但是一旦遇有突发事件或紧急危难的时候，“远水救不了近火”，这时能够及时伸出援手相助的，往往都是一些左右邻居。自古以来，一些贫苦人家因为邻居相助而立足社会的例子，比比皆是，更加令人感到好邻居的重要与可贵。

二、邻居守望相助。农业时代，邻居之间很少欺贫爱富，大家都能友好往来，尤其遇有婚丧喜庆的时候，更是相互帮助。有时候村中难免也会有一些难以相处的邻居，但是造成“恶邻”的原因，也是一言难尽。不过，一般邻居大都能守望相助，和谐相处，这是人类可贵的情谊。

三、打破水泥墙壁。好邻居之间没有水泥墙壁，所谓“通家之好”，今日出门，可以请托邻居代为照顾门户；三五天不归，也可以请隔壁代为喂狗喂猪、喂鸡喂鸭。反观现在，同栋大楼，同进电梯，互不招呼，所以人与人之间，由于科技发达，物质文明，反而不及过去的社会具有人情味，实在令人感到不无遗憾。

四、公共场所聚会。过去的农村，每到黄昏，三五好友，拿着板凳到晒谷场聚会，彼此谈天说地，无所不聊。年幼儿童也会围绕在旁，聆听大人高谈阔论，很多忠孝节义的故事，就这样深印在儿童心中。农村广场是村民们集合的公共场所，很多事情，彼此吩咐一声，就能得到帮助，此诚村庄小区之可爱也。

五、倡导读书育乐。现代的农村已经改型，农地变成大楼，乡村成为市镇，社会结构改变，人与人之间的人际往来必然也需要重新调整。例如，现在的佛堂都设立在大楼里，很多补习班也利用大楼作为教育子弟的场所。假如村干部和有心人士，从中提倡读书会、禅坐会，彼此交换报纸杂志等，让不相往来的大楼、小区人士，能再互动起来，这也是时代的需要。

六、代间互相学习。所谓“代间学习”，不仅一代一代之间经验可以传承，而且借此也能促进人与人之间的互动，让我们的后代不致因为社会大环境的改变，造成人际关系越来越疏离，让大家永远都是好邻居。同时，还能把很多忠孝仁爱的故事、慈悲结缘的好事，借助邻居的关系，相互影响、相互传播，实在至为重要。

贰·饮食男女

女人的一生

世间，有男人，有女人。有的男人怨叹，恨不生为女儿身；有的女人也怨叹，生为苦命的女人。女人究竟好不好？试述“女人的一生”如下：

一、女人一生被人管。女人的一生，“被人管”是注定了的命运。打从出生起，父母对女儿的管教就比较严厉。例如，讲话不可以太大声，不能跟哥哥、弟弟争抢物品，家里有了客人也不可以抛头露面。甚至从小就要学习女红、烹饪，要帮忙做家务，要看家守户不准外出。相较之下，家中的男孩则比较方便、自由。

一个女孩子，在未出嫁之前，受到父母的管教已经非常辛苦了，出嫁以后，还要受丈夫管。男人是一家之主，要求妻子负起一家的收支预算；居家内外的整洁也要打理；每天要洗衣煮饭，供应全家人衣食无虞；还要和睦亲人朋友，对亲友的服务尤其要拿捏分寸。此外，丈夫在外忙着事业，女人在家要多方支持。平时早起晚睡男人要管，梳妆打扮男人要管，出门采购男人要管。女人婚后，美其名曰已经成了“女主人”，实际上像囚犯一样，在男人的视线之内，受到严格的监管。

好不容易等到儿女长大了，身为女人的母亲也年老了，可怜的母亲这时就要受儿女所管。儿女不但经常嫌妈妈不懂、妈妈不会，甚至动不动就命令：妈妈不可以这样、妈妈不可以那样……这就是可怜女人一生的写照。

二、女人一生被人用。如上所说，女人的一生，虽然美其名曰“女主人”，实际上大部分时间都是被人用。有的女孩子，在未出嫁之前，就身兼母职，帮忙照顾弟妹；出嫁以后，除了侍奉公婆，还要相夫教子。十月怀胎，三年推干就湿，十年付给小儿小女无数的爱心与辛劳。有的妇女，三男五女，子女年幼时，有的肩上背，有的怀中抱，有的手里挽，同时还要烧饭煮菜做家务，真是无比辛苦。根据美国人的一项统计，女人一天的工作成果，更胜在外工作的男人，如果女人做家务也能受薪的话，则女人的收入必然要比男人更高。

三、女人一生被人欺。女人从小因为体质娇弱，在家跟哥哥、弟弟都无法争个输赢，只会受兄弟的欺负。偶有吵架，父母也是责怪女儿：你是女孩子，怎么可以跟哥哥、弟弟争执。长大后到社会求职，女人总是被人看轻，明明同工同职，男人的待遇总是超过女人，而且有了升迁机会，女人一般不容易被优先考虑，也不受重视和拥戴。英国女王很伟大，但世界上一半人口的女人，有几个英国女王呢?

四、女人一生被人爱。女人最幸福的，就是被人爱。有的小女孩，受到开明父母的关爱，当成“掌上明珠”般捧在手心呵护。长大以后，如果长得亭亭玉立、娇美大方、仪态万千，更是受到青年男士的追求，奉为天上仙女，这是女孩子最幸福的时光。等到名花有主以后，就要看丈夫爱她的程度如何了。有的虽然嫁入豪门，可惜人事复杂，红颜薄命；有的女性恃宠骄慢，甚至嫉妒成性，如此想要快乐幸福地过一生，此实难矣！

所以，女人的一生，唯有发挥女性的爱心，母德万方，则即使年老也会受到尊重。不过这就要看女人自我的表现了。

女人怕什么

人都有害怕的心理，怕神怕鬼、怕天怕地，尤其怕人。说到“怕”，身为女人，恐怕是最有恐惧心理的了。女性到底怕什么呢?

一、怕生人。男人遇到不认识的人，很容易结交成为朋友；女人对陌生人总是心存戒惧，不容易接触，甚至对熟悉的人，也有很多心理上的防范。不过一般来说，女人，尤其是美丽的女人，如果对人没有防范之心、没有矜持的态度，的确很容易陷入危险之境。

二、怕色狼。有的女性，喜欢搔首弄姿，引起别人的注意，希望异性追求。但是，太直接的追求，也会让她害怕却步。在男性当中，女人最怕的就是遇到“色狼”，因为色狼没有情调，对人不懂得尊重，所谓“辣手摧花”，女人遇到色狼，可谓人生一大不幸。

三、怕遇人不淑。身为女人，一般总是要嫁人，所谓“嫁鸡随鸡”，女人好像一直都是男人的附属品，因此女人的一生，最怕“遇人不淑”。如果嫁给了一个不上进、不负责、不诚实、不勤奋、好吃懒做，甚至搞婚外情的男人，这样的女人，其人生的路只怕也是坎坷难行。

四、怕家暴。打老婆是男人最丑陋的行为，有些男人常常拿老婆出气，动不动施以打骂。有些男人喜欢牵怒动气、借酒装疯，经常以打老婆为快；一些可怜的小女人，被男人抓着头发拳打脚踢，如此长期活在家暴阴影中的女人，怎不慨叹命运多舛?

五、怕衰老。女人的年龄是秘密，总是不肯轻易对人透露。不过即使不说，岁月还是会在女人的脸上留下痕迹，因为衰老毕竟是人生不可避免的事。对女性而言，年轻的女人自然能散发女性的魅力，但是一旦年老色衰，魅力没有了，肥胖、丑陋自然发生，所以女人总是对年老色衰感到无可奈何与害怕。

六、怕无子。过去的传统家庭里，父母为儿子讨媳妇，总是希望传宗接代，因此一个不能生养儿子的女人，不但在家中没有地位，甚至犯了“七出”之条。所谓“母以子贵”，没有儿子的女人，其处境之艰难，内心之落寞、无奈，可想而知。

七、怕妇女病。只要是人，难免会生病。不过一般来说，男人虽然也会害病，但专门的男科医院较少，女性的疾病，例如月事不顺、乳腺癌、子宫癌等，这些也是女人的梦魇。

八、怕没有钱。中国的家庭，一向以男人为主，男人通常掌控一家的经济大权。尤其“男主外、女主内”，因此即使不富有的家庭，男人随时可以外出工作，但是女人想要自己赚钱，比较少有条件和机会。一个人如果无钱，可以说是“百事哀”，有些女人更是如此。

上述的“女人之怕”，即使到了今日提倡男女平等的社会，还在一定程度上牵动着女人的命运，这是不争的事实。

女人的烦恼

世间，人人都有烦恼。老人有老人的烦恼，儿童有儿童的烦恼，男人有男人的烦恼，女人有女人的烦恼。穷人有烦恼，富人一样也有烦恼。所谓“家家有本难念的经”，在各种烦恼里，尤以女人的烦恼最多。女人的烦恼包括：

一、丈夫外遇。爱是自私的，夫妻结了婚，应该相互守贞，一旦丈夫在外拈花惹草，有了外遇、包二奶，太太发现后能够原谅宽容的，实在不多。所谓“眼睛里容不下一粒沙子”，两性相爱的世界里，不容许第三者加入，所以中国的社会现在是一夫一妻制，夫妻之外犯了邪淫，这个家庭再想保持和谐，甚至连让儿女坦然接受，也实在困难。因此，男人有了外遇，不但是女人的烦恼，也是全家人共同的问题。

二、身体变化。女人的青春美貌，都是掌握在时间之神的手中，随着年龄增长，身体发胖、头发变白、皮肤有了皱纹、体弱多病，都是妇女的烦恼。每个女人，无不为自己的美丑、胖瘦、高矮而有烦恼，所以女人对自己身体的烦恼，确实比男人多。

三、儿女难教。女人的烦恼，不但要挂碍自己能否得到丈夫、亲人的欢喜，另外还要忧心儿女的教育。如果生养的是聪明伶俐、乖巧听话的儿女，倒也罢了，如果儿女中有人顽皮不上进，难免要为儿女的教育担忧费神，真是不胜烦恼。母亲的伟大，不但受尽十月怀胎的辛苦，而且从婴儿呱呱坠地起，就推干就湿，小心呵护。及长大就学之后，不但要关心儿女的学校教育，还要负起家庭教育之责。所以希望天下的儿女，都能体会母亲的辛苦，应该经常赞美母亲的伟大。

四、家事繁多。身为女人，做家务事好像是天经地义的事，每日三餐、洒扫庭除，天天如此，一成不变。今天做了，明天还有；明天做过，后天仍然一样。除了家务以外，还要侍奉公婆、照顾丈夫、教育儿女。女人身兼数职，难怪美国人提倡，对家庭主妇应该给予计酬付薪。但是久远以来，一般女性一直不求待遇，日复一日，无怨无悔地付出。尽管如此，却不能说女人的内心没有烦恼。

五、性别歧视。女人的优点、长处，少有人表扬，但对女性的性别歧视，倒是自古有之。同样的工作，男工待遇较高，女性待遇较低；遇有升迁机会，大多男性优先，女性总是比较吃亏。即使有幸获得主管青睐，得以升迁，也有人会说风凉话：“女人能做什么事？”甚至拿奖金时，也有人会酸溜溜地说：“一个女人哪能拿那么多钱？”凡此都是自古以来女性受到的性别歧视，身为女人，怎能不为此气结、烦恼呢?

女人的烦恼之多，希望天下的男人都能体会，平时多给予鼓励、尊重，因为每一个人都有母亲，都有姐妹，都需要女人。

女人的武器

人类最早为了征服自然、抵抗外境的侵袭，光靠手脚的力量不够，后来发明刀枪剑戟等武器，帮助自己更有力量。

人要生存，必须要有力量。现代人的生活，除了要有金钱的经济实力，更要展现出谋划策的智慧力。一般的男人，两个拳头一握，就表示他有力量。那么，女人的武器、力量又是什么呢?

一、眼泪。女人最常以眼泪为武器，展现她的力量。眼泪本来是儿童专用的武器，但有时候女人表现出弱者的一面，也用眼泪来示威。很多会议场合发生激辩的时候，女人说不过男人，就用眼泪来代替，让一些男士心软，只得草草收场。

二、吵闹。女人对付丈夫、家人，最大的本领，过去有所谓“一哭、二闹、三上吊”。但是这种戏码经常在家中上演，也非一家之福。现代的社会，重视教育、讲究明理，以理才能服人，以闹无法服人，所以无理取闹，虽然没有人与之计较，但也不屑与之为伍。

三、撒娇。撒娇也是女人的武器之一，但这种武器不能乱用，只能在自己的父母、公婆面前，有限度地撒娇，或者在自己丈夫面前，偶尔使之，也许能达到目的，获得所求。只是撒娇这件武器，不能惯常使用，常态的人生要有常态的伦常道理，不能超越常态，否则一旦被人看轻，再撒娇也没有用了。

四、美丽。俗语说“英雄难过美人关”，美丽温柔的女人，经常以她婀娜多姿的风仪征服男人，使男人臣服于她，因此女人也可以驰骋在社会群众之间，发挥她的力量。

五、体贴。女人的武器，最好还是从正面来展现，例如体贴就是很大的力量。女人温柔体贴，才能增进夫妻的感情，才能得到家人的敬重，儿女才会感到安心；体贴的女人，才是上乘的高手。一句慰问、一杯热茶、一片面包，在适当的时刻，比原子弹的能量还强。因为原子弹可以杀伤人，不能让人心服；唯有体贴，才能征服人心。

六、爱心。女人在家庭里，要想征服全家，需要有一颗爱心。对公婆真诚地孝敬、对儿女耐烦地教导、对先生全力地支持。如果走出家门，进入社会，就需要把爱心升华为慈悲，对社会要慈悲关怀，如公益的捐助、义工的参与、苦难的救助等，都能获得社会的赞美，也能慢慢培养自己的妇德，是则慈悲爱心不但能战胜内外，也能战胜自己。

上述女人的武器之外，其实女人最重要的武器，还是智慧。有智慧的女人，能刚能柔；有智慧的女人，能进能退；有智慧的女人，能大能小；有智慧的女人，能内能外。动物为了生存，都要运用智慧，例如蚂蚁分工合作、鸟兽互相关顾、壁虎在遇到危难时甚至断尾求生。聪明的女性，你要用什么武器，才能获得安全的发展呢?

好女人八事

前文谈过“贤妻八法”，本文再讲“女人八事”。

有人说“女人难为”，一点也不错，要想做一个好女人，共有八事，兹供勉励:

一、端庄大方。女性不能像男人一样狂野奔放，但也不宜过分忸怩拘谨，从小要养成行止有据、进退得体、从容大方，此即所谓端庄有礼、仪态万千。

二、朴素勤能。女性虽然普遍爱美，但不能过分妆扮追求时髦。衣着朴素大方、性格淡泊勤劳，更能获得别人的爱慕敬重。

三、耐烦柔和。温柔是女性普遍共有的特色，也是女人征服男人的利器之一。平时做事耐烦，与人相处往来，讲话不要得理不饶人，更不要蛮横不讲理地大声呼喝，以免让人讥为泼妇，有失妇德。

四、通情达理。做人要明理，女人也要通情达理，理路不清的女性，为人诟病，不喜为伍；明白事理，才容易赢得别人的尊敬。

五、才艺出众。身为一名女性，大都从小就从生活里学会一些才艺，诸如烹饪、裁缝、做家务等。现代的家庭都让女孩子学习音乐、舞蹈等，只是这些才艺还不够用，若能精于厨艺、美工、待客、会计、医护、幼教、布置等，多才多艺更能发挥生命的能量。

六、家规女诫。过去社会要求妇女要具备“妇德、妇言、妇容、妇功”；身为现代的女性，也要懂得家规女诫，例如有的爱慕虚荣，喜欢追求名牌，生活奢侈浪费等，所以不能不自我规诫。

七、擅长家事。女人一旦嫁人，总要理家，相夫教子之余，还要治家有方，举凡家里的财政经济、人伦之道，乃至家务操持、家庭的功能等，都要一一认识，事前学全，以免成家之后手足无措。

八、有德有量。古人说“女子无才便是德”，其实女子不但要有才，更要有德，而且才德兼备之外，还要有量。有才有德，而且有容有量的女子，才算是一位全方位的健全女性。

综上八点，所谓“女人难为”，真是一点也不假，不过正因为女人难为，所以才更能显出女人的价值与重要。

自古以来，东西方对于女性的评语有很大的差距，例如东方人把女人比作蛇蝎、母老虎、河东狮；西方人则把女人视为女神、天使等。实际上女人在中国历史上的地位，例如缇萦救父、木兰从军、班昭编纂《汉书》，乃至宋朝女词人李清照通晓诗、词、散文、书法、绘画、音乐，至今都让人津津乐道，可谓流传千古。

现在社会开放，不管政坛、文坛、实业界还是演艺圈，女强人辈出，如宋美龄、龙应台、殷琪、杨丽花、张惠妹等，不都是一代女性中的佼佼者吗？所以女人其实不止如上八事，更应扩大自己的生命领域，多方学习、多方充实，不仅让自己活得多姿多彩，更能奉献社会，所以我们祈愿今日社会能多出一些才女。

女人十长

自古以来，女人一直受到很多不平等的待遇，因为在一般人的观念里，总认为女人不能和男人相比。其实，女人天生的本性里，有很多特长都非男人所及，举例如下：

一、温柔。一般人常以“柔情似水”来形容女人，由于女人的性格比较温和，所以常能“以柔克刚”，化解一些火暴的场面，降伏一些粗鲁无礼的人，成就一些难以完成的事。例如佛教第一比丘尼大爱道，曾多次向佛陀请求出家，均遭到僧团比丘反对，然而大爱道始终柔和以对，最后因阿难尊者相助而如愿，佛教因此有了比丘尼僧团。

二、仁慈。女性的仁慈也经常为人所赞叹。明太祖的马皇后，从小家贫，为了帮助家务而留了一双天足。明太祖登位后，有一年元宵节微服私访京城的灯会，看到一则图文并茂的灯谜，画中有一双天然大足的妇人，怀抱一个大西瓜，眉开眼笑，模样十分滑稽。朱元璋不解其意，回宫后向马皇后提起此事，马皇后讪然一笑，说：“妾乃淮西人氏，且为天足，此谜谜底想必就是妾了。”朱元璋一听十分生气，下令拘拿制谜者，马皇后见状，劝解说：“佳节吉日，与民同乐，又有何妨？何况妾本是天足，说又何错？不必小题大做，贻笑大方！”由此可见马皇后的仁慈与大度。

三、细腻。女人的心思细腻，似乎也是与生俱来的。佛教的末利夫人，曾为波斯匿王打洗脚水、洗脸水，以及饮用水，由于她细心地依不同需要而取井中表层、中层、底层之不同温度的水，感动了波斯匿王，因此册立为妃。

四、爱心。英国护理学先驱南丁格尔，年轻时，经常协助父亲的一位医生老友精心护理病人，逐渐对护理工作产生兴趣，加上她的爱心所趋，因此不顾当时一般人对从事护理工作的鄙视，全心投入，成为妇女担任护士职业的创始人。

五、勤俭。勤劳节俭也是过去女人特有的美德。唐太宗李世民的长孙皇后，其令后人所歌颂的懿德，除了深明大义、通情达理、谨守分际，从不干预政事以外，她生性节俭，日常物品都以够用为限，从不奢侈浪费，更为人所称道。

六、耐烦。“孟母三迁”是中国家喻户晓的故事，因为有孟母的耐烦“三迁”，因此造就了一代“亚圣”。孟母所展现的不只是女人的耐烦，还有睿智与远见。

七、喜舍。女人普遍有喜舍心，尤其佛教的护法，不乏发大心布施的善女人，例如佛世时的毘舍佉，不仅发心供养僧团雨衣等日常用物，甚至捐建讲堂，这就是“鹿母讲堂”的由来。

八、善良。唐朝的文成公主，为了汉藏世代和好而远嫁西藏，她的聪慧、善良和柔情，赢得松赞干布和全藏人的爱戴，终于不负其所肩负的“和睦邦交”之使命。

九、守家。传说中的王宝钏苦守寒窑十八年，其守家的精神其实是古代妇女普遍具备的美德。

十、惜情。乱世才女蔡文姬，饱经战乱，她所谱写的《胡笳十八拍》，不但道尽一生不幸的遭遇，更是充满思乡却又不忍骨肉分离的痛苦之情，其悲情而惜情的心声，感人至深。

其实除了以上所举，举世具备这些特长、美德的女性不胜枚举。有人说“一个伟大的男人，背后一定有一个伟大的女人”，又说“世界半边天都是靠女人撑持起来的”，此言诚不虚也。

女人十态

在佛教里，佛陀一再提倡“男女平等”，所谓“众生皆有佛性”，女性的慈悲、智慧，有时更胜于男人。只是一般女性常有一些习气、惯性，也有需要注意、检讨之处。

女人到底有哪些习性、缺点呢？在《大爱道比丘尼经》里形容女人有“八十四态”，也就是列举女人常有的一些不好习惯与性格，因为有这些缺点、迷惑，因此不能进步。其实，人都有缺点，男人的缺点可能也不止“八十四态”，不过以下仅就经典所载，摘录“女人十态”，以供有心人参考：

一、女人喜欢梳头发，平时有事没事也总爱用手指拨弄头发，尤其喜欢抹脂擦粉，以化妆为美，是为一态。

二、女人看人视物，喜欢斜视，是为二态。

三、女人喜欢忸怩作态，爱在背后偷看男人；一旦男子回头看她，却又低头不语，总是等到人走了才在后面偷看，是为三态。

四、女人常常口是心非，见到自己心仪的男子，明明内心欢喜，却又故意装出生气的样子，是为四态。

五、女人走路或坐下时，喜欢摇摆身体，或是低头搓揉双手，腼腆拘谨，不够大方，是为五态。

六、女人不擅控制自己的情绪，喜怒经常形之于色，是为六态。

七、女人遇事不探究事实真相，经常以实为虚、以虚为实，而且喜欢论人长短，是为七态。

八、女人容易记仇，别人对不起她的地方，不管时间多久，经常一再重提，难以释怀，是为八态。

九、女人猜疑心比较重，对自己对别人普遍缺乏信心，是为九态。

十、女人独占欲比较强，见到自己的丈夫和别的女人谈话，就会心生不悦，是为十态。

以上约略摘录。其实女人固然有一些性格上的缺点与不当的习惯，但是一般男人的缺点也不少。总之，在凡夫位的人都有缺陷，所以儒家一再昭告世人要修身、齐家、治国；佛教也教人要具有“三千威仪，八万细行”。

女人虽有缺点，但是女人超越男人的优点也很多，例如，女人比较细心耐烦、个性柔和、慈心仁怀、任劳任怨，尤其对家庭的爱心、对夫婿的护持、对儿女的疼爱、对家事的责任，可以说都是男人难以望其项背、无法相比的。

因此，男人不要自傲，女人也不要自卑，在今日的社会，男女平权、互相合作，虽各有长短，彼此却能以长补短，相互尊重包容，何愁世间的男女夫妻不能相安无事地共同生活呢?

东西方女人

在人类的世界里，占有半数人口的女人，跟男人相比，不差丝毫，甚至比男人重要。但是长久以来，女人一直饱受歧视；甚至女人当中，东方女人与西方女人，彼此待遇也不尽相同。东西方对女人的看法，差异很大，略述如下:

一、西方的女人，被比喻为人间的安琪儿、天上的女神，是和平的使者，女人应该受到男士的尊重。所以在西方社会里，到处可以看到男人让座给女人；男人替女人拉椅子，扶女人上、下车，更是习以为常。因为女人在社会上充分被尊重，因此在西方国家也产生许多的女王、女总理、女国务卿、女首相、女校长、女企业家等，所有女人都可以抬头挺胸，理直气壮地在社会上和男人共同打拼，一较长短，没有女人因为自己是女人，就觉得比男人矮了半截。

在西方的父母，遗产不会只留给儿子，有儿女的，就会平均分配。甚至现在西方的女人，很多家庭主妇也在倡导应该向丈夫要求支付薪水。其实果真要男人付薪的话，恐怕男人也付不起，因为女人忙于家事，远远比男人在外工作的时间要长，工作也较繁重，薪水自然要比男人高。

然而，虽然付薪未必成真，却是意味着西方的男女，没有谁养谁的问题，大家真正做到平等地尊重，是平等的地位，所谓“女男平等”，这已足以宣誓女人的地位与价值了。

二、东方的女人，被说成是祸水、母夜叉、母老虎、河东狮等，即使是美丽的女人，也被形容为“蛇蝎美人”。东方人把女人形容得很可怕，贬低女人的价值，所以数千年来东方女人想要争取男女平等的地位，始终都只是个梦想。尤其明显的，在印度女人被视为生孩子的机器，除了生儿育女以外，其他一概不能有所要求，完全没有做人的尊严可言。

另外，数十年前，日本的女人只是男人的附属品，只能在家卑躬屈膝，等着丈夫回家。中国的女人则如同替男人操持家务的帮佣，甚至像看门狗一样，不可以外出。三餐吃饭时，男人先吃，苦劳女人先做；男人可以三妻四妾，女人稍被怀疑不贞，整个社会都会对她侧目而视。家中如有不幸的事发生，必定要怪女人八字不好，扫帚星、克夫命，而且只有男人可以休妻，没有听说女人可以休夫的。

东方男人在社会上，走到哪里都可以居“上中前”的地位，女人则只宜在厨房里，或者在厕所边跟人讲话。男人总是想出种种办法贬低女人，说女人无才便是德，女人不必读书，女人只要操持家务，抚养儿女，就是贤妻良母了。过去在台湾，男人开支票，违反了票据法，由于使用太太的名义，当然是女人坐牢。甚至走私贩毒，如被发现，所有罪名都推给女人，所以台湾的女子监狱总是人满为患。可怜的女人，一生受尽折磨，就因为心善性良，受尽苦辛，却仍然心甘情愿。

上述这两种东西方女人的比较，未必全然如此，也有例外。西方也有被虐待的女子，东方也有幸福的女人，但大体上说，确是如此。佛教讲“众生皆有佛性”，大地众生皆与佛平等，本性上都是平等的，有平等观念的人类，才有佛性善德。所以，我们要求世界和平，首先应该要求男女平等、种族平等、国家平等，在平等的尊严之下，所谓世界和平，才有达成的希望。

新女性

时代在进步，人类的思想观念不断受着时代潮流的冲击与考验，很多传统的价值观也在逐步调整与变化中。例如，过去男女不平等，女性一直理所当然被视为受保护的弱者；但现在女权抬头，女人争取女男平等，社会上的女强人愈来愈多。现在很多女性，思想与作风大胆、前卫，标榜自己是时代的“新女性”，她们在社会上渐渐崛起，已成为新的一族。

所谓“新女性”，究竟有哪些特异之处呢？列举如下：

一、不煮三餐，在外吃饭。现在社会上的女人，保持传统观念的女性，在家相夫教子，操持家务，还是占多数。但是受到时代潮流影响，一些女性平时不做家务，三餐不肯亲自下厨，喜欢在外面上餐馆、邀约朋友到饭店吃饭，以此显示时髦，这种新女性为数也不少。

二、不要结婚，而想生子。现在有一些女性，不想结婚，但希望生儿育女，如台湾知名艺人作家胡因梦、台湾高铁董事长殷琪等人，就是这种想法。由于受到一些名人未婚生子的效应影响，不婚生子不再被视为离经叛道的事，而成为新女性选择的一种生活方式。

三、不管礼教，三夫四男。过去男人三妻四妾，女人规规矩矩地守贞节，一夫到底。现在的新女性，也不甘愿与男人待遇差别太大，男人可以三妻四妾，女人为什么不可以三夫四男呢？

四、不务正业，上网赚钱。现在的电视、报纸经常报道，有些尚在就读初中的女学生，不想正当地打工赚钱，只想通过网络援交，廉价出卖灵魂以赚取金钱花用，完全不知世间真情为何物！

五、不必工作，可以刷卡。现在的女性，大多不喜欢做家务，尤其不喜欢进厨房，平时洗衣服有洗衣机、家务有女佣代劳，自己只知买东西可以刷卡。但是刷卡也要有来源，银行里没有存款，刷卡的后果怎么办呢？因此现在有很多卡奴，就如佛教所说的“菩萨畏因，众生畏果”，不懂得防患于未然，等到结果产生，大难临头，才来懊悔，一切都已嫌迟。

六、不觉羞耻，以脱为美。过去的女性，含蓄保守，身体任何部位都不愿意让人看到，万一不小心被人窥见，就认为是最大的羞耻。但现在无须偷窥，有些女性大方地露出身体，以脱为美，例如辣妹的表演、槟榔西施的暴露等，实在让人慨叹世风日下，人心不古！

七、在职场上，与男争光。当然，新女性也不全然都是自甘堕落，现在也有一些优秀的女性，在职场上与男士一较长短，当上女校长、女教授、女总裁、女董事长等，她们表现杰出，不落人后。而且，现在举世有不少女总统、女首相、女议长、女县长……都让人感到女性在自我觉醒，自我上进。

八、保持传统，相夫教子。现在社会上，其实有更多的女性，默默地负起传统女性的职责，在家相夫教子，这是旧社会的传统妇女，并不是新女性。只不过我们要问：到底是旧妇女对社会好呢，还是新女性对社会更有贡献呢？

本文并无轻视女人之意，我们一直希望女男平等，男人能，女人为什么不能？无论男人也好，女人也好，总难免有一些贤愚不肖，像男人当中，不务正业，参加帮派、黑道，乃至走私、贩毒者，也让社会所唾弃。看起来这个社会是一半一半，好的一半，坏的也一半，你喜欢的只有一半，不喜欢的，也有一半。

女性关注什么

人有男女之别，男女之间除了身体上的构造不同，心理、性格上也有很多的差异。例如，男性喜欢看动态的东西，女性喜欢欣赏静态的事物；男性看事情大而化之，女性则会专注细微的小地方；男性容易见异思迁，想要的东西很多，女性比较专情，往往只要一个。

其实不只是男女有差异，同为女性也有不同的注意点，试述如下：

一、爱美是女人的本性，有的女性尤其重视外表的装扮。平时不但重视身上的穿着、脸上的妆容，甚至从头到脚，举凡服饰、皮包、鞋子等，都要讲究名牌，总是希望自己一走出家门，从发型、耳环、口红、衣着等，无一不引起别人的注意。这种“以美为乐”的女性，她所注重的就是外貌。

二、女人虽然普遍爱美，但也有女性并不在意自己的形象，她不重视外表，而是注重吃，只要每天有好吃的东西享受，她的人生就心满意足了。其实认真说来，一般女性大都喜欢吃零嘴，也喜欢挑肥拣瘦，不过有些女性对吃的讲究，更甚于一般，只要有好吃的，她可以不在意其他，吃是她生活的重心，她把吃看得比穿、比美、比家、比丈夫更重要，这是美食主义的女性。

三、女性的注意点，除了美、吃以外，有的女性以“住”为焦点，化不化妆不重要，吃什么也不计较，不过住家要有品味；小的庭院、有气氛的客厅，家里收拾得井然有序，窗明几净，一尘不染，家就是她的安乐窝。

四、有的女性，吃、住都不重要，她重视的是精神生活，所追求的是心灵世界的丰富与充实。例如，有的女人希望有一架钢琴，有的女人要一柜子的书，有的女人要丈夫的爱，有的女人希望儿女绕膝，她活在爱的世界里，生活淡泊清苦并不介意，重要的是精神世界的升华。

五、也有一类女性是属于家居型的，粗茶淡饭，甘之如饴，既不希望丈夫升官发财，也不愿意与丈夫外出应酬，她只要一家平安，乐于在家相夫教子，平平凡凡地安度一生。

六、相对于家居型的女性，另有一类交际型的女性，平时家事不管，丈夫儿女也不问，每天在外交际，出尽风头，只要在人群里，她就如鱼得水，回到家就失去活力。这种交际型的女性，生性喜爱热闹，乐于排难解纷，中国古代的媒人，以及现在的交际花，都是属于这一型的女性。

当然，以上六种女性的特点，并不能概括全部，有的女性从事写作，在文坛上展现才华；有的担任公职，在政坛上不让须眉；有的在家相夫教子，只要丈夫事业有成、子女鹏程万里，自己的生活好坏并不计较。

女人谈话

明儒王阳明先生，有一次带领一群学生外出讲学，走在大街上，遇到甲乙两名妇女隔街对骂。甲骂乙："你不讲良心。"乙妇回骂："你才不讲天理。"

王阳明先生对学生说："你们来听，这两个妇人在讲道理。"学生说："老师，她们是在吵架，不是在讲道理。"王阳明说："她们一个讲良心，一个讲天理，不是讲道，是讲什么呢？"学生不解，王阳明继续说："凡是讲天理良心，用来要求自己的就是道，要求别人就是相诟也！"

由上面这段故事，不禁想到"女人谈话"的问题，略述如下：

一、女人讲话的地点。很多女人喜欢在公共场所聊天讲话，例如偶然在大街上相遇，站着就可以滔滔不绝地讲个没完；有时在市场上遇到认识的人，也可以一聊半天，把该做的事都给忘了。另外，平日生活作息的地方，例如在厨房里，女人的高论特别多，讲话的兴致特别高。厨房以外，厕所边也是女人喜欢讲话对谈的地方，甚至有时放着客厅不用，在过道上一谈也是半天。当然，时代进步，现代女性接受教育程度提高，不但在讲台上可以侃侃而谈，在会议场所也能畅所欲言，尤其现在电视的女主播，不是在替女性挽回很多好形象了吗？

二、女人讲话的内容。女人讲话，大都以家事为主，诸如你家的丈夫事业怎么样，我家的儿女功课如何。如果这是互述相夫教子的心得倒也罢了，但是很多时候，讲话的内容经常牵涉到别人的是非，喜欢故意探听别人的秘密、议论别人的长短，甚至交头接耳故作神秘地说："我告诉你一个秘密，你不可以告诉别人。"听话的人又去对他人说："张太太告诉我一个秘密，我只跟你说，你不可以再对别人讲。”秘密就这样传播开来，所谓“公开的秘密”，大概就是此之谓也。

三、女人讲话的后果。女人当中，当然有很多慈悲、善良的女性，她们也讲道德、讲人性、讲学理。但是有些受教育不多的女性，难免停留在旧时代，保有旧社会的思想，总喜欢议论东家长、西家短。所谓“长舌妇”，完全不顾后果地乱发言，等到对方上门兴师问罪，甚至以恶意毁谤告上法庭，才发现惹上了麻烦，这时后果已经难以收拾，也难以预料了。

四、女人讲话的声音。女人讲话，有的轻声细语，仪态优雅；有的口沫横飞，手势夸张。也有的女人讲话，喜欢交头接耳，窃窃私语；有的则放大嗓门，高谈阔论。一般来说，多数男人不喜欢女人讲话嗓门太大，也有部分丈夫不喜欢太太跟人咬耳朵。其实，女人讲话的声音，还是比男人好听，例如现在社会上，很多司仪都请女性担任；很多报告，都找女秘书主讲；甚至很多新闻主播，都由女性专办。

总之，无论是男是女，难免有长有短，所以提出上述的“女人讲话”，只是聊供大家自我警惕、自我检讨罢了。

女人怨

结了婚的妇女，有的人满足于平顺的生活，心甘情愿地做家庭主妇，成为贤内助，与丈夫共同为事业打拼；也有的妇女，享受丈夫事业的成就，过着富裕的少奶奶生活，这种幸福的女人当然为数也很多；但是，社会上不满意婚姻、不满意男人的怨妇，为数也不少。妇女究竟怨恨一些什么呢？

一、怨丈夫赚钱少。女人持家，常常感觉家用不够，有的人会自己做零工赚钱，贴补家用；有的则怨怪男人不会赚钱，经常在嘴边责怪男人：“你没有用，赚那么少钱，还摆什么架子？”这是让男人最感泄气的话。

二、怨丈夫不幽默。家庭的幸福、家庭的温暖、家庭的欢笑，本来应该由夫妻共同营造，但是有的丈夫平时不苟言笑，总是绷着一张脸，一副严肃冰冷的表情。每天下班回家，只知喝茶、看报，不会说赞美的语言，不会制造欢乐的笑声，甚至经常把在公司上班的不好情绪带回家中，让家里时常笼罩着低气压，这是现代女人结婚之后最感灰心的地方。

三、怨丈夫应酬多。一个女人结婚后，孤单地守着家，为了家庭每日辛劳，而丈夫整天在外应酬，和朋友聚会欢乐。更有甚者，有的男人经常涉足风月场所，喝酒跳舞，可怜的妻子在家寂寞无聊，难免心生怨叹。不过时下有一些好男人，也知道事业与家庭同等重要，到了下班时间，就谢绝外出应酬，不但懂得回家吃晚餐，下班回家后也不办公事。只是这种好男人，不是每个女人都能幸运遇得到的。

四、怨丈夫不体贴。一个体贴的男人，下班回家后，总会主动帮忙做家务，这不但是体贴太太，也是教育儿女的最好示范。据说美国政要下班回家后，总会到厨房帮太太的一点小忙。但是时下一些大男人，总以为自己赚钱养家，已经就是家里的大恩主了，因此每天上班以外，总是茶来伸手、饭来张口。其实一个幸福的家庭，丈夫除了赚钱养家，还要对太太付出一些爱情，表现一些真心，多说一些赞美的话，多一些勤劳帮助，如此夫妻就算经济上不甚富有，但在相处上能多一些体贴，必能使夫妻的感情增加、爱情升华。

五、怨丈夫不讲理。男人多数有大男人的心态，总认为自己是一家之主，只有他有权发号施令，当夫妇之间有了不同看法，丈夫总觉得自己是对的，太太永远不对。这种专横的丈夫，会让妻女受很多委屈，所以，过去胡适先生提倡“男人要怕老婆才是好男人”。其实男人不一定要怕老婆，而是应该要互相尊重，彼此既是夫妻，就应该同心协力，共同建设幸福的家庭才对。

六、怨丈夫不规矩。一个家庭，就算妻子贤惠，如果男人不规矩，在外花天酒地，吃喝玩乐，挥霍无度，甚至拈花惹草，说好听一点，只是逢场作戏，但是一个正派的丈夫，没有逢场作戏的权力。一个幸福的家庭，丈夫应该经常和太太出双入对，或是养成在家读书的习惯，夫妻建立共同的兴趣，在事业上共同携手同进，在精神上共同过着有信仰的生活，不断充实自己的性灵，这样的爱情才能得到保障，这样的家庭才会幸福美满。

其实，不管男人或女人，人生的喜乐、哀怨都可以由自己来创造，有能力的人都懂得想办法改变环境，而不为环境所困，所以“怨妇”只要能拿出一些本领、招式来治家处事，也能转怨恨为喜乐。

男人心事

结了婚的男人，心事有多少？一般男人总觉得自己每天工作，辛苦赚钱养家，家中的妻子应该好好善待自己，让自己没有后顾之忧。所以做丈夫的，总希望自己的妻子能勤俭持家，并且要善守妇道，不可以当长舌妇制造问题，不可以经常外出惹是生非。男人对女人要求的戒条似乎特别多，所以许多丈夫总会嫌怪妻子不能顺他的心、满他的意，例如：

一、不够温柔体贴。一般男人不容易满足于太太的爱心，总觉得女人应该全心全意对待自己，如果妻子太把注意力放在儿女身上，或是忙于家务，对他稍有疏忽，在衣食住行生活上不能满足他的所需，就会怪妻子不够温柔，不够体贴，甚至经常和自己讲理不够顺从。如果发现别人的太太条件优秀，就会更加怨叹自己的老婆不如人。

二、不善整理家务。男人结婚后，所谓“男主外，女主内”，男人把操持家务寄托在妻子身上，如果妻子对治家一无所长，不但不能把持家计预算，不善于厨房的饮食烹调，不能代表一家应付亲朋外事，家里内务不整，到处脏乱，这些都让男人不满意。有些甚至不能和家中的成员和谐相处，这是男人最不满意的地方，所以说男人难为，其实女人也难做。

三、不懂孝敬公婆。中国人重视伦理道德，儿女奉养父母，善尽人子之孝，这是天经地义的事。一般父母也有养儿防老的观念，因此儿子一旦结婚，媳妇侍奉公婆是理所当然的事，这也是丈夫衷心的希望。如果妻子不能体会丈夫的心愿，对公婆不能嘘寒问暖，婆媳之间不和，让男人在妻与母之间难以做人，这是男人最大的遗憾。

四、不会教育子女。丈夫在外忙着赚钱，教育子女的责任当然也寄望在太太身上。一个贤妻良母，当然能对子女施以正当的教育，但现在有一些母亲，自己做人都有所欠缺，怎么能教育子女呢？子女从小应该学习守规矩、懂礼貌，游戏玩乐都要有节制、生活作息要正常。可是有的母亲只忙于找朋友逛街、打牌，疏于照顾、教育儿女，一旦儿女行为出现问题，丈夫当然就会责怪妻子不善于教养儿女了。

五、不肯善待亲朋。夫妻结婚，也等于把两个家族结合在一起，男女双方都各有家人亲属。有时丈夫忽略了女方的亲朋好友，妻子会发出怨言；相同的，男方的亲人朋友，妻子如果不能善待，丈夫也会感到为难，甚至怨怪太太心量不够大，夫妻因此时生龃龉，怨怪不断，这样的家庭怎么能幸福快乐呢？

六、不知勤俭持家。男人赚钱，每个月的薪水有限，有的主妇不善持家，不懂量入为出，只是好慕虚荣，好逛百货公司，好买名牌，整天只知打扮自己，完全不懂丈夫赚钱的辛苦，使得靠薪水维生的丈夫，每日心惊胆战，甚至被逼贪污、侵占公款，因此走上不归路。如此家庭，怎么能幸福平安呢？所以，男人的心，女人不能不知。

男人要什么？

世界上有一半的女人，也有一半的男人。这一半的男人，他们心里到底想要拥有一些什么呢？试举如下：

一、拥有财富。一个男孩子，从小就受父母的经济控制，用钱不自由。有朝一日，自己学业完成，或是学得一技之长，出了社会，第一个想要的就是努力赚钱。因为有了钱财，就可以买汽车、豪宅，可以交朋友，可以出国旅游，住高级宾馆，可以和达官贵人交往，可以获得少女的崇拜……所以男人想要的，第一个就是金钱。

二、拥有爱情。有了金钱，可以供他使用，购买心里所想要的东西，但是金钱不会说话，所以这时候他需要有爱情。假如有一个异性朋友，年轻貌美，而且温柔多情，和他一起沉浸在爱河里，人生就更加美好了。

三、拥有名位。一个男人，有了金钱、有了爱情，并不一定能满足，这时候他又有其他的欲望。例如希望有名位，因为一个男人没有名位，就如大人物没有座车、练武的人没有用武之地，所以，他希望谋个公司的高级主管，或是工厂里的工程师，甚至能当个民意代表就更好了。

四、拥有权势。俗语说："大丈夫宁可无钱，但不能无权。"有了名位，还要有实权，权势才是男人最想拥有的东西。因此，很多男人"一朝权在手，就把令来行"，男人很容易成为官僚、成为独裁者，很容易被权势冲昏了头，因为他太重视权势了。

上述是一般男人所想要的，现在再说女人要什么。女人或许也有种种的想法，但女人要的，或可简化为"一个男人"。因为有了一个男人，男人的金钱、爱情、名位、权势，她都能分而享之。只是一个女人要分享男人的所得，本身也要具备一些条件，诸如美丽、温柔、多情、体贴等，如此男人才肯把自己拥有的分享给她；假如这个女人的条件不够好，男人一旦发现另外有一个女人的条件比她更好，那么她在男人身上所分享的一切，立刻就会化为乌有。

所以，男人的成就是建立在自己的雄心壮志上，女人的成就则往往建立在她的机遇好坏上。一个女性如果遇到一个君子，就能拥有幸福美满的生活；万一遇人不淑，则人生的梦想很快就会幻灭。

长期以来，男女之间一直在争平等。然而，就以爱情寿命来讲，一个男人从二十岁起谈情说爱，直到六十岁，仍然是一个充满魅力的成熟男人，仍有很多女性崇拜他；反之，一个女人从二十岁起开始谈情说爱，十年、二十年以后，年老色衰，她的爱情价值就没有那么高了。所以，算来算去，世间男女事实上并不容易平等。要平等，除非男女能把价值观重新估定，大家转而在智慧上较量，男方以智慧引起女性的崇敬，女人的智慧也能获得男方的欣赏，大家以慧心结合、以慧语相处、以智慧厮守终生，或许能有男女平等的希望。

维系爱情的妙诀

男女的婚姻，最重要的，要经得起时间的考验。有的人结婚不到三天，蜜月未完，就已经意见不合，这是因为不懂维系爱情的妙诀。什么是维系爱情的妙诀呢?

一、共识。从一些传媒报道知道，现在不少家庭，夫妻都有各自支持的政治候选人，因为党派不同，丈夫支持蓝军，太太要投绿营，因为意见不合，有时还会大打出手。有的则是信仰不同，太太是佛教徒，先生则信仰天主，由于信仰不同，也会时生龃龉。因此，男女结婚前，光是情投意合还不够，有共识才重要；彼此能有共同的理念，达成一致的共识，方可结合。

二、了解。婚姻的共识要建立在彼此的了解上，但是有的人因不了解而结合，因了解而分开，实在可惜。也有人说“人经不起了解”，如果是不真实、虚假、欺骗的，当然经不起了解；如果是实实在在、原原本本的，又有什么经不起了解的呢？年龄、才华、家世、财务、学历、思想、言行，甚至身体健康状况，不必欺瞒、造假，婚前有深入的了解，婚后才能常保坚贞的爱情。

三、体贴。爱情不是今天送他黄金，明天送他首饰，就能维持长久；物质能赢得一时的欢喜，得不到永久的感情。夫妻的感情要靠相互体贴，有时候彼此互问一句：你好吗？你搬得动吗？你的体力吃得消吗？你需要我来帮你一下吗？所谓患难夫妻，互相体贴，比荣华富贵更能维系感情。现在的夫妻，不计较每日能否朝夕相处，而在乎轻声细语的关心。有时多看对方一眼，有时相互一个微笑，体贴才是夫妻感情的强力胶。

四、尊重。有些夫妻，男方只知道赚钱交给妻子，妻子只知道勤于家务，以为这样就是标准丈夫，就是贤妻良母。殊不知女方不是嫁给金钱，男方也不是为了娶一个劳工，所以金钱、工作以外，要相互知道对方，尊重对方的需要、爱好、希望，要能给对方满足。爱不是占有，要能相互尊敬，爱是需要赞美、唱和的，而且不只是尊重个人，还要尊重他的家人、兴趣、爱好，甚至尊重他合理的隐私。

五、助缘。既是夫妻，要给对方助缘。例如：丈夫学业尚未完成，应该鼓励他深造；如果就业上班，加班迟归，不要责怪，要给予慰问。有时因为年轻，地位不高，待遇微薄，不要嫌弃，要给他鼓励。平时买一本书帮他进步，订一份报纸，慰藉他的家居寂寞；他的朋友、领导，他的外缘，都应该助他一臂之力，让他能荣耀地和别人来往。

六、包容。婚姻的圆满，最重要的就是相互包容，“人非圣贤，孰能无过”，夫妻偶尔难免会有一点意见相左，就好像牙齿和舌头有时也会打架，重要的是互相忍耐，相互包容。

有人说“婚姻是爱情的坟墓”。其实夫妻之间，只要能建立共识，彼此相互了解、体贴、尊重，全心助成对方，尤其能在包容里爱情长跑，则婚姻必能恒长久远，历久弥坚。

分手

男女之间，正当交往，经过一段时间的相互了解，彼此情投意合，两情相悦，于是顺理成章结为夫妻，所谓“愿天下有情人皆成眷属”，这是值得祝福的美事。只是现在的社会，男女“牵手”愈来愈普遍，男女“分手”也愈来愈平常。有的男女，交往一段时间后，双方感觉互不适合，于是好聚好散；但也有的男女，其中一方想要“分手”，另一方不愿“放手”，其结果让“分手”变得千难万难。分手的原因很多，分手的方式当然也千奇百样，兹略说如下：

一、藕断丝连。时代进步，民风愈来愈开放，现代男女时兴“试婚”或

“同居”。因为没有婚约束缚，男女之间的分分合合、合合分分，自然稀松平常。只是这种“藕断丝连”的分合，要想建立美满的家庭也难。

二、斩钉截铁。有一种男女，分手的时候，彼此不留一点情面，也不留一丝余地，只要分手，就各不相干。这种“斩钉截铁”的分手，倒也干脆。

三、赶尽杀绝。有的情侣，相爱时万般亲密，到了分手的时候，爱有多深，恨也有多切。尤其对自己曾经爱过的人，再也不容许他与别人成双成对，因此“赶尽杀绝”地想置对方于死地，这是属于嫉妒心重的一类。

四、同归于尽。有的男女，性格刚烈，当他发现对方移情别恋而提出分手时，自己心有不甘，因此采取“同归于尽”的手段，这是最下等的分手。

五、互相成就。相对于上述“同归于尽”的情侣，有的男女相爱，最终虽然因故不能结为夫妻，但分手后还能成为朋友，并且衷心祝福对方找到更理想的终身伴侣，这种“互相成就”的分手方式，最为理性，也是最好不过的事。

六、抱憾终生。有的男女，互相深爱对方，彼此论及婚嫁，并且得到双方家长的同意，眼看着即将成就一桩美满姻缘，却因细故口角，彼此意气用事而分手，最后各自男婚女嫁，但心中始终忘不了对方，如此“抱憾终生”的分手，真是令人惋惜。

七、情非得已。有的情侣，从小青梅竹马、两小无猜，长大后因为家族恩怨，或是基于民间的习俗、忌讳，例如同姓不联姻等，而不能成为眷属。这种“情非得已”的分手，最是令人同情。

八、银货两讫。有人说“情场如战场”，也有的时候，情侣或夫妻分手，也如商场的买卖一样，讲究“银货两讫”。当一方提出分手时，另一方就提出精神赔偿的要求，或是希望获得多少的赡养费。其实，只要能用金钱解决，有钱就好办事，银货两讫后，各自获得自由，也是好事。

九、好聚好散。所谓“相爱容易，相处难”，有的男女婚前爱得轰轰烈烈，婚后却发现彼此个性不合，因此协议无条件分手，大家“好聚好散”，也不失为君子风度。

十、成人之美。在各种分手当中，有的情侣本着“爱他就要成就他”的牺牲精神，当对方提出分手时，能克制自己的感情，独自忍受分手的痛苦，心甘情愿地成就对方，这种“成人之美”的表现，才是真正懂得爱的真谛，也是人性高贵情操的表现。

异国鸳鸯

男女交往，一旦感情成熟，自然婚配，天经地义，无可厚非。只是现代的婚姻，多了一些“异国鸳鸯”，就如过去王昭君和番、文成公主汉藏通婚。及至现代，中美、中日、中英、中法、中韩等，光是中国与世界各国结成的“异国鸳鸯”，就不知凡几，当然其他国家也有同样的情形。

男女感情，只要两情相悦，国籍应该不是问题，只是综观很多“异国鸳鸯”，本身产生的婚姻问题，及对后代的影响，也不能不加以关心。例如：

一、文化难融和。现代很多青年男女，因为出国留学、工作，或是移民的因缘，与异国人士双双坠入爱河，走上红地毯，结成“异国鸳鸯”。本来这是美事一桩，但由于两国的文化、基本的道德观念等，仍然存在着许多差异，所以婚后往往很难融入对方家庭。例如，中国青年娶了美国少女，回到国内省亲，一两天后问题就一一浮现。就拿饮食来说，年老的公婆喜欢吃酱菜、豆腐乳，美国的媳妇大惊，怎么拿大便当菜肴？另外，爸爸妈妈不时关心儿子，儿子也为尽孝道，对父母嘘寒问暖，美国新娘因此醋劲大发，觉得你爱老太婆不爱我，一周不到就闹着要离婚。所以青年男女的异国婚姻，在文化差异上应该及早沟通、认同，免得婚后风波不断。

二、生活难一致。在国外大都是小家庭制，中国则是三代同堂，老少共住在一起，因此衣食住行的生活不一致，也是“异国鸳鸯”所要克服的一大问题。例如，西方人要吃面包牛奶，东方人习惯吃酱瓜稀饭，有的会因为饮食问题而冷战，你看不惯我，我也看不惯你。另外，外国的青年男女有汽车代步，中国的年老父母出门都搭地铁、公交车，各人需要不同，意见当然不断发生。

尤其外籍男女，在起居室内穿着随意，甚至光身露体也视为平常事；中国的亲人，怎么样都看不习惯。因为思想观念、文化风俗不同，以及语言的差异，“异国鸳鸯”的男女当事人，常常夹在中间，不知如何才好，感情因此生变，往往悔不当初。

三、亲友难接受。异国鸳鸯总不能永远单独生活，还是需要和亲友往来、联谊。但是中国人一向习惯不约而来，喜欢在家中聚会，这对在外国长大的男女来说，怎么样都不能接受。他们认为亲友联谊，应该到公共场所；亲友互访，应该事先预约。所以当亲友不约而上门时，异国鸳鸯就会摆出不悦的脸色；同样的，亲朋好友没有得到异国鸳鸯的友善对待，先前的成见不禁油然而生，因此批评、讽刺，甚至口出怨言，弄得家人亲友不欢而散，乃至反目成仇，不一而足。

四、国家难调解。异国鸳鸯因为来自两个国家，一旦发生事端，都有两个国家同时出面，是离是合，经常在两国法庭相见。例如喧腾一时的“中巴混血儿”监护权争夺战，就成为国际新闻，引动两个国家的政府出面调停。虽然后来纠纷总算落幕，但是双方的感情都已受到伤害。

以上这许多问题，说明异国鸳鸯尽管真情结合，但前提是应该好好考虑这些差异所可能产生的后果。若能事先沟通，做好妥善的安排，则异国鸳鸯也是促进两国友谊，甚至是促进世界和平的重要动力。

未来的男女

在历史的长河里，男女两性有时男多于女，有时女多于男。男多于女的社会，男人找对象成家立业困难；女多于男的社会，例如一场战争过后，死亡的男人太多，新寡的女人也会不知如何是好。

一个正常的社会，应该要男婚女嫁，各得其所，但是照现在的时代发展来看，未来的男女之间不免有一些令人忧心的地方，例如：

一、过去一般家庭，大都希望生养男孩，不喜欢养育女儿；重男轻女的结果，社会必定“男多于女”。长此以往，未来社会将有很多男人找不到结婚对象。

二、过去的婚姻法是“男女”二人结婚，现在一些国家立法通过，男同志、女同志一样可以合法结婚，于是社会上不都是男婚女配，秦晋之好，所谓乾坤阴阳的“正常”家庭了。都已经不合法则了，这个社会家庭的标准不知道建立在哪里。再加之现在的男人怕辛苦，不肯成家；女人怕生小孩，不肯嫁人。社会上太多的痴男怨女，一个不平衡的社会家庭，有心人能不挂念吗？

三、依照现在的社会风气继续发展下去，我们也可以看出，过去的男人三妻四妾，认为是风流之举；现在的女权高涨，一些走出家庭的女性，一样可以在外面搞个“三夫四情人”，以示跟男人抗衡。现在中国的社会制度，都是建立在“一夫一妻”之上，就是现在的欧美国家，仍保有这种优良的传统，无论男女，如果有了婚外情，都是法律所不容，社会也不许。但看我们现在的社会秩序、我们的道德标准，都已经不能成为规范，所以现在的青年男女、夫妻，都像脱缰的野马，任意驰骋，随兴而为。一个新社会、新道德、新标准急需重建，可是我们有些政治人物，汲汲营营于政治权力的斗争，自己也在这种纷乱中浑水摸鱼，一个优良传统社会之难产，怎不叫人忧心呢？

四、过去的家庭，男主外女主内，现在已有了严重的变化。现在一些能干的妇女放弃了家庭职责，走到社会上工作，于是很多年轻妇女，精于行政、会计、计算机等，具有许多的职业专长，但就是不擅长家务。传闻现在上海的女孩，如果男人不会煮饭、做家务，就不可能列为结婚的考虑对象。对此我们不禁忧心，未来到底是仍由女性回到家庭，走进厨房里呢，还是干脆换成“男主内”，由男人来主掌家务呢？

除了上述所提，现在男女的新观念，由于过分依赖父母，到了应该独立之龄而不独立、应该结婚成家也不结婚、应该生儿育女也不生育，这种男女“三不主义”，真不知未来将成为一个什么样的社会。总之，男女问题其实也是社会的问题，虽然“女男平等、男女平等”吵吵闹闹很多年，现在已经露出曙光，可是男女两性之间还是有许多未能解决的问题。

寄情

人是感情动物，有了感情，要把它寄放在哪里呢？现代人有的喜欢养猫养狗，寄情于宠物；有的人不慕名利、不好显达，只喜欢寻幽览胜，把感情寄托于山水之间。所谓“情要有所寄”，才能得到安住，但是有的人不知何所寄情，或者情爱寄托错误，例如恋爱的人失恋了，做出种种反常之举，或是寄情于“财色名食睡”，都会造成不好的结果。人到底应该把情感寄托何处呢？

一、寄情于家国。一个人要爱家，从爱家而爱国。爱家的人，必定会爱护家里的夫妻儿女，甚至家里的环境、家中的花草树木，你对他们都有爱心的话，就会让家庭保持整洁、和谐、安详、美满。

从爱家进而爱国，“国家兴亡，匹夫有责”，国家是民之体，“体之不存，毛将焉附”？国是众人之家，爱国就是护持众人、护持共有的团体，所以，爱国是每个人应有的责任。

二、寄情于儿孙。父母喜爱儿女，这是人之常情，所谓“儿女是父母心中的一块肉”，既是心中的一块肉，怎么能不爱呢？但是现代的父母，不是“寄情”，而是“滥情”，因为溺爱反而阻碍了儿孙的发展。父母真正寄情于儿孙，应将儿孙当一件艺术品，要想着如何雕塑他、成就他。就如过去一般父母，希望儿女成为教育家、科学家、医学家，只想用教育儿女来作为自己寄情的方法，或者用各种因缘，让他为社会服务，与大众结缘。自己寄情，也引导儿女寄情于这些公益上，必定有助于将来的发展。或者让儿女养成正常的生活习惯，敦品厉行、慈悲孝顺，不可一味地溺爱。爱他就要成就他，爱他不可害他。

三、寄情于学问。我们的情爱何所寄托？可以寄情于读书写作，也可以寄托在学问研究上，此中都有无限的妙处。“书中自有黄金屋，书中自有颜如玉”，书中的宝藏无限，寄情于学问的美妙，读书人皆知。例如，躺在床上看书，如果是地理书籍，可以遨游天下；如果是历史书册，可以与古人交游。假如一个人能把书当宠物一般来寄情，则必能得到书本所给予的厚待、回报。只是现代人都喜欢看短篇小文，不爱看长篇大论。其实人的情爱要能绵绵久长才好，不要片断；同样的，能看长篇大书，才是真正的寄情之处。

四、寄情于信仰。一个人的情感之所寄，儿童时期寄情于父母，青少年时寄情于朋友，成长以后寄情于异性，但是到了真正人生成熟时，很容易寄情于宗教、寄情于信仰。信仰也是一种爱情，因此成熟以后的人生，在宗教里容易找到自己的信赖、依归，容易与宗教信仰相应。

以上所说以外，现代还有人寄情于山水、寄情于养生、寄情于朋友、寄情于事业；只要你觉得靠得住，不至于受到伤害，当然都可以寄情。

纵情

人称“有情”众生，我们的感情要放在哪里呢？感情就像金钱一样，金钱要存放在银行里才能安全；感情如果存放在不当的地方，会给自己带来麻烦。例如，有些人纵情声色，把自己的感情放纵在声色犬马上；然而声是无常、色会变化，纵情声色的结果，声色不能让你的感情安住，甚至会让你身败名裂。有的人不务正业，纵情游乐；可是自古以来就说“勤有功，戏无益”，纵情游乐，不务正业，只怕最后一事无成，只有悔不当初。那么，我们的感情究竟要放在哪里呢？

一、纵情山水。“仁者乐山，智者乐水”，一个把感情拿来爱山爱水的人，山水必定也会回报给他爱心。山的崇高、山的宁静、山的丰富、山的包容，喜爱爬山的人都会为高山所迷，增加人生的奋斗力、仁慈心。大海一望无际，把感情贯注到海洋水边，顿时心胸开阔，不禁兴起探索生命奥妙的兴趣，甚至探究人生的思想与智慧的志向，也如海洋般波涛汹涌。所以纵情山水的人，会与大自然结上因缘，好像结交了富贵的朋友，好像把感情存放在安全的地方，这是多么诗情画意的人生。

二、纵情书海。自古以来，有的人纵情宦海，一心一意希求得到一官半职。但是现实的政治、权力的斗争，在政治场中，人生大起大落，并不是一个长居久安的处所。假如寄情于书海，经常逛逛书店，或者跑跑图书馆，甚至家藏万卷书，每日与书为伍，何其快乐。所谓“书中自有黄金屋，书中自有颜如玉”，其实这已不是现代人读书的目标了，现代人读书，为了扩大心胸开阔眼界。读书可以吸收世界的新知识，可以增加人生的思维。天地大自然的奥秘、宇宙人生的内涵，在书海里都可以找到答案。甚至一书在手，在空间上讲，可以卧游天下；在时间上看，可以与古代圣哲接心。纵情书海，也是人生一乐也。

三、纵情社服。现在人生的道路，不完全为自己行走，也可以为别人而走。例如，无国界的医生，把自己的感情寄放在爱人爱世上；一些宗教家，发挥自己的慈悲，到处宣扬救人救世的真理，不计国家种族，只希望施与慈悲。当然，也有些慈善家，养老育幼、救护伤残；还有许多义工，参与奉献服务行列。这些纵情于社会福利的人士，他们不只是为一己之安乐，他们把自己的快乐情感，融于社会大众之中，把一生的情感放在福利社会大众上，那是最安全可靠的寄托。

四、纵情世界。现在的人更加进步了，不把自己的情感交给一人一事，他可以纵情世界。他把世界的和平、人类的安乐，视为自己的责任，期许自己从事大自然的研究，从事生态环境的保护，促进种族的和谐，增加国际相互的了解。这许多仁人专家，以天下为己任，以天下之忧为忧，以天下之乐为乐。古代的佛陀、孔子、玄奘、耶稣，近代的史怀哲、哥伦布、库克船长，他们同样都对世界付出了很大的爱心，做出了很大的贡献。

人是有感情的动物，感情总要有所寄放，爱一个人是爱，爱大众也是爱；爱一件事是爱，爱天下事也是爱。所以，真正有意义的人生，不要把感情藏放在自私的角落，应该把感情纵放于山水、书海、社服、世界，这才是美好的人生。

礼貌

礼貌是立身处世之本，也是人间和谐的要素。一个人有没有教养，就看他做人懂不懂礼貌。礼貌不能光看外貌形象，要从内心的修为开始。优质的人生、有教养的生命，礼貌必定健全。

礼貌有长幼之间的礼貌、朋友之间的礼貌、男女之间的礼貌、国与国之间的礼貌，礼貌实在是人生立身处世的一大学问。说到礼貌，有以下意义：

一、礼貌是自我的修养。一个宗教徒，必然要向他们的教主、教师礼敬，所谓“佛法在恭敬中求”。修行先要修心，先把内心的贡高我慢修正，养成自己的谦卑、有礼，在人我之间、衣食住行中，随时随地待人有礼，这就是自我的修养。

二、礼貌是心意的传达。礼貌是传达尊重、赞美、善意、友谊的表示。我对你恭敬、尊重，必定会在一举手、一点头、一微笑中，先把自己的心意，通过这些动作表露出来，传达给你，你知道我的善意之后，给我一点认同、肯定，如此就可以相互合作，共同建立未来的关系。

三、礼貌是处众的准则。人和人都要相处、往来，我们在大众里与人相处，最重要的就是要有礼貌。人我之间有时难免有一些是非得失、利害关系，到底谁对谁错、谁好谁坏，甚至谁有理谁无理，先决的评断标准，就是看谁有礼貌，谁没有礼貌。我先把手伸出去，跟你握手，你不肯响应，就是你失礼；我向你微笑点头，你面无表情，就是你无理；我对你客气说请坐、请用茶，你不应不理，就是你没有礼貌。没有礼貌就先输了一筹，修养、气度都已经落在人后，又怎么能和人同等较量呢?

四、礼貌是家庭的伦理。儿女出生后，父母首先要教育的就是礼貌，所以，在婴儿牙牙学语时，就要教他叫爸爸、妈妈、阿公、阿婆。再大一点，要主动地跟人问候：早安、你好；要学习优雅的语言：请、对不起、谢谢你。家庭里，虽然是父母兄弟姐妹，但彼此之间要有礼貌的语言、要懂得长幼有序，才能维护家庭的伦理。

五、礼貌是社会的和谐。社会是由很多不同的分子所组成，彼此来自不同的家庭、不同的成长背景、不同的生活习惯，甚至不同的族群。在很多的不同里，要想社会和谐，必须用礼貌来规范。你尊重我，我包容你；你体谅他，他同情你。礼貌有时可以用语言表达，有时可以用肢体表示，有时可以用物品示好，有时可以用谦让说明。中国人有所谓“礼多人不怪”的说法，社会的安定和谐，要靠大家尊重、互助、友好，有礼貌才能维系社会的和谐。

六、礼貌是人间的桥梁。语云“有理走遍天下，无理寸步难行”。同样的，有礼貌的人，走到哪里都会受人欢迎；没有礼貌的人，到处让人回避。礼貌是人与人之间的桥梁，也是国与国之间的桥梁，世界上的河流那么多，要靠桥梁才能通过；同样的，人生的河流，要靠礼貌才能通过。如果人与人之间、国与国之间，都能重视礼貌，彼此以礼相待，还怕世界不能和平吗?

已婚男女相处

由于时代变迁，现代社会不但男女工作机会平等，交友机会也平等，因此常见一些同在一个公司上班的男女同事，由于日久生情，发展成为男女朋友。如果是男未婚、女未嫁，男女交往当然乐观其成；万一男女双方都已有了家室，则容易发展出婚外情，自然不是好事。所以已婚男女相处，有一些应该注意的事项，兹提供七法，作为参考：

一、夫妻以外的男女朋友，不要“一对一”相处，也就是不要单独外出，或是单独共处一室，以避免别人说闲话。

二、不可挤眉弄眼。因为双方既然都已各有婚姻，彼此既不是恋人，也不是夫妻，就不要眉目传情，否则互相挤眉弄眼，不但有失庄重，而且引人遐思。

三、不能轻浮地打情骂俏。一旦次数多了就会成为习惯，而且一次开玩笑、两次开玩笑，之后就会得寸进尺，所以要防患于未然。

四、不宜窃窃私语，这是社交基本礼仪。平时在公共场合，如果两个人经常交头接耳，窃窃私语，都会引起别人的反感，何况已婚男女，如果经常在一起讲悄悄话，更会引人怀疑。

五、不共金钱往来。朋友相交，有时候对方有了困难，适时给予一些金钱上的帮助，无可厚非。但是平时最好不要共金钱往来，因为钱财容易造成纠纷，致使好友反目成仇，尤其男女朋友之间，一旦牵涉到金钱，容易纠葛不清，遭人议论。

六、不要礼物相赠。如果有特殊的原因，必须对其他异性赠礼以谢，最好通过丈夫或太太带给对方，也就是要得当才可以，不要私下馈赠，以免引起不必要的误会。

七、不要谈论家私。因为谈谈就容易有了交情，进而日久生情，所以不要私密往来。

总之，现代社会开放，男女平时交往、接触的机会增加，发生婚外情的频率也相对提高。为了防患于未然，已婚男女交往，应该注意应有的礼节与分寸，以免破坏家庭的和谐。

叁·父母与子女

家

家，是一个奇妙的地方，不管什么人，天南地北，到了一定的时候，总会想要回家。

一般人，白天上班，晚上下班要回家；在外营生，过年过节要回家。家，有最亲的父母，有最可爱的儿女。不管有钱没钱，家总是一个安全的地方。

有人把家比作天堂、安乐窝，但也有人觉得家就像地狱、冰窖一样。家，是以爱为中心，如果家中有爱，当然是天堂，是安乐窝；如果家中没有爱，缺少温暖，那就失去家的意义了。

兹以六事，说明家的可贵：

一、家庭是温暖的小窝。家人的亲情、家人的甜言蜜语、家人的患难与共、家人无所顾忌地谈话，要吃要睡，都是那么自由，这不就足以说明家庭是一个安乐窝吗?

二、家人是可亲的骨肉。家里的每一个分子，都与自己有骨肉血缘关系，家里的人最可信赖，如果连家人都不能相信，世上还有何人可以信赖呢？家人纵有不同的意见、不同的利害关系，一般来说，只要是对外，家里的分子总是团结一致，这是自然的亲情表现。

三、家财是共享的资源。在中国的社会，朋友都有通财之义，家人更有共财的传统。家里的钱财，感情好的兄弟姐妹，大家不分彼此，不计较谁用多少，总是共有共享。但是一个家庭的兄弟姐妹当中，如果有人心胸狭窄，则家人的亲情也好、共享钱财也好，就会受到一定的冲击，严重的还会搞分家。所以，中国传统的三代同堂，由于时代变迁，慢慢变成小家庭，改变了维持家财共享的传统。

四、家风是人格的养成。每一户人家，都有不同的家风。有的以勤俭持家闻名，有的以孝顺闻名，有的是兄友弟恭，有的家规严谨，有的“书香世家”，讲礼严明，更是让人尊敬。所以，一个家庭的每一分子，为了维护家风的名誉，总是战战兢兢地讲道德、养性情，因此家风是人格养成的最好地方。

五、家训是品德的树立。每一个优良的家庭，都有它特殊的家训，例如《朱子家训》是中国一般家庭的模范。再如岳武穆的母亲“教忠教孝”，以忠孝教育子女；孟子之母，所谓“孟母三迁”，也是为了让家中的子弟不受环境影响。一般家庭的分子，都以家训为荣，不会对家训做出反抗的举动，所以一个家训能持之数代，不管中庸世家、书香世家、政治世家、农耕世家，都成为家训的特色。

六、家和是兴旺的秘方。家庭虽然都是亲人同处共居，但是“家和”是一个家庭的中心要求，所谓“兄弟同心，其利断金”，说明家和的重要。如果一个家庭中出了一个意见不同的异议分子，有德的好聚好散，无德的或者染上恶习、结交恶友，在家中需索无度，这个家庭就会生大变故。所以，“家和万事兴”这是千古不变的道理，也是家的可爱与可贵之处。

妈妈的味道

一些在外求学、就业的异乡游子，经常会怀念起家中“妈妈的味道”，甚至在每个儿女一生当中，不时地也会回忆起成长期中所有“妈妈的味道”，诸如妈妈怀抱中的温暖、妈妈哺乳的甜蜜、妈妈轻声慢语的指导、妈妈装模作样逗自己欢喜的爱心，等等，每个儿女都不会忘记这许多的童年往事。

所谓“妈妈的味道”，其实就是妈妈的“慈母之心”，母亲的慈爱，每个儿女都能感受得到，所以从小到大，乃至自己做了父母，都会怀念“妈妈的味道”。

妈妈有什么味道呢?

一、妈妈的语言。在儿女的成长过程中，即使还在襁褓之中，妈妈就会自言自语地对着婴儿讲话。直到儿女牙牙学语，便逐字逐句地教导儿女说话。刚开始先教一个字：“来”“乖”“好”，接着两个字：“宝贝”“抱抱”“好吃”。之后是三个字、四个字的教育，直到儿女能完整表达自己的意思，这时候有的儿女就开始嫌母亲唠叨，一句话总是说了又说，吩咐又吩咐，甚至不断叮咛“不要这样、不要那样”，但是就算是怪妈妈唠叨，也会感谢妈妈的慈爱关怀。

二、妈妈的动作。妈妈对儿女的关怀，经常表现在动作中。例如，妈妈伸手，就知道妈妈要抱我；妈妈把手背在后面，必然藏有东西要给我。妈妈作势要打人，其实她的内心是爱我的；妈妈把我抱在怀中，那是妈妈最快乐的时候；妈妈哼着没有字句的曲调，其实那是在表达对我的爱意；妈妈怕吵醒熟睡中的我，总是轻声慢步；妈妈把我放在摇篮里，实际上是放在她自己的心里。

三、妈妈的容颜。婴儿时期，妈妈就是小儿女的一切，妈妈的笑容，那是天堂；妈妈哭丧着脸，那是人间的惨事。尽管妈妈有多少心事，可是到了小儿女面前，又一副若无其事、笑逐颜开的样子。妈妈的两只眼睛，是小儿女心中蓝色的海洋；妈妈的嘴巴，讲话比黄莺出谷还要动听。总之，天下的妈妈虽多，我的妈妈最美丽。

四、妈妈的心意。妈妈的心意无限深广，但是年幼的儿女无法体会慈母的广大心怀，有时候故意哭闹，要求妈妈抱一抱自己，甚至故意无理取闹，就是想要获得母亲的关怀。在儿女小小的心灵里，只想征服母亲完全属于自己所有，哪里能体会妈妈的内心充满着人世间的辛酸、还有大人世界的是非烦恼呢？母亲的恩情如山之高、如海之深，妈妈的心意实在不易了解。

五、妈妈的饭菜。妈妈怀胎的辛苦、推干就湿的忍耐，都是别人替代不了的。妈妈做的三餐，更能表达妈妈的味道。妈妈准备三餐，各种酸辣咸淡的味道，总是迎合着儿女的喜好，从来不会想到自己要吃什么。早晨，妈妈拖着疲惫的身体，为孩子准备上学的早饭；中午儿女放学，妈妈总是等着儿女回家共用午餐；晚上尤其加倍用心，总想在饮食上获得小儿小女的欢笑。

妈妈一生，从儿女出生，一直到长大自立，永远都是念着孩子的爱好、需要，所以到底是妈妈的味道，还是孩子的爱好，实在难以分清。

爸爸的烦恼

有一首歌叫《哥哥爸爸真伟大》，几乎每个人从小都唱过，但是大家可曾想过，伟大的爸爸，他的烦恼也很多。爸爸有什么烦恼呢?

一、工作的压力。工作，不管是不是符合自己的兴趣，总是一家老少的希望之所系。为了做好工作不至于失业，爸爸每天在工作的压力下受着煎熬。其实，每一个有贡献于团体的人，面对工作的烦琐、工作的责任，必然都有一些工作上的压力。

二、家计的负担。爸爸每个月所赚的薪水总是不够家计开销，一家大小每日的生活，除了三餐伙食，还有房屋修缮、水电、税金等，假如有小儿小女身体出了状况，医疗费用更是沉重的负担，所以这不是儿女的疾病，而是父亲的烦恼。

三、儿女的教育。一个家庭里，最令父亲挂念的问题，就是儿女的教育。小学也还罢，到了中学，青少年的叛逆性格，常使父母挂念，尤其到了大学选科系，哲学、商学、法学、政治，不但要配合自己的性格、兴趣、能力，还要考虑今后社会的实用性。庞大的教育费用，有的父亲一年的薪水还不够支付，你说怎能叫爸爸不烦恼呢?

四、人际的摩擦。现代的社会问题，最难处理的就是人际的纷争。此也是是非，彼也是是非，人与人之间已经失去一个平衡的道理标准，整日里领导和员工摩擦、同事和同事彼此摩擦、本单位和其他单位摩擦。种种的摩擦消耗了多少公司的成本和力量，但是所有人都喜欢把摩擦加重、扩大，不肯化大事为小事、化小事为无事。爸爸在这样的生活圈子里，你说怎能不烦恼呢？

五、社会的诱惑。爸爸在社会上工作，如果能力有限，领导、同事都看不起他；如果表现很好，又会遭到同事的嫉妒。尤其学有专长的人，其他公司会用重金来诱惑你；如果长相出众的话，社会的情色诱惑也会纷至沓来。虽然一般男人也都知道家庭的重要，家事的责任不能稍有大意，但是人非圣贤，环境改变一个人的力量是强大的，在财色当道的今日社会，你说叫爸爸怎能不烦恼？

六、回家的气氛。爸爸在社会上就算能抵挡得住外界的诱惑、走过万千的障碍、通过各种的陷阱考验，但是回到家庭里，妻儿能带给他快乐的家庭气氛吗？例如贤妻的慰问、饮食的美味、家庭的欢笑、儿女的学业，都能让每日辛苦操劳的爸爸得到安慰吗？

有一个青年，羡慕有家室的人幸福美满。终于自己结婚了，感到生活美妙无比，因为上班回家有妻子拿拖鞋穿，进了门有小狗围着汪汪叫。一年后，回家不是太太拿拖鞋，而是小狗衔拖鞋；不是小狗汪汪，而是妻儿整天嫌这个不好、怪那个不对，因此烦恼不堪。后来遇到一个高人指点，叫他要继续欢喜，因为没有太太拿拖鞋，一样有小狗衔拖鞋；没有小狗汪汪叫，一样有妻儿围着汪汪叫。这位高人最后语重心长地说：世界是变化的，你要求外境不变是不可能的，唯一不变的，只有自己的心。

所以，世界上的爸爸也不必烦恼，只要想到你是爸爸，就无怨无悔地做个爸爸吧！

父母

每个人的一生，都需要父母孕育。父母有好几等层次，略述如下：

一、生养的父母。我们需要有父母才能出生，人不会凭空从天上掉下来，也不会从石头缝里蹦出来，必须有父母作为因缘生养我们的身体，所以身体受之于父母，父母生我、养我、育我，是我最大的恩人。

二、衣食的父母。在幼年的时候，衣食有父母供给，但是来源还是得自士农工商。工人不织布，哪里有衣服可穿？农夫不种田，哪里有饭食可吃？及至长大后，我们需要就业，要靠老板给我们就职的机会，老板就成为我们的衣食父母。所以，过去的人都把企业主视为父母。

三、再生的父母。在我们一生当中，可能有人解救过我们的危难，他就是我们的再生父母；我从小拜师学艺，人生从此脱胎换骨，师父也是再生的父母；从军报国，长官对我的呵护，多次助我不死，也等于我再生的父母；老师谆谆教诲，使我从无知而有知，我跟随老师学习，变化气质、提升人格、讲究信义、待人慈悲，老师也成为我再生的父母。

四、大地的父母。大地是众生的父母，大地普载我们、生养我们、供给我们所需，在大地之上的所有万物，包括人类，哪个不靠大地而能生存？大地的父母，不但对人类、对宇宙万物都是孕之、育之、煦之，在大地父母之前，宇宙所有一切众生都是同体共生，共相互助，所以我们要共同爱护大地的父母。

五、因缘的父母。父母能生养我们，但其实真正生长我们的是因缘，一切众生谁能不要因缘而能生存呢？世间万物哪样不是从因缘而出生的呢？举凡一双筷子、一个碗盘、一张桌子、一张床铺、一栋房子、一个小区，哪一个不是靠因缘才能成就的呢？所谓“诸法因缘生，诸法因缘灭”，世间万物靠因缘才能成就、才能成长、才能生存。所以，我们要感谢父母，父母是因缘，感谢众生，众生是因缘，感谢大地，大地是因缘；人要珍惜因缘、敬重因缘，因为因缘是我们的父母。

总说人的生命从父母出生，而到还原给大地之母，之后归于宇宙虚空，回到宇宙本体，那就是“心佛众生，三无差别”的法身实相，也正是吾人所要找寻的本来面目！

唠叨

唠叨就是说话啰唆、重复，让听者不悦，心生厌烦。其实有时候唠叨的背后，蕴藏着很多的心情与含义，举例如下：

一、父母的唠叨，隐藏着对儿女的爱心。一般父母都会不断地叮咛儿女：你要注意身体，你要按时吃饭，你要用功读书，你要早点睡觉。儿女的反应大都嫌父母唠叨，殊不知这个唠叨里，包藏着多少父母的爱心，假如儿女能体察父母的爱心，虽是唠叨，也应该心存感谢，不要嫌弃。

二、老师的唠叨，蕴含着对学生的期望。学生受业于老师，应该接受老师的教导。有的老师对学生寄望很高、要求很严，难免会叮咛、嘱咐不断，惹得学生也嫌老师唠叨。其实就算老师唠叨，也是对学生的一份期许，如果老师对学生没有期望，又何必殷殷地叮咛、嘱咐呢？

三、太太的唠叨，反映出对生活的不满。有的丈夫嫌妻子唠叨，经常教训妻子。“你不要再说了”“你不要再唠叨了”。一个家庭主妇的唠叨，有时也不是没有原因的，或者因为家务繁重，或者因为家境拮据，或是为了小儿小女的教育，乃至待人接物的应酬令她心烦。假如丈夫能适时加以安慰，可能让她获得疏解；反之，没有安慰，只是怪她唠叨，如此唠叨不容易减少，反而牵引出心中更多的不满。因此，夫妻之间如有一方常有唠叨的习惯，最好能用爱心去疏导，会比责备更容易奏效。

四、婆婆的唠叨，表达了对媳妇的意见。自古以来，婆媳不和一直是家庭严重的问题。婆媳之间，有时因为年龄悬殊、生活背景不同，或者观念认知差异而有了代沟。有时则是为了夹在两个女人之间的男人而战，例如，媳妇仗着丈夫对自己的宠爱，让婆婆觉得自己的儿子被媳妇抢走了，或是媳妇仗恃娘家富有，挑战婆婆在家里的权威，都会引起婆婆的不满与唠叨。媳妇面对婆婆的唠叨，如果能够倾听她的意见，进而满足她的要求，则婆婆的唠叨自然会减少。

五、主管的唠叨，意味着对属下的要求。公司团体里，有的主管身教重于言教，不太喜欢讲话，只要大家照规定行事，彼此互相尊重，大家也就相安无事。但也有些主管喜欢对属下唠叨，时而嫌大家工作不努力，时而怪大家工作不守时间，时而认为大家工作没有成绩。属下并不因为主管唠叨而愿意改进，有时反而因为唠叨而更加阳奉阴违。所以，主管对属下如果有所要求，最好不要唠叨，可以通过开会，大家坦诚地沟通、交流，让他自动自发，这才是最好的办法。

六、老人的唠叨，显示出生命中的孤寂。人到了老年，往往话就会变多，因为一生的岁月有太多的过去、有太多的往事，希望有个对象听他诉说，所以老年人唠叨是自然的事。曾经有个老太太跟我同队出国旅游，途中只见她一直不停地讲话，后来我规定她一天只能讲三十句话，她向我抗议：三十句不要五分钟就讲完了。老年人最辛苦的事，莫过于孤寂难耐，如果有人肯耐烦倾听他的唠叨，会让他觉得日子好过，这也是对老年人最好的照顾。

生儿育女

天下所有的父母，都把生儿育女、传宗接代，当成是应尽的责任。儿女是未来的希望、是家业的继承人，更是父母心头的一块肉。只是有的人生养了好的子女，光大门楣，荣宗耀祖；有的人儿女不肖，成天游荡，惹是生非，父母光是处理他们在外制造的麻烦，就已经不胜其苦了。

也有的人，儿女不肯读书，父母望其成龙成凤，又徒叹奈何！有的儿女不务正业，好吃懒做，父母责骂，又有何用？当然，也有孝顺的儿女，承欢膝下，体贴感恩，这就是父母最大的欣慰了。

生儿育女虽是父母的天职，但是儿女有的是来报恩的，有的是来讨债的。当然，所有父母都希望儿女是为报恩而来的，所以他们希望生养的儿女，最好能具备以下特质：

一、善因善缘的儿女。苏东坡说“人皆养儿望聪明”，儿女的聪明才智高低，难以计较；能够生个有善因善缘的儿女，倒是比较重要。如宋朝吕蒙正经常在佛前祈求：“不能皈敬三宝、没有善因善缘的人，不要投生到我的家里来。”因为有善因善缘的儿女，不需要父母太为他操心，他本身就具备条件，善缘好运就能为他带来好的前途了。

二、福慧兼备的儿女。世间的人，福慧往往难以兼备，有的人有福报，但没有智慧；有的人智慧高，但福报不够。父母生儿育女，是男是女都不重要，重要的是福慧双全。过去中国人“只重生男，不重生女”，但是当杨贵妃“一朝选在君王侧”，举国父母都“不重生男重生女”。所以不管男女，福慧具足最为重要。

三、端正有相的儿女。在佛教的《普门品》里提到，假如信仰观世音菩萨的人，希望求生福德智慧之男，当然可以所求如愿；如果希望生个端正有相的女儿，也能如愿以偿。因为男孩子智慧重要，女孩子相貌重要；如能把自己所看重的、所在意的，祈求菩萨加被，圆满如意，必然更增自己的信心。

四、诸根具足的儿女。今日社会，有一些父母生养了先天残疾的儿女，不管五根不全，或是智能不足，乃至先天脏器病变等，可怜的父母，舍子不忍，因为总是自己的儿女；养子艰难，有很多父母为了残障儿女，苦了一生一世，从未享受到人间的富乐，每天只为残障儿女做牛做马，数十年的人生就这么陪着残障儿女消磨殆尽。所以，儿女诸根具足，是父母最基本的愿望。不过今日社会，残障儿童还是很多，因此如果社会能有公益机构，集中照顾、统一教育，使那些生有残障儿童的父母，减少身心的痛苦，实在是有其必要。

五、身心健全的儿女。人最大的幸福，就是身心健全，诸根俱足。可是人的因果业报各自不同，有的人先天残障，固然值得同情；有的人生来五体健全，但是思想灰暗，悲观消极，不但自己活得不快乐，也让家人跟着受累。所以生养一个身心健全的儿女，就是父母最值得安慰的事。

其实，人生除了自求多福以外，别人又能奈何呢？有的人“身在福中不知福”，一旦到了福报享尽，有所残缺的时候，悔之已晚。所以，人在健康的时候，要能爱惜健康、爱惜福报、爱惜未来，要用健康的思想面对人生，千万不能让人生在无谓的烦恼中空过。

儿女的心声

现在的青少年，对家居生活毫不关心，也完全没有兴趣，成天喜欢往外发展，除了在学校读书以外，好一点的就在外面与朋友正常交际，不好的则放荡、流连于一些不良场所，原因就是家庭没有温暖。

其实，要营造家庭的温暖并不难，例如家中经常听到爸爸的笑声，时时有爸爸指导关于人生处世之道；儿女把爸爸当作朋友，则家居也很可爱。或者能吃到妈妈味道的饭菜，诸如汤圆、粽子、烧饼、面条，或者与妈妈一同烹煮，不断感受到妈妈的慈爱、智慧，把妈妈当成老师一样，儿女又何必往外跑呢？

现在的青少年，只要能够在家中感受家居的欢乐、父母的恩爱、家庭的幸福美满，自然不会想到外面游荡。由于时下一般父母都不能了解儿女的需要，总是疏于倾听儿女的心声，因此，在此代表天下的儿女，表达他们的心声如下：

一、父母要正派。父母有钱没钱，儿女可能不认为那么重要，重要的是要有正派的父母。贪赃枉法、吃喝玩乐、靠耍嘴皮子，甚至以诈骗为生，儿女也没有面子。不正派的父母，儿女口虽难开，父母可知他们的心在滴血吗？

二、双亲要恩爱。有的父母经常斗气、吵架，平时冷战、热战不断，儿女无奈，只有“翘家”，终日往外跑，因为他们觉得家里如同地狱，一刻也难以忍受。

三、爸爸要回家。爸爸不回家，妈妈也不肯煮饭菜，三餐都叫儿女到外面胡乱吃，如此怎么会有家庭的温暖呢？所以常有人提倡“爸爸回家吃晚饭”。但现在社会的应酬之多，家庭团聚日薄，如此怎么会有欢喜在家生活的儿女呢？

四、家中有笑声。现在的家庭，有留声机、电视机的声音，就是缺少父母的欢笑声。孩子在家，感受不到家庭的快乐幸福，有的孩子整天见不到父母，家中空荡荡很无聊，他也只得做一个钥匙儿童。一个不喜欢家的孩子，终日往外跑，没有亲情的孕育，如禾苗没有雨露的滋润，要他正常成长，此实难矣。

五、父母多关心。现在的家庭，父母每天为生活打拼，只在物质上拼命赚钱，可是疏于家庭的温暖，对儿女没有正常的教养，只是给零用钱，满足他们的物质享受，但没有精神上的关心。少年儿女的希望，比金钱更重要的是感情，相较于物质，更渴望的是精神成长的呵护。

六、管教要得当。父母对儿女没有适当地管教，比方说不顾他的尊严，在他面前夸赞别人家的儿女乖巧，自己的儿女没有用、不聪明、贪玩、不会念书。在小儿小女的耳中，原来在父母的心中，我是这样的坏孩子，那我就坏给你看，所以后面的问题就难以收拾了。

上述儿女的心声，父母固然听不到，就是儿女有心想要诉说一些自己的想法，父母也总是不屑地以一句“小孩子懂什么”，就把儿女的意见完全抹杀。俗语说：“天高皇帝远”“有冤无处申”，现在家庭也不大，父母就在身边，但他的委屈无处申诉，如此怎么能养出好的儿女呢？所以天下的父母们，你希望有可爱的儿女吗？请倾听他们的心声吧！

青少年的想法

现在的社会，大约有三分之一的青少年，他们即将成为国家社会的中坚分子，他们的心里到底在想些什么呢？我们不能不知。现在青少年的想法，列举如下：

一、想要旅游。所谓“读万卷书，行万里路”，青少年在求学阶段，他不甘愿局促在一隅一地，不知道外面的天地之宽、之大，所以总希望到处旅行，只要听说哪里有好山好水，哪里有名胜古迹，甚至是一般的游乐场，他们都会想要前往一游。

二、想要出国。青少年不光是想要一游本国的名山胜景，还希望出国。所谓出国，有的希望求学，有的希望观光，总之都希望能认识世界，所以极力把握出国的机会。

三、想要爱情。青少年还在成长发育期中，对世间凡事都充满好奇，尤其对爱情更是“哪个少男不多情，哪个少女不怀春”。只是青少年没有经济基础，没有人事经验，只有爱情就能维持整个人生吗？

四、想要名牌。青少年渐渐长大，心高气傲，往往眼高手低，赚钱的本领没有，但是喜好名牌的性格很强。衣服要穿名牌、手机要用名牌、皮包要买名牌，无论什么都要名牌，好像有了名牌，才能提升他的身份，有了名牌才能增加他的价值。

五、想要出名。青少年拥有名牌物品以后，并不因此满足，他还要出名。工作上，哪里有高薪的职务引诱他，他可能会跳槽；哪个工作名位高，他也会转换跑道。所以现在的公司，为了以广招徕，也以各种名分，例如总经理、执行长、科长、代表等，满足青少年的虚荣心。其实，青少年能“要名”也算不错，所谓“三代以前唯恐好名，三代以后唯恐不好名”，青少年知道名位形象的重要，懂得好好维护自己的形象，也是好事。

六、想要富贵。青少年一旦学业完成，在社会上稍有名气以后，这时他需要的就是富贵。做生意经商、参政议政无非都是希望快一点出头。运气好的青少年，机会当然很多；运气不好，有时想要找一个顺心的工作，都不是容易的事。

七、想要高薪。青少年初入社会工作，他的眼中只看到待遇多少，不知道选择工作的性质，不管工作是否合乎道德、是否合乎自己的所学，只图一时的高薪待遇，所以有一些大学生转入酒店当服务员，或是受雇做临时工，等到年华渐长，再想回头做人做事，已经嫌迟了。

八、想要贵人。在人生的旅途上，每个人都希望有贵人相助，尤其是青少年，更是希望有贵人扶持，可以不需要奋斗，就能出人头地。其实世间到处都有贵人，所谓贵人者，就是“有缘人”。你和他有因缘吗？你和他有结过缘吗？你有让他认识你的才华吗？你有因缘，贵人一抬手，当然就能得到援助。但先决条件是，你自己要有能力、才华，才能受人重视。假如你没有能力、才华，即使遇到贵人，贵人也帮不上忙。所以，真正的贵人是谁？真正的贵人，其实就是自己！

青少年的问题

现在社会上有许多难以解决的问题，青少年问题之严重，就是其中之一。青少年有些什么样的问题呢？

一、身心难以平衡。青少年在成长期中，身体与心理不断在变化，这时如果没有适当的思想教育、心理教育，幼小的心灵容易失去平衡。例如生理上的变化，有时对父母都不敢诉说，造成对人生的迷惘；因为没有正当而适时的开导、教育，遇到挫折很容易自暴自弃，这是现在家庭教育最大的隐忧。

二、难敌外境的诱惑。青少年脆弱的心灵，道德教育还没有生根，对外境的诱惑当然没有充分的力量抵抗，也拿不定标准。例如一个青少年从学校走回家中，你可知道他一路上要经过多少关卡的试验吗？诸如台球场、网吧、卡拉OK等娱乐的场合在招手，飙车、赌博、吸毒、帮派、集体械斗等不好的朋友在引诱。关云长有过人的武功，才能过五关斩六将；小小年纪的他，哪有那么大的功力过关呢？

三、对自我了解不够。青少年如果缺少父母爱的教育、德的开导，给予鼓舞，很难对自我有充分的了解。偏偏现代青少年不容易有福享受正常的亲情关爱，只靠自己在人生的旅途上摸索，凭着一知半解惹下问题，往往遭受责备、打骂、怨怪，如此更加使得青少年隐藏自己，逃避现实，所谓“借酒浇愁”，当然只有“愁更愁”了。

四、学习课业的压力。青少年从儿童时期起，就背负着沉重的书包，天天往来学校、家庭之间，老师父母只是要求他成圣成贤，但没有帮助他解决问题。假如现在的父母能陪着儿女成长，每天有一个小时的时间辅导他的课业，减少他的困难压力，让他感到读书有乐趣，不要对读书感到厌倦，则爱读书的青少年必能减少许多问题。

五、青涩情感的迷思。青少年情窦初开，深藏在心底的秘密总是不容易为人所知。现在的学校、家庭，对这方面都没有正当的规范教育，父母只是抬出一些固有的礼教，老师只是强行苛责不可，让他幼小的心灵只有偷偷找寻不正当的解决方法。例如，偷看黄色小说、邀约三五好友在不正当的场所游荡，他认为横竖无人了解他的心情，只有用不正当的方法来麻醉自己，这不但是青少年的堕落，也是社会的沉沦。

六、父母亲的期许。一般父母，自己没有完成的目标，总希望儿女能完成，例如没有出国留学，没有得到博士，没有考上明星学校，没有钢琴、舞蹈、艺术的天赋，好像在人与人之间自己矮了许多，因此把遗憾寄托在儿女身上。有的青少年本身自信心不够，内心对前途感到惶恐、不安，这时面对父母的期许，只有让他更加难以负荷。

七、对传统的叛逆。青少年受到时代思潮的影响，尤其现在是个知识爆炸的社会，他对传统自然产生一种不成熟的叛逆，但又不敢像一般真正的革命者，对传统抗命，只是自己觉得不以为意的事，一直在心中发酵，很容易走上极端，因此不正当的行为、思想就会产生。

青少年有很多问题，都需要朋友的开导，然而父母能做他的朋友吗？老师能做他的朋友吗？当青少年对人生感到迷惘的时候，如果能有他心目中的师长、父母、朋友，适时地引导他，他必然能得救。

青年之爱

数百年前的年轻人，和数百年后今日的年轻人，他们的所爱，显然有很大的不同。百年之前的年轻人，比较爱父母、爱亲人、爱故乡、爱国家；现在的年轻人，他们的所爱，列举如下：

一、爱新潮。现代的年轻人，穿衣服要新潮，买手机要新潮，交朋友要新潮，吃饭上餐馆要新潮，到什么地方游乐，也要比较一下那里新潮不新潮。甚至连发型，都要标新立异，展现新潮。可以说，盲目地跟随流行，一味地追求新潮，是现代年轻人共同的爱好。

二、爱名牌。年轻人追求新潮，尤其喜欢买名牌物品，不管价钱多么昂贵，只要是名牌，总要想方设法购买，以便向人炫耀。一个手提包、一个手表，尤其是看得到的地方，一双鞋子、一双袜子，都希望买名牌。甚至家中的电视机是名牌、空调是名牌、汽车也是名牌，好像不是名牌，就见不得人一样。

三、爱花钱。现在的年轻人，没有想到要赚钱，只喜欢乱花钱。有些可怜的父母，自己省吃俭用，供给那些赶时髦的年轻人各种花费，但是他们并不觉得惭愧，有的年轻人甚至还怨怪，为什么自己的父母不是李嘉诚？为什么不是比尔·盖茨？为什么自己不能出生在富有人家？真是令人感叹“人心不古”！

四、爱追星。现在年轻人多数是“追星族”，港星、韩星、日星，甚至台湾之星，只要是稍有名气的歌星、影星，都在大家追逐之列。几年前，美国的迈克尔·杰克逊，和韩国的裴勇俊到台湾，整个台湾为之疯狂。假如这些年轻人能追学者、追名师，也有这种精神，那么我们的社会，即刻可以改观。

五、爱上网。现在的年轻人喜欢上网，上网已经成为他们的一切，只要上网，可以不吃、不睡，整天流连网吧，造成多少的罪恶、多少的无知，也留给亲人、社会多少的叹息。

六、爱搞怪。年轻人喜好新奇倒也罢了，现在的年轻人甚至好搞怪，叫个名字，不怪不行，所以现在创造了很多新人类的新用语。办活动，不搞怪，没有人要参加，所以现在媒体也跟着年轻人的调调走。为了迎合年轻人，电视有搞怪节目，报纸也有很多搞怪的文章，大家风行搞怪，反而把古代的传统文化忠孝仁爱信义和平，乃至礼义廉耻等，都丢到一边去，实在可惜。

七、爱旅行。现代的年轻人，说到要去哪里旅行，只要优惠不用钱，都会喜欢参加。今日是韩国，明日赶回来到日本，后天叫他到马来西亚、新加坡，他都乐此不疲，恨不得一下就把全世界走遍。其实世界之大，可以慢慢看，何必急于一时?

八、爱为师。现在年轻人不喜欢当学生，喜欢做老师，你叫他到那里学习，他不感兴趣，叫他到那里当老师，他欣然前往。所以孟子说“人之患，在好为人师”，真是不幸言中。不过“闻道有先后，术业有专攻”，只要自己学有所成，学有专精，能够把学问、技术传授他人，好为人师也没有什么不好;怕的是自己不学无术，学问道德都不足为人师表，那么强为人师，误人子弟的结果，就非自己所能爱了。

总之，年轻人不管爱什么，重要的是要爱得正当，爱得对自己有益，如此才是今日青年所当爱。

少女的梦想

世间，哪个人没有梦想？只不过少女的梦想比一般人多了一些。现在社会上的少女，大多受过中等以上的教育，并且从家中走入社会，在社会上或大或小，都能找到一份工作，所以现代的少女，不一定要像过去一样，依赖家庭生活，现代少女有现代少女的梦想。以下所举，虽不全然如此，但也大致如是。

一、成为帅哥的情人。过去的女孩嫁人，在乎对方的家世、学识、职业、品德，等等。现代的少女找对象，最重要的是，男生要长得高大、帅气；能够找到一个帅哥当情人，是多数现代少女的梦想。

二、成为父母的宝贝。现代的少女，不希望父母唠叨、管教，只希望成为父母的宝贝，受到父母无微不至的呵护、照顾，恣情地享受青春、游乐，这才是她们心中最好的父母。

三、成为天上的安琪儿。少女的梦想，实际上不知天高地厚，只是幻想自己能如黄莺一般，唱出美丽的歌声；如蝴蝶一样，可以自由自在地翩翩起舞。甚至是天上的安琪儿，要什么有什么，即使想摘下天上的月亮、星星，都能心想事成；能够要风有风、要雨有雨，那是何等惬意呀！

四、成为高官的秘书。少女虽有梦想，但也懂得生活毕竟是现实的，还是要有金钱、要有地位，才能任性而为。要想达到这个目标，最好是找一份高级的职业。例如，能当高官的秘书，不需要辛劳工作，就能享有高薪，又能借助高官的地位，到处亮相出风头，岂不美哉?

五、成为演艺界的明星。如果不能成为高官的秘书，朝演艺界发展，也有可能成为人人注目、追逐的对象，一样能满足少女“飞上枝头当凤凰”的梦想。例如早期的林黛、乐蒂、李菁、周璇，后来的汤兰花、甄珍、林凤娇、林青霞、胡慧中，乃至现在的张惠妹、林志玲等，都是演艺圈的闪亮明星，都让少女们羡慕、向往，渴望有一天也能和她们一样，成为银河里闪耀的“明星”。

六、成为童话里的公主。格林以及安徒生等很多童话作家的童话故事里，很多都是描写公主巧遇王子，然后幸福快乐度过一生的爱情故事。甚至生长在贫寒之家的灰姑娘，自从在舞会上与王子一见钟情，宛如九天仙女下凡尘，从此乌鸦变凤凰，成为全国少女羡慕的对象。在现实生活里，许多少女也梦想自己有那么一天，不需要什么努力，也不需要什么家世，只要有梦想，就能实现人生不同的愿望。

综上所说“少女的梦想”，世界上万千的少女，能有几个实现这些梦想的呢？就算实现了这些梦想，帅哥的感情能维持多久？父母的宝贝能有多少时日？天上的安琪儿住在哪里？高官的秘书难道真的不需要做事？演艺界的明星，星途坎坷，有几人能如愿？童话里的公主，内心的空虚，人生也不见得充实。所以，梦想终究是梦想罢了！

好坏儿女

在一般人的观念里，“生儿育女”是人类与生俱来的使命，生养儿女不但是为了延续家族香火，也是人类民族命脉的维系，所以养育儿女是一份责任，也是对国家社会的贡献，因此儿女不是个人所有，而是国家社会的共财。

过去中国人一向有“养儿防老”的观念，现在的父母，辛辛苦苦把儿女养育成人，但孝亲思想不再被重视，因此多数父母从小对儿女无怨无悔地付出，但忤逆不孝的也时有所闻，当然儿女长成后能尽心孝养者还是占大多数。

甚至据佛经所说，有的儿女今生是来报恩的，因此正当为人，独立自主，凡事无须父母操心挂念，平时对父母嘘寒问暖，承欢膝下，而且兴邦旺族，让父母引以为荣。反之，有的儿女是来讨债的，平时不孝养父母，在外花天酒地、挥霍无度，不但败光家产，甚至作奸犯科，锒铛入狱，让父母无颜做人。因此，好与不好的儿女形成强烈对比，区分起来，好坏大概各有四种：

一、孝顺与忤逆的儿女。

二、报恩与讨债的儿女。

三、兴旺与败家的儿女。

四、流芳与遗臭的儿女。

每个人的一生都扮演着各种角色，大部分的人既是父母的儿女，也是儿女的父母；如果自己是为人父母，你想生养什么样的儿女呢？如果是为人子女者，又要做什么样的儿女呢？

其实，总结以上四种儿女，都是各有因缘，都与“前世今生”的因果有关，所以不必太计较。所谓“儿孙自有儿孙福，莫为儿孙做马牛”，要从小把儿女训练成具有独立、感恩、善良、勤奋性格的人，让他有国家社会的观念；只要他的心中有家国，怎么会不孝顺父母呢？只要他有慈悲的观念，怎么会不懂得反哺呢？所以对儿女要教育，不可以过分宠溺，古人有谓“棒打出孝子，娇养忤逆儿”，值得今日父母深思。

残障儿女

现代人普遍具有优生学的观念，所以有优生保健法的制定。但是中国一向把“堕胎”视为禁忌，尤其是天主教和一些卫道人士，对堕胎一直期期以为不可。只是妇女为什么要堕胎？如果没有好好探究原因，则因地没有改善，结果不容易收效。

举例说，有的妇女被歹徒强暴，不愿生养仇人的孽种；有的已经预知胎儿有先天的残疾；或者有些妇女是在没有预期的情况下受孕，甚至孕妇本身有严重疾病，怀孕生子可能危及母亲的生命等。卫道人士要能把这些苦难妇女的心声解决后，提倡不能堕胎才可能生效。

不过，有的父母在事先知情或不知情的情况下，生下了残障儿女，这又该怎么办呢？其实也不要怀恨，只有想开些。残障儿并不可怕，只要改变观念，还是可以把残障儿童教育成“残而不废”的有用之人的。重要的是，父母要用健康的观念来接受残障的儿女，例如：

一、当成是对爱心的考验。为人父母，不是一件容易的事，而且一旦生养了残障的儿女，这是对自己爱心的一大考验，必须付出加倍的爱来照顾儿女。因此，父母想要养儿防老、养儿孝亲，也须具备多少的福德因缘。不过，有的残障儿女经过父母的爱心养育，长大以后比五体健全的人更为有用，更加贴心、孝顺。所以父母的爱心要经得起考验，残障儿女得到良好的照顾、栽培，成长以后“残而不废”，一样能够孝养父母，报答亲恩。

二、当成是修行的激励。学佛的人，在家修行没有外缘帮忙，不容易成功。比方说，你要修慈悲，没有对象可以慈悲，怎么增长自己的慈悲心呢？你要修忍耐，没有对象可以忍耐，怎么增长自己的忍耐力呢？家中有一个残障儿女，等于是给自己的激励，从中更好修行。

三、当成是生活的善知识。生活里，有一个善知识，经常讲道给我们听，让我们知道世间无常，世间有烦恼、痛苦，世间需要“难行能行”，需要“难忍能忍”。现在我们面对残障儿，他就需要我们施以无比的爱心，给予无限的关怀，他不就是我们的善知识吗？

四、当成是人生的增上缘。世间，有一些好因好缘，可以给我们方便，帮助我们增上；有一些不好的因缘，让我们培养毅力，克服困难，让我们勇敢地奋斗以后，能有所成，那就是所谓的“逆增上缘”。残障儿童就是父母的逆增上缘，只要自己有能力，一样可以靠他成长、进步。

五、当成是示现的说法者。观世音菩萨为什么要倒驾慈航，为何要返回娑婆世界来救苦救难？因为世间的苦难众生很多，观世音菩萨把苦难众生视如亲人眷属，到处寻声救苦，以此更增慈悲心。父母生养了一个残障儿童，诚属不幸；假如能把残障儿当成是一个小菩萨示现，他是来为你说法，是来训练你的能力，是来增加你的爱心，甚至是来改善你的命运，那么他对你也会有莫大的贡献。所以，父母生养了残障儿女，不是重要的问题；自己的智慧、悲心增长多少，才是重要的。

单亲家庭

现在社会上出现一个现代化的新兴名词——单亲家庭，这是继过去所谓“钥匙儿童”之后，又一个代表社会变迁、家庭结构改变的现代用语。

“单亲家庭”一听就知道这是一个不幸的家庭，一般正常的人家都是父母双全，但是单亲家庭不是少了父亲，就是少了母亲；还有比单亲更不幸的，有的人双亲不具，成为真正的孤儿。对于这些不幸的家庭，虽然社会上有许多慈善机构加以照顾，例如孤儿院、儿童之家、儿童村等，但是怎么样健全的福利机构，也无法让儿童拾回有父母陪伴成长的欢乐。

兹将造成单亲家庭的原因，试述如下：

一、未婚生子。现代社会伦理败坏之甚，莫如未婚生子。现代有一些年轻人想法很前卫，自己不愿被传统的结婚制度束缚，只想随兴生活，因此选择未婚生子，造成儿女一出生就不能过正常的家庭生活。甚至有的人未婚生子后弃养子女，以致儿女一出生就不知父母为何人，所谓人间最大的悲哀，莫过于此。

二、夫妻离异。有的家庭因为父母感情不和，或是其他因素而离异，儿女只能选择与父或母共同生活，过着单亲家庭的生活。即使有的人离婚后又再各自婚嫁，但是对多数的儿女来说，继父继母总是很难代替亲生父母在自己心中的地位，比起一般正常的幸福家庭，难免心中留下遗憾。

三、父母分居。在大人的世界里，有很多事情很难说明原因，身为儿女的也难以理解。有的父母因故分居后，争抢儿女抚养权的固然有之，也有的则互相推卸养育责任。在父母推拒之间，儿女开始尝受到人情的冷暖、世间的恩怨，有的人因此形成不合群的怪僻性格，间接成为社会问题的源流。所以青年男女既要结婚，就应该正视成家后应该负起的责任，否则害人害己，实在不宜。

四、入狱服刑。造成单亲家庭的另一个原因是，父母其中一方入狱服刑。不管身陷囹圄是自己确实违法犯纪，还是由于对公共法令不熟，例如妻子代替违反票据法的丈夫服刑，都会让儿女顿失依怙。

五、男女丧偶。“夫妻本是同林鸟，大限来时各自飞。”所谓“黄泉路上无老少”，有的年轻夫妻遇到伴侣丧亡时，另一方忽然失去共同抚养儿女的支助。最初或许还能本着父母爱护儿女的天性，忍苦含辛善加照顾，但有时因为家计艰难，不得不外出工作赚钱，因此转由祖父母照顾，形成隔代教养，于是衍生出一些社会问题，这都是家庭不健全所致。

以上所说造成单亲家庭的原因，或许不止于此，不过提出这个问题，主要是说明，青少年儿童唯有在爱的环境里长大，才能孕育出爱的人生，残缺的爱难以培育出人格健全的生命。因此，单亲家庭看似家庭问题，其实对社会、国家也有很直接而重大的影响，从政者实在不能不好好关心与此相关的一些社会问题。

虐待儿童

儿童是国家未来的主人翁，但在东西方都有很多虐待儿童的案例。不过，至少西方还有儿童保护法。比如有人说，美国是儿童的天堂，是青年的战场，是老人的坟场，可见儿童在美国受到的重视与保护之周全。

反观东方，虐待儿童不但司空见惯，而且好像是理所当然的事，有些父母打骂儿女，还理直气壮地说：“儿女是我养的，我为什么不可以打骂他？”所以东方不少儿童就在这样的思想下，成为受虐儿童。

兹将儿童受虐的内容，略说如下：

一、骂他、打他，不鼓励他。有的父母为了打孩子，特地制作“家法”，每次打小孩都是棍棒、藤条齐来，甚至一天要打上好几次，每次打小孩的理由都是冠冕堂皇，例如小孩子难教，不打他、骂他，如何成器？甚至不只父母打骂，学校的老师也以打骂为教育方法，学生不会背书就罚跪，写字作文不好就罚打；因为无能的父母与老师，除了打骂以外，不懂得鼓励他给予爱的教育，因此可怜的儿童就这样成为体罚下的受虐儿了。

二、气他、嫌他，不教育他。天下的父母，当然多数都把儿女当成自己心头上的一块肉，爱他、保护他；但是有的父母儿女一多，就会气他为什么要生到我家里来，甚至嫌他成为家里的负担。由于父母经常生他的气，不时地嫌他这也不好，那也不对，于是儿女成为惊弓之鸟，视家庭为牢狱，对家毫不眷恋，日子久了就会翘家，甚至逃学，所以家庭教育失败，连带影响学校教育，乃至导致社会问题丛生。

三、怪他、恨他，不关爱他。在中国的家庭里，常见一些妈妈打破了一个碗，就怪儿女没有帮忙；父亲在外面受了别人的气，回到家里也拿儿女出气，动不动就怪儿女不成材，恨儿女不成器。有的父母不和，任何一方都可能把气出在孩子身上，所以有很多儿童在家庭里，整天只看到父母的战争、对自己的责骂，得不到父母的关爱，不成为问题儿童也难。

四、任他、随他，不抚养他。现代的父母，每天忙着上班赚钱，疏于照顾儿女，也少有时间与儿女互动，增进亲子情谊。尤其现在很多双薪家庭，父母同时在外上班工作，儿女每日放学回家，父母还未下班，于是成为钥匙儿童，乃至成为飙车族，甚至加入打群架的帮派。这都是由于父母放任儿女，随儿女自生自灭，没有负起抚养的责任。一棵刚出土的幼苗，没有浇水、施肥，花草树木也不能正常成长，何况很多单亲的幼小儿童，没有正常的家庭抚养、教育，任他、随他又怎么能成功呢？

总之，虐待儿童的定义，不只是身体上的打骂，还包括精神虐待，甚至性虐待、疏于照顾等。上述的情况当然不一定全然如此，但是只要有几分之几的儿童在这样的环境里成长，他能健全成长，成为国家的主人翁吗？所以儿童受虐的问题不容忽视。

遗产

中国人向来有传遗产给子孙的观念，子孙也都希望能获得祖先留下的遗产庇荫。善于利用遗产者，遗产能增加家族的荣光；不善于利用遗产者，遗产反而贻害子孙。所以现代人已渐渐懂得要留道德、留学问、留知识、留技能给子孙，不一定要留钱财给子孙。

自古以来，我们的历代祖先，其实已经为我们留下许多珍贵的遗产，例如：道路的开拓、公园的建设、河川的防患、树林的栽植，以及各种文学、哲学、科学等道理的传承，只是我们没有感觉到这些遗产的可贵，对先人都不知感恩回报，实在可惜。

现在谈谈究竟要送什么遗产给子孙，有几点看法略述如下：

一、养成儿女勤劳的习惯。“葡萄藤下的黄金”，这是大家耳熟能详的故事。故事中，儿女把整座葡萄园的土地都给挖掘、翻遍，最后虽然没有挖到黄金，但满园的葡萄藤经过松土后，长得枝繁叶茂，果实累累，这就是留“勤劳”给子孙的最好遗产。

二、把好的观念留给子孙。父母临终前把儿女叫到床前，说：“爸爸（妈妈）没有黄金财宝留给你们，但爸爸（妈妈）一生乐于助人，对人讲信用、守道德、有爱心，你们要好好记着，这就是给你们的财富。”如果子孙能懂得这些财富，一生也是受用不尽。

三、教育儿女学习技能。所谓“一技在身，胜过万贯家财”，我们虽然没有万贯家产可以留给子孙，但能够栽培他，让他受教育、学习各种技能，例如现在的电机、计算机、专业科技等，都非常应时有用。

四、留个好名声给子孙。所谓“积善之家，必有余庆”，父母在乡里有信誉、有道德，平时敦亲睦邻、乐善好施，把这些美德留给儿孙继承、效法，才能永久庇荫子孙。

我们要留什么遗产传给子孙呢？有人认为房屋、存款、土地、股票最好。其实，这是儿女纷争之源，不是最好的遗产。话说有一位富翁新居落成，大宴宾客时，他把建屋的瓦木泥工都请上座，让自己的儿女坐下座。有人觉得奇怪，就问富翁：“你的儿孙才是主人，为何不让他们坐上座，反而让瓦木泥工坐上座呢？”富翁回答：“因为瓦木泥工都是今日为我建屋的人，儿女子孙则是他日卖我房屋之人也。”

我们应该留什么遗产给子孙？上述的故事值得我们深思。

肆·伦理的约束

君子与小人

世间有两种人，一种称为“君子”，一种称为“小人”。君子叫“好人”，小人叫“坏人”。当然，每个人都不愿意做小人，要做君子。但是做君子有做君子的条件，做不成君子，就如汪精卫先生，不能流芳千古，只能遗臭万年。

君子与小人最大的差别，在他们的言行用心之间，以下试探其源：

一、君子成人之美，小人助人为恶。别人有所长，君子不但不嫉妒，反而助其长；别人做好事，君子不但不为难他，反而助成他。反之，小人讨厌别人为善，你为善，他远离；你为恶，他来奉承，所以小人最大的缺点，就是助人为恶。

二、君子从不害人，小人从不责己。君子之用心，总想我不能帮你、助你，但我不会害你。君子时时觉得自己不是，总觉得对不起别人；小人则从不会认为自己有不对，反而怨天尤人，怪你怪他。所以，小人与君子之差别，在于君子以责人之心责己、以恕己之心恕人，小人则经常恕己，但从不责己。

三、君子凡事坦荡，小人凡事隐藏。你是不是一个君子？你说话就怕人家不知；你是不是一个小人？你说话唯恐人家知道。所以儒家称君子“其心坦荡”，小人之心则“长戚戚”。所谓君子，在与人相处之间，喜欢“隐恶扬善”；凡是小人，不但揭人隐私，尤其爱道人之短，唯恐天下不乱。

四、君子知耻改过，小人无惭傲慢。所谓君子，时时怀着惭耻之心，唯恐对不起国家社会；如系小人，不知惭愧，心存傲慢，只觉天下人都对不起他，对他不够赞美、崇拜。

五、君子诚而有信，小人伪而不真。君子最重视的就是诚信，任何牺牲损失都在所不惜，但不能损其诚信，因为他以诚信为生命；小人则虚伪应付，没有真实的语言、行为、心灵，能欺则欺，能骗则骗，只想要弄花样，缺乏诚信，所以列为小人。

六、君子雪中送炭，小人落井下石。社会上，多少善良之人，一听到哪里有灾难，无不争先恐后地施舍、帮助，这并不表示他很有钱，他只是在尽做人应尽的一点心意而已；小人不但不如此想，他还会对你落井下石，对于别人的苦难，他视而不见，所谓“拔一毛而利天下，吾不为也”，正是小人的写照。

七、君子推己及人，小人自私自利。君子吃饭的时候，总想别人都有饭吃吗？穿衣的时候也想别人都有衣穿吗？君子把自己和大家融合在一起，小人则把自己的富乐与大众切割，他的心中只有自己。所以，小人最为人厌恶的，就是他的自私自利。

八、君子乐天知命，小人怨天尤人。君子对有无得失，不是那么看重，所以凡事乐天知命；小人则是“受利则善，受损则怨”，大部分小人的生活，每天都是在怨天尤人当中度过。

由上综合来看，可知君子在欢喜平静中生活，小人在烦恼怨恨中维生。吾人是要做君子呢，还是要做小人呢？一切全看自己。

人间圣贤

佛经说，人生有十种性格：佛性、菩萨性、缘觉性、声闻性、阿修罗性、天性、人性、地狱性、饿鬼性、畜生性。人间固然有许多地狱、饿鬼、畜生，但也有许多如佛、菩萨的圣贤，例如：

一、为国忘家。在人间的圣贤当中，为国忘家的人算是最难得的了。例如，为了发展国家宪政而牺牲生命的清光绪“六君子”，以及1911年殉难的黄花岗七十二烈士，他们都是为国忘家，牺牲小我，完成大我。另外，最为人称道的大禹王，为了治水“三过家门而不入”，这种为国忘家的精神，其心可昭日月，吾人不可因为时代久远而遗忘他们。

二、为公忘私。每个时代，都有许多为公忘私的圣贤，例如创立民国的孙中山先生，倡导“天下为公”。再如抗日时期，陆军的张自忠、空军的高志航，他们都是为国捐躯，为公忘私，以圣贤称之，当之无愧。其实，历代皇朝都有许多贤臣，他们为了奏请民生富乐之计，不惜冒死直谏，虽然皇帝要砍他们的头，他们仍然毫不畏惧地说：请陛下听臣说完再砍不迟！这种以死许国、因公忘私的精神，令人肃然。

三、为人忘我。每个时代，为人忘我的圣贤豪杰也是不计其数，因此能维护天地间的正气。例如佛陀时代的摩诃男，瑠璃王要消灭迦毘罗卫城，当要血洗杀戮的时候，身为城主的摩诃男对琉璃王说：“这毕竟是佛陀的故乡，请你接受我最后的一个要求！”琉璃王问：“什么要求？”摩诃男说：“现在你要杀死这么多人也不容易，请你让我潜到水底下去，你就让他们逃命，等我从水底浮上来的时候，没有来得及逃的人，再请你去杀！”琉璃王觉得有趣，于是答应。当摩诃男潜入水中的时候，即刻把头发缚在树根上，他以牺牲自己的生命，争取城民逃命的时间，这就是圣贤可歌可泣的行为。

四、为义忘利。春秋战国时期，孟子见梁惠王，王问：“叟，不远千里而来，亦将有以利吾国乎？”孟子对曰：“王，何必曰利？亦有仁义而已矣。”世间一般人的看法与圣贤不同，世俗之见都以利为先，而圣贤则以义为先。自古以来，中国有很多的义庄、义井、义田、义校、义冢、义桥等，因义而建的事业，当中意义无限。另外，还有义士、义警等，他们的义行，为人间留下许多美好的佳话。

四种臣子

自古以来，君臣的分际、天子与庶民的分野，差别很大。就是到了现代，国家的元首，对一般普罗大众来说，仍然是“天高皇帝远”，经常有“有冤无处申”的感觉。

古代君民之间，有一些大臣，他们代表着全国人民侍奉君主，同时为民服务。但事实上，臣子的嘴脸，千奇百怪，有忠奸贤不肖等。兹以“四种臣子”略述如下：

一、乱臣。乱臣又称奸臣、僭臣、贼臣。这种臣子不管大臣小臣，只会坏事，不会成事。自古以来，秦始皇的辅弼之臣赵高、唐玄宗的宰相杨国忠、宋高宗的宰辅秦桧、明熹宗的太监千岁魏忠贤，这些人都是瞒上欺下，一手遮天的乱臣，专门陷害忠良，使得国家元气大伤，最后国家的前途都是断送在这些人的手中。因为乱臣贼子，只顾一己之利益，置国家兴亡于不顾；如果再碰上昏庸的君主不察，更让这些僭越之臣有机可乘，搞得国破家亡。

二、佞臣。佞臣又称幸臣、宠臣、弄臣。有人问乾隆皇帝：喜欢忠臣、奸臣，还是佞臣？乾隆皇坦承说：奸臣当然不喜欢，但是忠臣太过耿直，让人受不了，也很难让人喜欢，相较之下，佞臣比较能让人接受。所谓“佞臣”，就是没有自己的主见，只要主子欢喜，他就吹牛拍马、曲躬谄媚，极尽逢迎之能事。因此，佞臣往往颠倒是非黑白，不论利害得失，一切以得到主子欢心为要务。这类的臣子，如唐玄宗的高力士、乾隆时的和珅、慈禧太后的李莲英，他们只知道讨好主子，置国家大事于不顾，导致众叛亲离，最后再想回头收拾人心，为时已晚。

三、忠臣。忠臣又称直臣、信臣、宝臣。这种臣子只要得到一个，就是擎天一柱，所以国家的重臣，被尊称为柱石。一般忠臣，不计个人生死、荣辱，一心只想国家人民的幸福安乐。虽然他们的直言、谏言，经常让皇帝听了不悦，但是依然言所当言，把个人的生死置之度外。历史上，比干对纣王的劝谏，伍子胥对吴王夫差的忠心，袁崇焕对明崇祯的誓不二志，曾国藩、李鸿章的忠于清朝等，虽然这许多忠臣的下场，最后有的含冤而死，有的悲凉以终，但是死有重于泰山，有轻于鸿毛，他们的死，死得其所，死得有价值，所以能流芳千古，永远为人所歌颂。

四、能臣。能臣又称贤臣、用臣、干臣。自古以来能臣很多，但也需要皇帝的赏识，有的能臣遇到庸碌的皇帝，像诸葛亮遇到阿斗，也只有慨叹时不我与。姜子牙、周公都是历史上的能臣，管仲、苏秦都是春秋战国时代的能臣，魏征是唐太宗的能臣，狄仁杰、长孙无忌、李绩是武则天的能臣。中华民国的孙中山、宋教仁、黄兴、谭嗣同，以及黄花岗七十二烈士，都是开国的能臣。这许多才华洋溢的干练之才，都是国家的栋梁，他们有的全身而退，有的伴君如伴虎，难免也会遭遇不测。

国家是人民所倚的器世间，佛教讲“不依国主，一切法难立”，但是我们贤能的国主在哪里呢？我们的忠臣、用臣又在哪里呢？

仆人的定位

现在民主时代，所有的政府官员，甚至就算是总统，都是人民的仆人。在佛教里，所谓“欲做佛门龙象，先做众生马牛”，佛教的诸佛菩萨，大慈大悲为众生服务，其实也可以把他们当作是义工、是仆人。当然，做仆人也要看值不值得。过去一些英雄好汉，为了一句承诺，做小主人的仆人；为了报答一点恩惠，甘愿一生为人做仆，供其驱使。

仆人的种类，有下列数种：

一、为金钱做仆人。现在的女管家、老总管、特别护士、各种临时工，甚至各行各业的上班族，只要是为了赚取金钱，都可以说他是金钱的仆人。不过，工作是神圣的，以劳动服务、以智慧心力换取金钱，照顾一家老小的温饱，这也是应该的。只是做金钱的仆人还可以，做金钱的奴隶就不值得了。因为每个人都要用钱，当然要赚钱，所以从事正当的职业，正当地赚取金钱，以劳力、智慧、特长而换取金钱，这是人情之常；但是有的人被金钱所用，为非作歹，卖国求荣，铤而走险，贪求非法所得，那就不值了。

二、为老板做仆人。每个人的因缘各有不同，老板有老板的能耐，仆人有仆人的命运。但是从另一个角度来看，老板也是仆人的仆人，老板为了给付仆人的每月薪水，也要使出浑身解数，赚取金钱。老板和员工虽是相对的立场，实际上是关系一致、利益共同，假如老板的公司倒闭了，仆人也无所归，老板也不成为老板了。社会上多的是时而老板时而仆人的人，也多的是时而仆人时而老板的人。人生如戏，在戏台上，各种的角色，谁是主角，并不代表其地位高低，还要看其能力大小。《西厢记》里的红娘，虽是一个仆人，但是她的能力超过女主人崔莺莺；历史上的光绪、宣统皇帝，其地位哪有李鸿章、左宗棠、曾国藩重要？所以谁是老板、谁是仆人，其实就看各人自定义其角色了。

三、为身份做仆人。有的人，自己是一方的顶尖人物，并没有人要他做仆人，但他自恃自己的身份，也会做了自己身份的仆人。例如，要参加一场会议，需要乘车而去，自己就辛苦兼职，为了赚钱买一部轿车，以维护自己的身份，这不就是做了身份的仆人吗？今天会有一个客人来拜访，他需要摆个场面来接待，于是到处向人借家具，撑排场，种种辛苦都是为了彰显自己的身份，这不就是做了身份的奴仆吗？

四、为社会做仆人。社会上有很多义工，他们甘愿为社会服务，也可以说是社会的仆人。当义工的这种社会的仆人，是为了行义，不同于一般为金钱而得利益的仆人。在中国，自古以来如捡字纸的人，所谓“你丢我捡”，他就是社会的仆人；有人赞叹警察是人民的保姆，保姆不就是人民的仆人吗？此外，那些在医院里服务、在老人院里供职、在育幼院里守护幼儿的人，他们有的不是为了金钱，只是为了做社会的义工。

一个伟大的人物，不要从高处看下面，真正伟大的人，应该由下往上看。能把自己看成是仆人，甚至人人都乐于做社会的仆人，那么这个社会的美事、义行，就会更多了。

六种人

人，有千百万种的不同，一般人概括分为好人跟坏人。其实好人中有坏人，坏人中有好人，好坏不能光看表相。举“六种人”略说如下：

一、愚夫不怕因果。世界上最愚痴的人，不是不读书，也不是不会做人，而是不怕因果的人。没有因果观，任性而为，不计利害；但是“善恶到头终有报”，一旦报应来临，即使后悔也没有用了。

二、明人不做暗事。有的人做人光明磊落，有的人做人偷鸡摸狗；光明磊落的人，经得起时间考验；偷鸡摸狗的人，总有东窗事发的时候。所以，做人应该堂堂正正，明明白白，世间“书有未曾经我读，事无不可对人言”；明人因为不做暗事，自然“白天不做亏心事，夜半敲门心不惊”。

三、君子不念旧恶。谁是小人，谁为君子？很难定义。一个人如果总是念着朋友的错事，念着别人的坏事，可见他已经不是君子了。如果是君子，必然心量宽大，对人体贴，不与人计较，多给人机会。平时待人忠诚、厚道，喜欢赞美人、帮助人，当然他就是君子了。

四、圣贤不计毁誉。世间不论从事政治、教育、经济，或是慈善、公益事业，可以说，百业之中都有圣贤。圣贤能够担当责任，做事只问可为不可为，当为不当为，而不去计较毁誉。当然，有的人小心谨慎，稍微有一点影响到他的美名，就像乌龟赶快把头缩起来；有的人一有小小的建树，马上要进功德榜，要排名。毁誉对人是很重要的，但是万千人的利害何计个人的毁誉？反之，虽对自己百般利益，但于良心、道德有亏，则又何能成为圣贤？所以圣贤要能不看一时的毁誉，要看未来的国家大事。

五、隐士不惧虎豹。有的人满怀救世之志，却忽然兴起隐遁山林之念，因为社会上，尤其是政治上的虎豹可怕。在山林里也有虎豹，但是经验告诉我们，凡有谦让仁德之人退隐山林，山林的虎豹也不会伤害他。例如法融禅师与虎豹为伍，法冲大师感动猛兽让出岩穴，此种隐士因为心中慈悲，所以遇到的一切众生，都因他而慈悲。

六、智者不畏生死。世间最可怕的就是死亡，但也有人不怕生死，那就是智者。“智不住生死，悲不住涅槃”，因为有悲智之心，人间来来去去，自由自在，当生则生，当死则死，这就是智者。

除了上述六种人之外，男女老少是人，士农工商也是人；救人救世的是人，被人救济的也是人；作奸犯科对社会有负面作用的是人，乐善好施对社会有正面贡献的也是人。千百种米，养出千百种人，聪明的你，究竟要做哪一种人呢?

一步一脚印

现在有许多人，当他勤苦奋发、事业有成的时候，都说“我是一步一脚印走出来的”。确实不错，百丈高楼从地起，不是一蹴即就的。千里路途，也必须一步一脚印才能走到，躐等不得。

“一步一脚印”，我们要用什么样的脚印去走出人生的道路呢?

一、用善良的脚印。军人作战，万里出征，必须一步一脚印；商贾好财，经商营利，也要千里奔波。我们一般平民百姓的人生，要有善良的脚步，为大众做些好事，例如为社会充当义工，主动帮人跑个腿，发心替人走一遭等。虽然看起来是微不足道的事，但是一步一脚印，点滴做多了，帮人的忙也多了，结的缘广，人生自然会有“善缘好运”。

二、用慈悲的脚印。一步一脚印走出去，自己要对自己有所期许，要能散播慈悲的种子，到处给人快乐，拔人痛苦，则人生的脚印是愈走愈远，慈悲心也愈来愈增长。若你散播慈悲的种子，将来必能收成慈悲的果实，这是毋庸置疑的道理。

三、用向前的脚印。一个人做好事、做善事，有时候也会踌躇犹豫。既是有为的人生，一步一脚印要不断向前，不能犹豫，不能后退，尤其不能灰心，走一步，退两步，走两步，退三步，怎么能走到人生的最前端呢?

四、用平均的脚印。人生的道路发心向前，也不是要你奔跑，限时完成；你要懂得平均规划，每天走多少，一个月走多少，一年走多少，年月久了，把总值加起来，那就为数可观了。平均的脚步要求你有恒心、耐力，不气馁、不懈怠，建立了目标以后就锲而不舍地向前。

五、用历史的脚印。我们的一步一脚印不是漫无目的，不是无聊地散步，我们要为历史留下痕迹。不只是为自己留下服务、功绩，我们还要为社会留下历史，哪怕是做个清道夫，但是一条街我一扫就十年、二十年；开出租车服务人群，也是一开就当成终生的事业。一个国家有国家的历史，小市民也有小市民的历史，总之我们的脚印，在历史的长河里，没有少跨一步。

六、用文明的脚印。我们走过的脚印，要让后人看得出来，我们不是参差不齐，不是轻重不分，我们的脚印是平稳的、对等的、均匀的，可以作为人间文明的象征。我们要让后来的人走在我们走过的脚印上，都能适合他的步调，都能与他的需要匹配。不但我们的脚印是文明的，我们到达的目标，所有建设的成果，也都是文明的。

总之，我们的脚印一路走下来，所到达的每个地方，都有平坦的道路，都有美丽的花园，都有金碧辉煌的建筑。过往来人，笑声盈耳，街头巷尾有儿童的嬉戏，车辆和缓无声地驶过。学校里书声琅琅，这里一堆君子论道，那里一群学生读书。一步一脚印，只要我们用心，就可以走出现代的桃花源。

脚印

有一句话说“一步一个脚印”，这是表示每走一步就有一步的成绩，无论多远，只要一步一步地走，总会走到目的地。一个艰难的目标，能够“一步一个脚印”到达，这是何等雄壮豪迈的事。

自古以来，多少探险家、考察队，甚至海洋专家、登山专家，乃至军队、商人、僧侣，他们在世界上“一步一个脚印”，为人类找出新知识，走出新天地，他们所付出的辛苦，万千年后的人们，还是会遵循这伟大的“一步一个脚印”。兹举数例如下：

一、阿姆斯特朗的脚印。1969年阿姆斯特朗登陆月球，他的名言：“这是我个人的一小步，却是全人类的一大步。”阿姆斯特朗是在月球上踩下脚印的第一人，那一刻，他把美国的国旗插上月球，让美国人甚至全人类同感荣耀，历史永远不会忘记阿姆斯特朗的这一步脚印。

二、埃德蒙的脚印。1919年生于新西兰的埃德蒙·希拉里爵士，从南极的冰川，经过印度，溯源恒河，想要登上喜马拉雅山的珠穆朗玛峰。珠穆朗玛峰海拔八千八百四十八米，是世界第一高峰，自古以来一直是各国登山人士极欲征服的高峰。1953年埃德蒙成功登顶，成为踏上珠峰的第一人，为人类创造了一项历史纪录，当时英国女王封他为爵士，备极荣耀。近百年来，多少人为了登上珠峰而殉难，也有多少国家的人士幸运登顶成功，但是埃德蒙在珠峰踏上的第一步脚印，永远是伟大的历史。

三、鉴真大师的脚印。有人说1492年哥伦布第一个发现新大陆，但是根据历史记载，公元399年法显大师远渡重洋到印度取经；同为东晋时代的慧深大师，也曾经漂洋过海，从东方到美国弘法，现在美国西海岸还有中国的船只，船上的标志、停船的锚爪等遗物，现在还保留在旧金山博物馆，可见佛教僧侣自古即冒险犯难地到世界各地传播文化。此中尤其辛苦的，要算唐朝鉴真大师，他于754年登上日本遣唐使的船，成功到达日本传授佛法戒律，当时的日本圣武天皇、光明皇后都随其受戒。在此之前，鉴真大师经过五次的航行失败，前后达十二年，导致双目失明，终于在第六次成功地把佛法，以及中国的建筑、农业、医药、艺术等文化，传到日本，成为“日本文化之父”。鉴真大师的脚印，是历史所无法磨灭的。

四、玄奘大师的脚印。唐贞观三年（629），玄奘大师以二十六岁青壮之龄到印度留学。他途经八百里流沙，历七十余国，经十七年后学成归国，取回佛经数千卷，翻译成中文者有千余卷，成为中国四大译经家之一。他把到印度历经各国的所见所闻，写成《大唐西域记》，至今全世界有一百余国的译本。今日印度很多文化史迹，就是靠着《大唐西域记》的指引，而能重新出土，让历史文物重现于世。另外，玄奘大师还把中国老子的《道德经》翻译成梵文，对于中印文化的沟通，贡献巨大。而且，玄奘大师曾在戒日王主持下举行弘法大会，五印度十八国的国王都率臣民拜倒在法座之前，这是中国人的脚印在海外留下一次无比光荣的记录，历史永远不会遗忘他。

脚印，有个人的脚印，有国家的脚印，甚至有全人类的脚印。你想走出什么样的脚印，就看你发什么心、立什么愿了。

做人十败

朋友好心对我们说：“你做人非常失败。”我们听了不必生气，应该自我检讨：我做人是成功呢，还是失败呢？如果失败，失败在哪里呢？以下兹举“做人十败”，提供参考：

一、爱慕虚荣者败。一个人好慕虚荣，例如：一再诉说自己过去的伟大，一再标榜自我的成就，一再炫耀自己的西装、皮鞋、金戒指、金牙齿等，其实这样只会让人觉得你油头粉面，一点也不觉得羡慕。一个不讲求实际，说话、做事都不务实的人，能不失败者，少矣。

二、遇事懒惰者败。“勤有功，戏无益”，懒惰的人最为人所不齿。一个人贫穷，只要你勤奋，也有人尊敬；反之，富甲一方，但是奢侈浪费，也让人不喜。所以做人千万不能懒惰，懒惰是最大的罪恶。

三、做人骄慢者败。“周公恐惧流言日，王莽谦恭未篡时。向使当初身便死，一生真伪复谁知？”做人要有自信，但不可骄慢，尤其在公众之间谈判事情，只要一显露骄慢，就会让人看出“他不过如此而已”，所以一个人的身教、身价，不是用骄慢来表现的，谦虚、幽默，所谓机智的语言最为重要。

四、性格暴戾者败。每个人都有性格，有的人性格慈悲，能成就慈悲的事业；性格豪放的人，能成就豪放的事情；性格暴戾的人，只有失败的下场。性格里凡是专横、自私、刚愎、虚伪，不用多做研究，都是离失败不远矣。

五、待人悭吝者败。所谓做人，就是心中要有别人，也就是要讲究待人之道。待人自私、待人小气、待人悭吝，怎么会获得别人的尊重呢？所谓“敬人者人恒敬之”，自古以来讲究待人者，都要宽厚、谦虚、礼貌、诚恳、大方，这都是成功的待人之道。

六、事业私心者败。朋友共同创业，如果存有私心、私念，就难以合作，如此不拆伙也难。所以与人创业，要肯把利益多多与他人分享，如此不管走到哪里，都能受人欢迎。

七、立身无信者败。信用是人的第二生命，人无信则不立；人无信，则如行尸走肉，家人也会看不起。一个家庭里，夫妻无信、兄弟无信、父母无信，大家相互也不会喜爱，所以立身社会，信誉最为重要。

八、信仰邪执者败。人要有信仰，但是要正信，信仰中如果带着不正的邪执，迷信非法，别说不能得到信仰的利益，甚而反受其害，所以不能不慎。

九、不忠不义者败。做人，当我们听到哪个人对长辈不忠、对朋友不义，我们还会喜欢与他来往吗？所以不忠不义的人，自己卸除武装，空手入刀林，能不败者几兮？

十、说谎妄语者败。“狼来了”说多了，后果就不堪设想了。幽王为博取褒姒一笑，以烽火台戏弄诸侯，国家就这样被他败坏了，所以戏言、妄语，都是败事的最根本原因。有心向上，重视事业、做人的人，不能不慎。

以上十事，都是做人失败的原因，值得慎思。

人生十胜

疆场上，两军对阵，为的就是胜利；运动场上，选手们流汗竞技，也是为了胜利。人都想获得胜利，没有人希望失败，但是胜利的获得，也有他的获取之道。兹以“人生十胜”，略述如下：

一、诚信笃实者胜。商场上的推销员，讲究诚信笃实的服务，才能取得消费者的信任。做人处事尤其要能以诚待人，要讲究信用、诚实，如此自能提升自己的人格，受人尊重。

二、勤劳服务者胜。现在的商场不仅讲究诚信，更讲究服务，尤其售后的维修服务好，最能获得顾客的信赖、好感。所以无论汽车、电视、空调、家具，谁家的售后服务好，谁能让顾客满意，谁家的生意就能兴隆。

三、谦虚有礼者胜。一个人不管求职或交友，乃至推销物品，凡是谦虚有礼者，必能获得对方的欣赏，而在生意或做人方面取得胜利。

四、仁慈友爱者胜。性情怪僻，态度嚣张，气势凌人，不会有人喜欢；反之，性格仁慈，待人友爱，让人一接触到他，就如和煦的阳光，犹如拂面的春风，大家都会喜欢他。因此以仁慈友爱的风度做人，走到哪里，都能获得他人尊敬。

五、喜舍待人者胜。世间，没有人希望看到别人板着一张冷冰冰、毫无表情的扑克脸，所以一个人无论何时，见到人都是满面笑容，必能受人欢迎。所谓“喜舍”，就是布施给人欢喜，如果能够面带笑容，再施以语言的赞美，怎么能不赢得别人的好感而取得胜利呢?

六、大公无私者胜。一个领导者，在处理公众事务时，如果存有私心，不管党派之私、同乡之私、亲情之私等，必然引起别人的不平与不服，如此如何服众呢? 假如能公正无私，甚至因公忘私，必能树立威望，博得人敬。

七、恒心坚忍者胜。做事有恒心，遇到困难时能坚忍不移，则事情纵有难易，但在有恒心毅力者之前，获取胜利，必无疑义。

八、圆融宽厚者胜。做人处事，讲话说理，重要的就是要有一种圆融的性格，以及宽厚的器量，如此必能得到别人的好感。所以无论在什么场所，无论从事什么工作，只要你有圆融宽厚的性格，要想取胜于同侪，不为难也。

九、勇于负责者胜。做人应该要有责任感，要有承担力，一个负责任的人，到处受人喜爱、推崇；一个没有责任感的人，人多不愿与之共事。所以讲话要负责、工作要负责、别人交办的事情要负责，尤其受薪阶级的人，自己分内的工作更要负起责任，那么无论你是主管或属下，必能到处受人重用，这已是胜利一半了。

十、信仰有道者胜。有信仰的人，彼此之间或许信仰不同，但一般正派人士都会给予尊敬。尤其自己在宗教信仰里，表现出崇高的道德、人格，在人群里更是受人尊敬，如此对自己的立身处世、创业做人，都有加分的作用。

军人作战，要有武器才能取胜；推销产品，要能物美价廉才能受人欢迎。上述“人生十胜”，就如做人的秘密武器，是人生另类的取胜之道，值得参考。

人生守则

数十年前，一般学生都背过“青年守则”，例如：助人为快乐之本，学问为济世之本，和平为处世之本……现在我也试为人生列举守则八条，提供

参考:

一、惭愧知耻。人之所以异于禽兽者，因为人有羞耻之心；如果不知惭愧，不知羞耻，则与禽兽无异。所谓“惭”者，是怕自己对不起国家、社会、父母、众人；所谓“愧”者，是自觉对不起儿女、恩人。所以“惭愧”如同美丽的服装，一个人穿了惭愧知耻的服装，人身才能庄严。

二、敬业乐群。人生必须有一份正当的职业，对工作要存有敬重之心。尤其工作时，必须与很多人互动、合作，所以在群众之中，一定要与人和乐相处，不可有我无人。懂得敬业乐群的人，人生才能一帆风顺。

三、感恩图报。人在世间，所以能够生存，是靠着众多的因缘共同成就，所有帮助我们生存的人，都是我们的恩人。例如：父母生养我们，师长教导我们，士农工商、社会大众供应我们的衣食住行等生存所需的条件，他们都是我们的恩人，我们怎能不感恩图报呢?

四、特长专才。人生在世，不能随波逐流糊弄时光，生命是一份责任，所以每个人都要学有专长。具备各种专业才能，在社会上才会受人重视，否则没有专才、特长，像水中浮萍，潮来潮去；像球场上的足球，任人踢来踢去，怎不悲哀?

五、正派做人。做人不要跟人耍小聪明，不要有太多的心机、计较，应该正正当当地做人。《联合报》的王惕吾“正派办报”，受人敬重。其实社会上各行各业，哪一个不需要正派做事、工作呢? 舆论要正派，政治要正派，金融要正派，各行各业都能正派，则国家社会怎么会不可爱呢?

六、工作负责。人不能没有工作，如果没有工作，就是无业游民。但是有工作也不能胡混度日，必须要负起责任。人生就是要负起社会给我们的使命，所以建立工作的责任感，是人生之要。

七、守道忠诚。人生不一定要守财，财是流动的；人生也不一定要守物，物也是无常的。人生最好是守道。“道”者，忠诚的人格也！如果在生活里，对国家领导者尽忠、对社会友好者诚信，如此才能做个健全的人。

八、勤奋廉洁。人生光是勤奋工作还不够，能有廉洁的操守更为重要。国家的政风败坏，皆由于贪污；财经问题，也是由于主其事者不能廉洁自持。现在的社会，道德良知沦丧，到处能骗则骗，能贪则贪，每天打开电视、报纸，都是关于贪污腐败、杀盗偷抢的负面消息，不免令人感到忧心。改善之道，唯有从上到下，人人崇尚清廉，国家风气才能改善。

在佛教里有“八正道”，就如“青年守则”一样，是每位佛子应该奉行的规范。上述的人生八守则，如果人人都能奉为做人处事的座右铭，必定人格清白，道德无瑕，则人生的完美尽在其中矣！

人所应怕

一个人在世间生存，先要具备各种生存的条件，一旦进入社会，成为社会人之后，在大众中一定要树立“人”的形象。人之所怕，就是不像个人；不像人的原因，则是有了缺点不改，当然就无法做个像样的正常人，例如：

一、懒惰。所谓“天生我材必有用”，但是一个人如果懒惰，做任何事都提不起精神，终日无所事事，成为无业游民，不但为家庭所不容，也为社会所唾弃，所以一个人一旦被人讥为“懒鬼”，真是最大的悲哀。

二、无信。信用是人的第二生命，所以做人应该树立“诚信”的品牌。一个人如果没有诚信，以诈术应世，到处欺瞒行骗，则是无信。骗人只能一次，但是人生的岁月不是只有一天而已，所以没有诚信的人，为人轻视，为人不齿，这是罪有应得。

三、无志。做人有没有出息，就看他有志无志。有志的人，不断向前、向上；无志的人，所谓“扶不起的阿斗”，所以儒家鼓励士子要立志，佛教劝勉佛教徒要发愿，有志愿才能有所成就。

四、无赖。在大众里，无赖汉最不受人欢迎。所谓“无赖”，就是到处打秋风、敲竹杠、占人便宜，整天只知吃喝玩乐，完全不知羞耻；由于没有人格尊严，最后沦为社会的败类，所以为人所害怕。

五、狡猾。做人的根本，就是要规矩、老实，一个生性狡猾的人，不守信用、不讲究良知，对人总是能骗则骗、能欺则欺；虽然靠着狡猾，要弄小聪明，或许能蒙混一时，但是日久终将为人所唾弃。

六、斗狠。社会上有一些人，喜欢逞强斗狠，到处欺压善良，靠着投机取巧，专门取所不应取之财、做所不应做之事，所谓强取豪夺、连骗带抢。但是我们几曾看过斗狠的人能为人所敬重？斗狠不但无法流芳千古，而且遗臭万年。

七、说谎。有的人认为说谎只是一种不好的习惯，其实说谎是很大的罪恶，佛教把“妄语”列为四根本戒之一。说谎骗人，欺世盗名，不但让人敬而远之，有时候“狼来了”喊多了，受害的是自己。

八、怪僻。在大众里，有一些人生性怪僻，行为举止总是异于常人，例如《阿含经》所说“应喜而不喜”，有的人在人群里，当别人都在欢喜地谈天说笑，只有他一个人满脸的不高兴，甚至处处跟人唱反调，这种人当然不会受到团体大众所欢迎，甚至被列为可怕人物。

人，不要做个让人觉得可怕的人，例如有一些人尽说一些可怕的话，做一些可怕的事，甚至有一些可怕的思想。人一旦让人觉得可怕，对自己的成功立业将是一大障碍。

天之不能

一般人以为“天”是无所不能的，其实天也有不能的地方。例如，我注重健康，天不会叫我生病；我喜欢出游，天不能阻止我外出。即使天会下雨，风雨挡不住真正的游兴。春节期间一场大雪，阻碍游子归乡过年，但是大雪造成交通困难，却阻碍不了游子回乡的希望。

语云：“天作孽，犹可为；自作孽，不可活。”即使天降灾害，干旱歉收，影响人民的生活，或是天寒地冻，影响人民的苦乐，但老天爷仍然有其所不能的地方，例如：

一、知足常乐者，天不能贫。语云“知足常乐”，知足的人是世上最富有的人。我们看客家人，每遇有人问：“吃过饭了没有？”他们的答案与一般人不同。一般人总是说“吃过了”“吃饱了”。但客家人的回答是：“足了！”这个回答很有意义，意思是：我不但吃饱了，而且吃得很满足！因为一般人挑肥拣瘦，即使吃饱了，但并不满足；一句“足了”，老天爷又如何叫他贫穷呢？即使简单的粗食，但我很满足，如此老天爷又能奈我何！

二、随遇而安者，天不能困。自古以来的禅者，“一钵千家饭，孤僧万里游”，可以说他们都是“随遇而安”的实践者。朱元璋未当皇帝前，在皇觉寺当沙弥，有一天晚归，山门已关，他只得在门外睡觉，这时躺在地上，望着满天星斗，不觉吟了一首诗偈：“天为罗帐地为毡，日月星辰伴我眠；夜来不敢长伸腿，唯恐踏破海底天。”虽然年纪轻轻，既已出家，也懂得随遇而安的道理。再如不愿为五斗米折腰的陶渊明先生，他在《归去来辞》里说：“请息交以绝游，世与我而相遗”，乃至刘禹锡在《陋室铭》里说：“苔痕上阶绿，草色入帘青。谈笑有鸿儒，往来无白丁。可以调素琴，阅金经。”多么随遇而安，像他们这样洒脱地生活，天怎么能困呢？

三、助人为善者，天不能孤。一个广结善缘的人，到处行善，给人帮助，给人欢喜，他一生都不会孤独，因为有了善因，自然就有善缘相随。人救蚂蚁，蚂蚁会报恩；人救乌龟，乌龟会报恩；人帮助贫苦的人，怎么会没有善缘呢？所以，行善的人即使老天爷要孤立他，也不容易。

四、无欲无求者，天不能贱。古人说“无欲则刚”，又说“人到无求品自高”。无欲无求的人，即使别人要污蔑他，他的品德也是高尚的。例如，战国时的颜斶，齐宣王告之，只要肯为他服务，保证可以过着“食必太牢，出必乘车”的富贵生活，但颜斶拜辞说，我“晚食以当肉，安步以当车”，然后扬长而去。如此之人，天老爷又怎么能作践他呢？

抢救

今日社会需要抢救的事项很多，抢救自己的良心，抢救社会的公德，抢救人与人之间的公平、正义，乃至公理与是非等。关于“抢救”，我们要抢救什么呢？略述如下：

一、抢救失火的房子。世间凡事无如救火急，所谓“远水救不了近火”。一旦发生火灾，眼看着失火的房子烧起来了，分秒之间都可能造成人命伤亡或重大的财物损失，所以救火人人有责，发生火灾时，大家应该义不容辞地协助抢救。

二、抢救淹水的地区。很多排水不良的低洼地区，或是偏远的山区，经常在台风过后，造成淹水的灾害。所谓“水火无情”，水灾与火灾一样，可能造成人命或财物的严重伤亡，所以遇有水灾时，大家应该发挥“人溺己溺”的精神，展开抢救，这才是仁心的表现。

三、抢救震灾的灾民。除了水、火灾之外，各地也时常发生震灾，每每墙倒屋塌，灾民流离失所，需要及时赈济。尤其当有人受困时，更是需要紧急抢救，否则丧失黄金救援时间，造成天人永隔，令人抱憾。

四、抢救稀有的动物。世界上有许多濒临绝种的稀有动物，人类不知加以保护，反而贪婪残暴地予以捕杀。例如，为了获取象牙、孔雀羽毛、犀牛角、鱼翅、燕窝等，很多动物因此丧生，造成生态失衡。抢救稀有动物并非保护动物协会的专责，全体人类都应该有爱心与这些动物共生，不要让稀有动物灭种。

五、抢救被毁的古迹。为了保护世界人类的文化，联合国教科文委员会一直把世界上有历史价值的文物，列为古迹保护。古迹是人类的历史、是智慧的结晶、是大自然给予人类的瑰宝，一个国家如果不懂得保护古迹，就是在践踏自己的历史、毁坏国家的生命，所以珍惜、爱护、抢救古迹，这是每个时代都应该重视的课题。

六、抢救迷途的少年。青少年年少轻狂，有的受不了物质的诱惑，有的受不了家庭学校的管教，因此经常逃学、溜家，造成重大的社会问题。青少年是国家的财富，不能无端损失，所以有心人成立“中途之家”，借以帮助青少年回头，至为重要。

七、抢救沉沦的道德。过去的社会，一个人只要吃喝玩乐，不务正业，就会被视为社会的败类，难以在社会上立足。现在的社会，笑贫不笑娼，不但崇拜、惧怕黑道人士，甚至一些无德无行的人到处作威作福，招摇过市，不知羞耻为何物，可见现在的社会道德沦丧。在一个国家里，无论团体或个人，只要违反善良风俗，破坏传统美德，大家都应该齐声喝止，如此未来的社会才有希望。

八、抢救破坏的地球。长久以来，由于人们滥垦、滥伐、滥挖、滥建，甚至滥倒垃圾等，造成地球被破坏、被污染。现在天灾不断，其实都是人为破坏，造成大自然反扑的结果，实在严重威胁到人类未来的生存。现在有很多环保人士不断大声疾呼，希望唤起大家的环保意识，唯有大家共同做好环保，才能抢救被破坏的地球，才能还给子孙一个安全的生存空间。

以上列举的抢救，其实关键在于我们的“心”，只有我们能抢救“自心”，一切才有希望。

如何取名

世间，人有名字、物有名字，一些飞禽走兽，甚至万事万物都有一个名字。过去有很多名人，他们的名字背后都有一些典故，具有特殊的意义。例如，宋朝的文天祥，生时满室祥瑞，天有异相，故名“天祥”；佛教教主释迦牟尼佛出生之后，其父净饭王特地召集国内的学者专家，共同为他取名“悉达多”，意为“一切义成”。

另外，像西方人氏，大概是怕名字太长、太复杂，不容易记，所以干脆取名威廉一世、威廉二世，路易一世、路易二世，理查德一世、理查德二世等。甚至很多国家的公路，也以一号公路、二号公路为名，既简单又好记，所以取名也有很大的学问。

过去经常有信徒找我为他们命名，例如生儿育女，或是开设工厂、成立公司等，我基于给人欢喜，有时也难以拒绝，只有满人所愿。我在替人取名时，一般都是本诸几个原则，举例如下：

一、取有意义的名字。例如有一个信徒开设一家旅行社，要我取名，我为他命名“东西旅行社”；另有一个信徒设立交通公司，我为他取名“通达公司”。再如佛光山的功德主张姚宏影，在她成立电子公司时也要我取名，我就建议她以“日月光”为名。

二、取吉祥的名字。有一家布店开张，主人找我取店名，我为他取名“大庄严”；另有一家杂货店，取名为“宝藏行”。我希望他们所卖的布能“庄严”人身，所卖的杂货如“宝藏”般利益世人；能如此，自然生意兴隆，财源广进。

三、取容易记的名字。有一个信徒喜获三胞胎，要我命名，因为三个都是女儿，我就为她们命名为“妙一”“妙二”“妙三”，既容易记，又有顺序，不容易搞错。

四、取容易写的名字。我为人取名秉承易写原则，我想到有一些人姓萧、姓董、姓酆、姓魏，光是一个姓就那么难写，如果名字笔画再多一点，一个小孩子才进了小学，每天光是练习写自己的名字就是一件苦差事，哪里还会欢喜上学呢？所以多年前我的侄子李春富喜获麟儿，我就帮他取名“李木子”。另外，台湾首创“公办民营”小学先例的“拔雅小学”，佛光山接办后我将它改名为“人文小学”，原因也是感于小学生尚在习字阶段，校名笔画不宜太多，最好简单易写，比较适合儿童学习。

五、取容易懂的名字。佛光山初创时，曾想过各种象征意义的名字，后来以“佛光”为名，因为容易懂。乃至“普门寺”“普门中学”，取意“普门大开”；“惠中寺”缘于坐落在台中惠中路，都很容易懂。甚至苏州的“嘉应会馆”，原为清朝嘉庆年间客家人的会馆，现由佛光山接办，因为已有悠久的历史，也很好懂，所以我就保留原名。

现在佛光山在各地建寺，都附设有“滴水书坊”，供大众看书阅报。后来又发展出滴水食坊、滴水画坊、滴水花坊等；不管什么坊，如果社会大众懂得“滴水之恩，涌泉以报”，这就是我取名的意义了。

给

佛教里有一则故事。话说有甲乙两个小鬼，生前在世为人，阳寿享尽后，被鬼卒带到阎罗王的面前。阎王看了功过簿后说：“你们两人前生并没有做过太大的恶事，仍然让你们投胎做人，出生为两兄弟，但一个必须过着付出的人生，另一个过着接受的人生。你们哪一位要过接受的人生呢？”

甲小鬼一听，心想，接受的人生一切不必辛苦，可以坐享其成，于是赶快抢先说：“阎王老爷，请让我过着接受的人生吧！”

乙小鬼看到甲小鬼抢先了一步，不但没有懊恼，反而心想，给予的人生，处处帮助别人，那多有意义！因此他毫不犹豫地说：阎王老爷，我愿意选择付出的人生。

阎罗王听了两鬼的愿望之后，提起判笔当下就定了两鬼的前途说：“乙小鬼，既然你选择付出的人生，那么你下辈子当富翁，专门行布施，把钱财赈济给穷人；甲小鬼，你希望过接受的人生，下辈子你就当乞丐，一生接受别人的帮助。”

人世间，不管贫富，一直贪图拥有，即使有钱，也是富有的穷人；一个人虽然物质贫乏，但他乐于给人、助人，在精神上就是贫穷的富人，所以“给”

是很美好的事。兹分析“给”的六点意义：

一、给是善美的行为。佛光山的信条：给人信心、给人欢喜、给人希望、给人方便。给，就是善美的行为。

二、给是重要的修养。给人一点助缘，帮别人说一句好话，甚至给人一点笑容，给人一些安慰，都是人生重要的修养。

三、给是感动的好事。给人的一点提拔，让人感动终生；给人一点施舍，帮助他人解决困难；给人的一点方便，自己无损，别人受益。给，总是皆大欢喜的好事。

四、给是利他的精神。给，是利他的善行，让人受益，让人欢喜，让世间充满了善行好事。布施不是一定要捐大钱、给大利，有时给在重点上，像及时雨一样，又如观世音菩萨，及时救苦救难，所以才有很多人信仰。

五、给是善缘的循环。给，看起来是给人；给，或许是回报过去他人给我，也可能是今生自己播撒种子。你播下善缘善种，将来人家也会回报给你，所以你给我、我给你，相互的善缘因此循环不已。

六、给是做人的习惯。俗语说“善财难舍”，给人很难。有的人悭于给人说一句好话，吝于给人一点笑容；给人一点利益，如同割了自己身上的一块肉。所以，人生最好的教育，就是从幼年起，养成一种仗义的性格，让“给”成为自己做人的习惯。

中国人一向也有“给”的习惯，给你一支烟，给你一杯茶，但是这一点点的给是不够的。有人在婚丧喜庆时，给人一点礼仪，这也是有限的布施。给，不是锦上添花，给，要雪中送炭。给，能给得不勉强、给得不后悔，甚至给得“皆大欢喜”，不但是无上的修养，也是无上的智慧。

养

一般人都喜欢养猫、养狗，养花、养草。养，就是“生”的意思；有“养”，才能生存。好的要养护，但是一些不当的养，如“养痈遗患”则万万不能。关于什么能养，什么不能养，兹说如下：

一、养德重于养财。一个人如果只知储蓄金钱，金钱乃“五家”所共有，遇到水、火、盗贼、贪官污吏、不肖子孙等，都会使我们的钱财荡然无存，因此养德才是重要。钱财会被人偷走，道德则不会被人所盗。一般人虽然羡慕有财富的人，但更尊敬一个有道德的人，所以做人忠厚、诚实、行善、利众，都是养德也。

二、养心重于养身。一般人都非常重视养生，运动保健、饮食调理，无非希望于身体有益，但往往忽略了“养心”。其实“万般带不去，唯有业随身”，人生到了百年大限到时，身体不是我们的，只有“心”（也就是业）随我们在五趣六道轮回，所以养心能不重乎?

三、养性重于养气。现在社会非常流行练“气功”，可见大家重于“养气”。养气一者健身，同时涵养性情，固然也很重要，例如涵养浩然正气，也能为天下苍生造福。但是“养性”即为“养命”，因为人人都有“佛性”，如果能将自己的真如自性养好，给予安住、净化，如此又比养气重要得多。

四、养民重于养士。自古以来，大家族、大人物都要“养士”，如战国四君子之一的孟尝君，门下“食客三千”，虽然也会受士的回报，但是不如能“养民”。“士”只是“民”的一部分，民才是全部，如果对于全民都能有所利益、帮助、贡献，则得民心者，才能得天下。

五、养廉重于养望。一般常人都希望自己的名望很好，所以凡是地方的事情、公众的事务，都希望当个代表、选个理事。但是名望重要，清廉更重要。一个人穿了美丽的衣服，如果不清洁，也为人所不喜，所以做人清廉有德，在人格上树立自己清廉的名望，更是重要。

六、养量重于养能。世间有能力的人为数很多，有度量的人就不容易得见了。有人说，“事业有多大，就需要有多大的度量”，此言诚不虚也。能容纳一家可做家长，能容纳一村可做村长，能容纳一县可做县长，能容纳一国可做领袖，能容纳全世界，才能统领天下。

七、养志重于养晦。中国的士大夫一向提倡要“韬光养晦”，养晦就是现在所谓的“低调”“不与人争”。但是光是消极的养晦，不如积极的养志；“立足当下，志在千里”，如范仲淹的“先天下之忧而忧，后天下之乐而乐”。能够立志为国为民，就会为全民谋福利，此乃积极向上之精神也。

八、养拙重于养巧。人的一生，要求进步，总想有一些巧思、巧想、巧能、巧心。但光是“巧”，太过锋芒毕露，往往遭人疑忌，所以做人有时要懂得“养拙”。以诚实、稳重、厚道处世，深藏不露更能于己有利。

养，人生应该养些什么呢？以上八点仅供参考。

精进

从小，父母师长都会勉励子弟，要精进勤劳才会有前途。但是勤劳也要看价值，在佛教里，精进又称“正勤”，是正的、善的，才能叫作勤劳，才是“正精进”，也即是正勤。

“勤有功，戏无益”，这虽然是青年学子从小就耳熟能详的道理，但是关于精进，在佛教的修行人来说，即使证到菩萨的阶位，在发菩提心、行菩萨道时，要“难行能行，难忍能忍”，这时精进就被视为是一份十分重要的力量了。

关于精进之义，略述如下：

一、未生恶令不生。我们在二六时中，心中时而生起善念，时而也会萌生恶念。例如稍遇不顺的环境，就会怨天尤人；稍感不欢喜的人事，就会厌弃批评。在情绪化的人生里，喜怒哀乐中都掺杂着不明确的恶意，甚至可以说，我们的心中其实埋伏了许多盗贼土匪，伺机蠢动，诸如害人、嫉妒、杀心、邪见等。只要我们有精进的力量，能把未生的恶都勇敢明白地拣出来，让将要生起的恶念不生，就能对治盗贼恶行的出现。平常有人说“天人交战”，你能用善念改正自己的恶意，让未生的恶念不生，就是精进。

二、已生恶令断除。社会上，一些被人用金钱买动的杀手，为了利益，甘愿受人指使去杀害他人；当他见到准备行刺的对象正在行善，或者正在礼佛时，忽然心生惭愧，当即丢下刀剑，改向对方自白忏悔。就如佛世时想要刺杀佛陀的指鬘外道，再如想要抢劫空也上人的盗贼，因为忽然善念一生，放下屠刀，自我忏悔，已生的恶念即刻烟消云散，这也是精进。

三、未生善令生起。肥沃的土地，可以生长五谷，成长万物；我们的心田，只要有精进的力量，便可以萌发善念，生起善心。世间的善行善心何其多，例如慈悲、喜舍、友爱、礼貌、义行、结缘等。任何的好心好意、善行善念，只要我们有勇气、力量，让没有生起的善行方便，在好心之前萌芽、茁壮，这即是精进。

四、已生善令增长。“恻隐之心，人皆有之”，即使是一个普通的人，也有许多的善行好念，但重要的是，要能保任它，让它成长、茁壮，这就要靠精进的力量了。例如，台湾曹氏基金会董事长曹仲植先生，虽然已近百岁高龄，仍经常到世界各地布施轮椅，而且愈做愈有心，愈做愈觉得应该要更发大心，所以今年布施一千辆，明年希望能再增加为三千、五千，甚至一万、两万辆。据悉，到目前为止，他在世界五大洲所布施的轮椅，已达数十万辆之多，这不就是“已生善令增长”的最佳例子吗？

《七佛通戒偈》说：“诸恶莫做，众善奉行，自净其意，是诸佛教。”佛教的根本精神，就是“止恶修善”。只要我们能做到“未生恶令不生，已生恶令断除，未生善令生起，已生善令增长”，这不就是在“止恶修善”，不就是最大的精进吗？只要精进，何患佛道不成！

势

势，是强大的意思。山高，则说山势雄伟；水急，则说水势湍猛。军队能否作战，要靠军势；劳工生产力如何，要看工人的气势。人，也在为自己造势，人的势力壮大，则为众人拥戴、钦佩；人没有势力，难免会被人欺侮。但是势力也有好有坏，有一些不当之势，试说如下：

一、气势。就是“颐指气使”。有一些警察，见到一些平民百姓，就摆出他的架势；有些妇女，放大音量，夸张姿态，为的是要展示她的气势。气势可以压人于一时，但不能为人所敬服，如阿育王统一全印度后，当他洋洋得意地前往被征服的国家巡视时，人民虽然列队欢迎，但他从每个人的眼中看到的是怨恨的眼神，所以“气势”不能获得人心，有气势不如有道德。

二、财势。就是“财大气粗”。过去中国的农村，村庄上的大财主都很有势力；现在社会上，某个大企业家事业很大，他也可以仗着财势作威作福。用财势凌人，虽然也能获得某一些人的逢迎，但是有人格的人绝不愿在财势下低头，例如陶渊明不愿为五斗米折腰。财势可以让人威武一时，但一旦财穷势尽，就如泄气的皮球，再也威风不起来。语云“富不过三代”，我们几曾见过人间有数百年的富贵之家吗？所以有财势不如有慈悲。

三、权势。就是“位高权重”。中国人向来以做官最有权势，有的人争得一官半职，所谓“一朝权在手，就把令来行”。但是权势靠不住，因为“强中还有强中手”。你当了县长，上有省长；你做省长，遇到国家主席，你怎么办呢？所以“人外有人，天外有天”。有权势的人呼风唤雨，一句话、一个意见，都要人听命服从，但是“爬得高，跌得重”，从高高的权位上跌下来的人士，自古以来不知凡几。历史上，秦始皇曾经拥有最大的权势，而今安在？王莽、高力士、魏忠贤等，也都曾经位高权重，显赫一时，今又如何？所以权势不但不可敬，而且可怕，有权势的人能够拥有平等心，才是安全之道。

四、威势。就是“以威服人”。威势，从好的方面来讲，是以威德服人，如果往坏的方面发展，就是以威势欺压人。常见有一些人，出门时总有很多随从为他助长威势，也有的人以乘坐贵重的交通工具来增加自己的威势，乃至有的人用财富、名位来展现威势。其实，一个人最重要的，还是要用道德、结缘来让人尊重，所谓“不怒而威”“不威而严”，能以“威德服人”，才能真正赢得人心。

人不能没有架势，但是人应该发展自己好的架势，例如慈悲的架势、智慧的架势、道德的架势、人缘的架势，尤其“平常”的架势最能长久。

伟大

大人物都喜欢人们赞叹他伟大，例如伟大的佛陀、伟大的耶稣、伟大的穆罕默德、伟大的老子、伟大的孔子、伟大的庄子。政治人物尤其喜欢被冠上“伟大”的封号，例如伟大的秦始皇、伟大的唐太宗、伟大的日皇明治、伟大的蒋介石、伟大的毛泽东等。

另外，士农工商，各行各业，也有模范劳工、杰出妇女，或是十大青年、十大工程师等。其实说起来，世间的人哪一个不伟大呢？不过伟大不是自己说的，“伟大”也有其条件，兹说明如下：

一、伟大不是昙花一现，要能流芳千古。所谓伟大者，不是靠自己自封，也不是鼓动别人拥护，更不是造神运动，而是要能如孔老夫子所说“立德、立言、立功”。能建立“三不朽”的功业，才能流芳千古，恩泽绵长，让后世的民众受惠，而不是如昙花一现，这才是真正的伟大。

二、伟大不是一事所成，必经点滴累积。一座高山，必须由很多砂石堆积而成；一片大海，必须汇聚无数江湖河流而有。所以一个伟大的事业，也不是一蹴而就，必须经过时间、空间及大众的点滴聚集，才能成其伟大。就如古今中外，因为有许多开国元老的努力、牺牲、付出，世界才有一个一个国家的出现。

三、伟大不是要做大官，但要能立大业。现在的时代，做大官没有了不起，即使当总统，在民主潮流之下，也只是人民的公仆。在今日全世界一百七十多个国家里，就有一百七十多个总统，乃至有一百多个国务总理，假如再把每个国家的阁员算进来，那就更多了，但这都不算伟大。伟大必须能对全国做出贡献，像林肯、罗斯福、孙中山、甘地、周恩来等，他们成就许多富国利民的大业，才能算是伟大。

四、伟大不必有大智慧，但要有大愿力。智慧不是不重要，有智慧、有建树的人很多，可是世间一个伟大的成就，不是用口说就能成的，像“愚公移山”虽然没有智慧，但是他的愿力能成。

五、伟大不必才华过人，但要德行卓越。一个人并不是讲话很大声，或是在群众中受人前呼后拥，就是伟大。当初蒋经国在疏通横贯公路时，服刑役卒、退役官兵在日新岗翻山越岭，打通了东西高山之隔阂，所以十大建设能让台湾一度扬眉于世界，也因此让人怀念蒋经国的卓越德行，这不是没有道理的。

六、伟大不须天纵英才，但要努力不懈。元朝成吉思汗、忽必烈，他们能驾长车，带着军马到达欧洲，固然是天纵英才，但是打通西域的张骞、班超，他们却是点点滴滴，凭着数十年努力不懈地开垦，才能有所成就。今天我们都晓得三宝太监郑和下西洋是伟大的，但是世界各地的华侨们背着祖先牌位及佛菩萨神像到全世界，他们比传教士更早漂洋过海，更是先头部队，这许多前仆后继的先民们，若论历史英雄人物，还属他们。

世间，天地日月是伟大的，细沙石砾也是伟大的！夜晚仰望天空，繁星点点，不管恒星或行星，都是闪烁晶亮的，它们不伟大吗？中国人留下的石刻、雕塑、绘画、书法，不算伟大吗？所以吾人要歌颂伟大，求诸于朝固然有伟大的人物，求之于野同样有伟大的人物！

尊严

人在社会上立身处世，不一定要很有地位，但要活得有尊严。不是皇家贵族，或是有地位的富者才有尊严，一些出租车司机、摆地摊的小贩，或是清道夫、临时工，他们也都有人格上的尊严。人纵使在财富、地位上可以分高低，但彼此所重视的尊严，都是同等的价值、同等的重要。兹就“尊严”略述如下：

一、读书人的尊严。许多职业的从事者，都要尊严，此中尤以读书人最重视尊严。介之推宁可归隐，甚至被烧死在绵山，也不祈求晋文公给他一官半职，这就是读书人的尊严；雪窦禅师宁愿在寺中陆沉三年，操持苦役，也不肯拿出大学士曾会的推荐书，这就是书僧的尊严。

二、贫穷者的尊严。中国的士大夫，有的人穷得三餐无以为继，他也不为贫穷失节。韩信能受“胯下之辱”，但不能受汉高祖的冷淡，他能保持贫穷人的尊严。越石父因故被关在衙门里，晏子知道后将他保释出来，迎回家中，让他在客厅等待许久，越石父因此与晏子绝交。晏子说：我把你从牢中救出来，你怎么可以如此待我？越石父说：我宁可被不认识的人囚禁，也不愿忍受被朋友冷淡对待的屈辱。这也说明，一个人即使落难，也不能失去尊严。

三、失业者的尊严。人的际遇，都是无常变化，时运不济，煮熟的鸭子都会飞走；时运一转，乞丐也能一夕致富。刘玄德街头卖履、姜太公垂钓于渭水、韩信乞食于淮安，但是他们宁可落魄，也要保持失业者的尊严。相对的，有的人因为失业就从事不正当的行业，如贩毒走私等，如此不但丧失人的良知，也失去人的尊严。

四、待援人的尊严。一个人穷途潦倒时，总希望有人救援。尤其战争时，难民营中成千上万的难民，等待救援；饥荒的年代，千万的流民逃亡他乡，他们就像野生动物找寻水草一样，渴望觅得生机。但是尽管饥荒、逃难，有的人也不随便偷抢，他宁可等待救援，也不愿失去人格的尊严。例如《进德录》有一段记载：有一个人和乡人逃难到外地，不巧当地又碰到兵荒马乱，只剩下一座空荡荡的城堡。数日来粒米未进，正在饥饿难当的时候，忽然看到一片果园，大家争先恐后摘取果实来充饥，只有此人纹丝不动地坐在树下。有人问他：你怎么不摘果子吃呢？难道你不饿吗？他说：这果园是有主人的，我虽然饥肠辘辘，怎么可以偷吃有主之物呢？此人说：现在都什么时候了，还管他什么主人不主人的，再说这园子的主人也许已经逃难到他乡去了，哪有什么主人？这个人还是坚持说：这园子的主人虽然逃难去了，但是我心中的主人难道也不在了吗？他宁可饿死，也不吃不当之物，因为他把尊严看得比生命还重要。

五、受刑人的尊严。一些牢狱里的受刑人，你判他死刑，可以一刀一枪让他毙命，但不能侮辱他、凌虐他，让他的人格受到创伤。宋朝文天祥兵败被俘，他宁死不降，元朝为成就他的忠心，终于成就他以死保持尊严的心愿。历史上多少孤臣孽子，还有一些贞洁妇女，宁死也不愿失节受辱，这种骨气令人肃然起敬。

六、死亡时的尊严。人的生死有分，但是有的人面临死亡时，贪生怕死，失去尊严。也有的子孙，对于久卧病榻的长辈，为了延长他的生命，施以各种抢救。虽然是出自于一片孝心，但是往往让死者失去尊严，而且痛苦不堪。现在社会上一些研究“生死学”的学者，以及医生们，都主张尊严地死亡，而不重视屈辱地求生，确实值得深思。

担当

人自出生以后，就要学会担当。童年要担当带给父母欢喜的责任，长大后要尽力担当学业上的进步，进入社会要担当对社会的贡献。日常所行所为都要担当，一个人如果不学会担当，一生无所事事，只靠别人来养活自己，终生都会被人鄙视、唾弃。

人要担当一些什么呢？

一、担当荣辱后果。人生好像挑着一副担子，一面是成功的喜悦，一面是失败的耻辱。我们当然希望一生只有顺利的成功，不希望有痛苦的失败，但是世间事就像天平，需要事迹、重量来平衡。我们担当的是成功的喜悦，要能分享大众、他人；我们担当的是失败的痛苦，要自我检讨，不必怨天尤人。能担当荣辱好坏的人，对前途事业自然会有力量改进。

二、担当因果责任。我们的担子，就是前生后世的因果。“天作孽犹可为，自作孽不可活”，因果报应时，斤两的轻重丝毫不差。因中有果，果中有因，因果纵有时间先后，对每个人而言，必定是公平、公正的。你在有所行为、有所造作的时候，就要想到自己能担当这样的担子吗？是好因好果，还是恶因恶果？一切都要自己负责。

三、担当他人所托。我们一生当中，不但要能担当自己的所行所为，有时也要担当别人的托付。古人有所谓“托孤”、有所谓“托付后事”，只要是正派的行事，例如托付未了的心愿、托付遗产的处理，我们接受他人的付托以后，就应该尽忠尽义、尽心尽力完成所托，这才不负道义人情，才是值得赞美的担当。

四、担当是非纷扰。吾人立身社会，在人事纷纭之中，难免会有一些是非扰攘。有的人不能担当这些是非纷扰，往往给闲言打败，给是非伤害。假如自己平常所行所做，都是浩然正气，何惧于是非闲言呢？“路遥知马力，日久见人心”，只要自己正派、正义，纵有一些恶意的是非纷扰，又何必挂怀呢？

五、担当意外伤害。我们在人生的道路上，所谓“天有不测风云，人有旦夕祸福”，荣耀当然能够接受，意外的打击也要有担当的力量。“人无远虑，必有近忧”，在人生的道路上，时时都要把忧患放在心上；你储蓄了足够的力量，就不怕意外发生。举凡做人的义气、善良、诚实、正直等，都是担当忧患的良方。

六、担当大众苦难。宋朝大儒范仲淹说：“先天下之忧而忧，后天下之乐而乐。”《华严经》也说：“但愿众生得离苦，不为自己求安乐。”一个人除了要能解除自己生老病死的苦难，更要有心解除普世众生的苦难；能担当“人饥己饥，人溺己溺”的勇气。则有担当，就有力量，有力量，世间的问题自然都能迎刃而解。

承诺

承诺是人与人之间最美好的关系。家庭里，儿女对父母要表达一些承诺，甚至父母对儿女也要信守承诺。社会上，朋友之间彼此都要重视承诺，承诺是一种信用，一句承诺比契约还要管用。

所谓“承诺”，就是“君子一言既出，驷马难追”。古代宫廷里，有谓“君无戏言”，可见君王的承诺也是不容打折扣的。

有一位先生上街，想要买一件衣服送给太太。在东街的商店问好价钱，一件两百五十元。但是因为另有他物要买，就跟商家说好等一下再来买。哪知走到西街，看到同样的货色，只卖两百元。但是想到已经跟东街的商家承诺要买，所以宁可多花五十元，也不肯丧失信用。

古人对承诺就是如此坚定不移，但看今日社会，很多人信誓旦旦许下的承诺，才过没几天，他又更换了主张。朝令夕改，朝三暮四，你说这样的社会能有什么安定的力量呢?

我承诺过他的父母，对他的子女要好好教育！我承诺过隔壁邻居，要把墙那边的地归他所有！我曾经说过下一任的会长，要让他担任！这件东西，我已承诺过要送给张姓朋友！如果一个人能从生活中信守自己的承诺，整个社会，只要一句承诺，就是法律，只要一句承诺，就是契约，只要一句承诺，就代表一个人的人格，则这个社会必然呈现欣欣向荣的气象。

关于“承诺”，提供四点看法如下：

一、承诺是自我的誓愿。虽然没有别人强迫我承诺什么，但是出自我口，动之我心，我就应该为承诺努力，让它兑现。我向人借贷，绝对不会逾期不还；我说过把某样东西割爱于人，绝对不会食言。我许下的诺言、我承诺过的事，即使后来变化，也要不计辛苦地完成，因为承诺代表我自己的誓愿，我要一生信守它。

二、承诺是家教的宝训。人从呱呱坠地，父母就教我们要说话算话。长辈们谆谆教诲，种种诱导，教我们要守信守诺，一旦许了诺言，就要实践，不可轻信寡诺。一个不信守承诺的人，和人交往，一两次之后，被人识破，整个人格都会因此破产。一个人贫穷，有其时机因缘，承诺则是自己的人格。长辈们不一定遗留给我们多少田地房产，但是他教我们信守承诺的格言，就是最好的宝训。

三、承诺是朋友的托付。在我们的朋友当中，偶尔总会有人托付我们一些大小事情。例如，顺便带一封信给远方的朋友，或是把一件东西带给某人；既已承诺，即使刮风下雪，都要设法完成任务，维持信用。尤其兵荒马乱时，战场上战友的一句托付、移民异国的乡亲的一件交代，既已承诺，就不能辜负所托，这不但关乎他人的利益，也是自己的道义。

四、承诺是社会的责任。承诺他人的托付，不但是人与人之间的交谊，也是对整个社会应负的责任。因为社会是由众人所组成，彼此之间有密切的关系。如果人人都能“视人如己”，都能本诸应尽的责任，负起所托，如此才能建立一个可爱的社会。反之，对朋友的托付轻忽而不重视，把别人的托付“视如敝屣”，不能负起社会所托付的责任，如此不能守诺，不能担当，则人道有亏，又如何立足于社会呢?

承诺要从上而下，才有影响力。一个国家的领导人，举凡施政、发言，都要如实地兑现，才能取信于人。如此上行下效，一旦社会大众都能重然诺，承诺蔚为风气，让人与人之间不但好礼，而且守信、守义；一个重视道德的社会人生，还怕不能作为世界的模范吗?

认真

做人的品质当中，“认真”是一个很好的品德。说话认真，做事认真，服务认真，待人认真；认真的人绝不会轻诺寡信，不会轻浮做事。你是一个家庭主妇，认真煮好一餐饭菜，必定香甜可口；你是一名公司主管，公平正直，认真做好主管的角色，公司的管理必然健全有制。

做事认真，做人也要认真。男人就要认真做得像个男人，女人就要认真做得像个女人，青年就要认真做得像个青年，儿童就要认真做得像个儿童。军人如果操练不严，同事就会取笑他是个“死老百姓”；老师如果教学不认真，同事就会讥评他“滥竽充数”。所以，一个人认真吃饭，饭会吃得饱；认真睡觉，觉会睡得好。

人在世间，无一不要认真面对；认真做人处事，才能做什么像什么。例如：

一、认真做事是最好的幕僚。认真做事的人，即使不能当领导，至少也会是个很好的幕僚。一个领导人，不但要认真做事，还要讲究能力、讲究学问、讲究操守等。如果机会、条件不具备，只要你肯认真，至少也能当别人的幕僚。幕僚人员，只要你肯认真做事，必能获得领导的信赖、付托；如果不认真，不但不能做领导，也不能胜任幕僚的工作，只有让人看低你、看贬你，所以认真做事，至为重要。

二、认真读书是最好的学生。假如你是一个读书人，在学校认真读书，就是最好的学生；你认真教书，也必然是一个最好的老师。就如同做父母的人，认真把父母的角色做好，做儿女的人，认真把儿女的本分做好，所以做什么像什么。你不认真，经商不像商人、做工不像工人、教书不像老师、从政不像公仆，做人做得什么都不像，就是由于不认真，不认真最后吃亏的还是自己。

三、认真待人是最好的朋友。人在社会上，不能不处众，不能不交友；你处众、交友，有认真、诚信地待人吗？你的言语、行止都很认真吗？如果你处众很认真地讲情说义，很认真地待人接物，那你就是最好的朋友。我们平时听到有人说“某人很够朋友”，这句话都是由于他很认真待人，不发展私欲，不贪心妄求，宁可自己吃亏，也不得罪朋友。中国人的讲道、讲义，先决条件都要认真，认真才能经得起检验。

四、认真生活是最好的人生。人都要生活，有的人对生活的态度非常认真，比方说家庭的收支，他很认真地做预算；对待朋友的礼数往来，也很认真地照顾周到。对家居环境的整齐清洁，都很认真地处理；对儿女的培育教养，也很认真地树立典范。乃至生活不奢侈浪费、不胡作非为，凡事处理得井井有条，规规矩矩地做人。能够如此认真地生活，那就是最好的人生了。

上述的认真，是人生成功立业的根本。所谓“认真”，你做事认真，说话也要认真；你待己认真，待人也要认真；你现在认真，未来更要认真。语云：“莫以善小而不为，莫以恶小而为之”，在认真人的字典里，所有的善恶、是非、利害、得失、成败、有无，他都会认真地认识清楚。

节约

现在是个提倡生态环保、讲究生活节约的时代。说到节约，除资源的节约、金钱的节约之外，生命的节约更为重要，无论金钱、物质、生命，都经不起浪费。

所谓节约，先要有爱惜的观念。一滴水都有它的价值，所以要节约用水；一粒米来之不易，因此要避免浪费。今后的人类，唯有重视生态环保、讲究生活节约，才能长治久安。

我们究竟要节约一些什么呢？

一、要节约日减的能源。地球上，尽管山很高、海很阔，资源十分丰富，但毕竟是有限的。根据现在科学界的报告，地球所蕴藏的汽油能量，按照我们现在的用度，只能维持五十年。人类不知节约，一旦等到没有能源的时候再后悔就来不及了，所以当现在还有能源的时候，人类要节用爱物，以期能源可以天长地久，源源不断。

二、要节约如纸的人情。人情冷暖，人情其薄如纸！人情何价？人情实在很浇薄。所谓“贫居闹市无人问，富在深山有远亲”，这句话真是把人情形容得淋漓尽致。人情是什么？人情无非靠金钱、权势在维护，当一个市井小民没有金钱，没有权势，人情哪有什么重要呢！现在的社会，已经到了仁义、诚信都没有价值的地步，人情哪有什么价值呢！其实，人类众生又名“有情”，世间的生命之所以存在，都是因为有情爱的缘故；假如世间的情义都慢慢地浇薄如纸，甚至连纸张还不如，那时人类不知如何共生共存。

三、要节约易逝的时间。除节约能源、节约感情之外，节约时间更是重要。时间就是生命，“一寸光阴一寸金，寸金难买寸光阴”，时间、光阴就是我们数十年的生命，现在我们要好好地珍惜人生数十年的岁月，假如人生一日能当五日用，你即使只工作了六十年，也能做到“人生三百岁”。普贤菩萨《警众偈》说：“是日已过，命亦随减。”小学的教科书也说：“日历日历，挂在墙壁，每日撕去一页，我心实在着急。”为什么要着急呢？因为撕去一张日历，就消失了一天的生命，所以一天二十四小时，每分每秒都要善加利用。

四、要节约少分的福报。世间，有的人有钱、有势、有地位，有的人无钱、无缘，不受人重视。原因何在？都看福德因缘的有无。有福德，就好像银行里的存款，你取用方便；无福德，就好像银行里没有存款，想要借贷也难。所以人生在世，应当培植自己的福德因缘，尤其还要懂得节约福德。一件衣服，别人只穿一年就丢弃，你能穿三年，你的衣服价值就增加了；一餐饭，别人要一两千元不等，你一餐饭只要一二百元就够了。你能这样节约自己的福德，进而再去为人服务、为人奉献，你能爱人、利人，自然会有享受不完的福报。

你满意吗？

你满意吗？不知大家平时有没有仔细思考，问问自己：你对家居生活满意吗？你对当今社会现况满意吗？你对政治领导人满意吗？你对现在的选举文化满意吗？满意，当然是加分，不满意，就是负数，负得太多，实在不胜负荷。

兹就“你满意吗”提出数事一谈。

一、你对自己的儿女满意吗？人不必比较，人比人，气死人，所以不必认为别人家的儿女比较好，其实自己的儿女才是宝。你说儿女不聪明，儿童的聪明智慧发展，有早有晚，不必着急。你说儿女不乖，调皮的孩子有时候更有思想，将来也许更有出息。你说儿女老在外面游荡不听话，只要父母常在家中陪他读书、游戏，他不会舍弃甜蜜的家庭在外流连忘返。父母对儿女满意，儿女也才会对父母满意。

二、你对工作的收入满意吗？你从事什么工作？你对工作满意吗？有的人不满自己的工作，觉得收入不高，想要跳槽。但是你有思前想后再三考虑，万一“此山望见彼山高，到了彼山没柴烧”的后果会如何吗？工作待遇高低，也不完全取决于老板，也要看员工的生产成绩如何。也就是说，你的工作能力也要让老板满意，老板才能给你高薪。现在做大官、居高位的人，薪水有时反不及一个摆地摊、卖烧饼油条的人收入好。但是你知道吗？摆地摊、卖烧饼油条的人有多么辛苦？所以要想赚钱，先要提升自己的劳动力，尽管世间的赚钱之道，有的人用金钱赚钱，有的人用能力赚钱，有的人用名气赚钱，有的人用智慧赚钱，但总要自己有真本事付出，才有对等的收入。

三、你对结交的朋友满意吗？朋友之交，相识满天下，知音能几人？你感叹朋友对你不真心，对你没有帮助吗？你可以先反问：我对朋友有真心吗？有帮助吗？世间一切都有因果关系，你要人家怎么待你，你就应该如何待人。朋友当中，有共患难的，有共安乐的，有共事业的，有共承担的，你喜欢哪种朋友？你喜欢的朋友，你怎么待他，他就怎么待你，这是自然的因果。

四、你对每日的生活满意吗？所谓生活，离不开衣食住行，你对自己的衣着满意吗？你对家中的饮食三餐满意吗？你对居家环境的质量满意吗？你对交通往来的方便满意吗？你是有车阶级，可能路上塞车严重，难以令人满意；你没有自家轿车，可能搭地铁、客运、公交车上下班，反而轻松愉快。其实，满不满意可能难有标准，就看生活上你是怎么处理。你对家人的感情，对娱乐的生活，甚至对宗教的信仰，都善于安排、处理，可能就会对自己的生活感到满意。

总之，世间事难以十全十美，就看自己的心态。你善于转化心境，就能化苦为乐、化危为安、化难为易，所以真正说来，你自己的心情可以变化你的世界，满不满意，就在自己的一念之间！

伍·道德的宣战

向自己宣战

世间最大的敌人，不是别人，而是自己。敌人躲藏在我们的心里，在我们的思想中，我们掩护自己的敌人，不容易发觉；自己的思想上、心灵里，恶的不除，要想解脱自在，非常困难。

敌人的主帅，就是我执，贪、嗔、痴、慢、疑五大集团，心是司令。向自我挑战，没有厚实的本钱，要达到胜利的目标，并不容易；就算一个有为的修行人，要与八万四千的烦恼魔军作战，想要凯旋，谈何容易。一般人把八万四千的魔军完全隐藏在心里，成为隐形的军队；要向他们宣战，先要认识这些魔军的本来面目，了解后才好把他们歼灭。这些魔军的面目是什么呢?

一、自私。自私就是我执，凡事只想自己，不想别人，我的财富，我的家人，我的想法，我的所有，这许多的碉堡，牢固不移，所以要用“天下为公”的思想来打破自私的观念并不容易。但是一个人有没有人格道德，就看他被囚在自私的罗网里，如果还能念念有人、有你、有他，心中有道德、善良、因果，则他的自私就已经有所松动，只要再加把劲，克服私心、私念、私情，就不为难了。

二、欲望。人生对“财、色、名、食、睡”的五欲，也是“望欲兴叹”，无可奈何，所以人都做了欲望的奴隶。金钱，人之所欲也，谁又不做金钱的奴隶呢？名位，人之所欲也，谁又不做名位的奴隶呢？爱情，人之所欲也，谁又不做爱情的奴隶呢？衣食，人之所欲也，谁又不做衣食的奴隶呢？欲望本来也不一定完全不好，除了染污的欲望应该排除之外，善法的欲望也可以让它增长，例如孝养父母，报效国家，慈济社会，增益全民，只是具有这种善法欲的人，为数不多。

三、嫉恨。人心里的恶念多如牛毛，但是举其大者，嫉恨是最坏的恶念。妒人所有，妒人胜己，所有好者、善者，他一概不喜，总要去之而后快，这是人性最可耻的劣根性。恨心也是最大的过失，好事他想成坏事，嫉恨的火能烧毁一切善事。吴三桂将军一怒为红颜，不是妒心毁灭了大明江山吗？嫉恨是毒蛇，当人遇到嫉恨，很难逃过一劫。

四、懒惰。人应该向自我宣战的敌人很多，无明、愚痴、懈怠、无耻、无愧，尤其懒惰最为可怕。阿那律只是在法会上打了一个瞌睡，佛陀就呵斥他“咄咄汝好睡，螺蛳蚌蛤类，一睡一千年，不闻佛名字”。可见懒惰之罪重矣。

《百喻经》里有一个故事说：太太为懒惰的先生做了一个圆圈饼，挂在他的颈上，自己回娘家探亲。一去数天后回家，丈夫已经饿死了，因为他只吃前面的饼，懒得把后面的转过来送到嘴里。一个家庭里，家人都懒惰，家里贫穷；社会上的人都懒惰，社会落伍；国家都养一群懒惰的人，则国不成国，市不成市。

我们只晓得消灭敌人，不晓得自己才是自己最大的敌人；向自我宣战，把自己的敌人统统消灭，还给我们一个清净健全的人生，那才是值得欢呼的最大胜利。

诚实的重要

做人要诚实，诚实代表一个人的人格、信用。所谓“人无信不立”，人不诚实，不能成功。中国的“狼来了”，放羊的孩子以谎称“狼来了”戏弄农夫，虽然他只是以此为娱乐，但因为说谎骗了人，因此当真的狼来了，说谎的孩子和羊群都成了狼的果腹之物。另外，周幽王为了博取宠妃褒姒的一笑，不惜以“烽火戏诸侯”，却因此失信于诸侯，最后招致亡国之恨。

诚实是做人处事的根本，美国总统华盛顿，小时候砍了樱桃树，当大人责问时，他毫不诿过，直下承认，后来当了总统，“华盛顿砍樱桃树”的故事至今依然成为美谈。美国人很重视诚信，在入籍美国时都要宣誓，甚至旅客进入美国海关，只要如实填写入关卡，他们都会相信你；但是万一你有谎报不实的事情发生，一旦有了不良记录，下次再要进入美国就很麻烦了。

其实任何国家地区，都欢迎诚实的人进入；相对的，都会讨厌不诚实的人。所以做人诚实，人生的路才能行得通。兹将诚实的重要，略述如下：

一、诚实能赢得尊重。一个人说话，有时虽然对己不利，但因为他的诚实，反而赢得别人的尊重。现在社会上有一些人死不认错，甚至在很多证据面前“千夫所指”也不肯认错。认错其实是美德，诚实的人就算是失败了，由于他的诚实，立下好的信誉，最后还是会有再起的机会，因为这个社会毕竟还是喜欢诚实的人。

二、诚实能感到安心。说谎的人，就算是得到一时的利益，良心却会不安；诚实的人，就算是吃了亏，却感到心安理得。有人说：“人之将死，其言也善”，因为一个将死的人，犯不着说谎骗人，所以我们抱着必死之心，也要说诚实的语言，免得受到良心的谴责，感到不安。有时在大众之前，尤其在利害关系之下，会有诸多为难的地方，但是做人宁可诚实而死，也不可说谎而生。你能有此决心，就会得到安心。

三、诚实能获取信任。佛教的五戒，其中第四条戒就是“不妄语”。有一个信徒想要求受五戒，但又怕自己不能守戒“不说谎”，因为他家开布店，经常有顾客上门买布时会问：“多少钱一尺？”“三块钱一尺。”“褪不褪色？”这时他只有说谎“不褪色”，才会有人要买。我告诉他，你可以不必说谎，当他问褪不褪色时，你可以说：三块钱一尺的会褪色，另有八块钱一尺的不褪色。多年以后，他从小布店盖了大楼，生意愈做愈大，这不就是诚实取得别人信任的利益吗？

四、诚实能结交朋友。朋友交往，最为伤害友谊的，莫过于说谎不诚实。说谎的朋友，一旦被对方拆穿后，必定翻脸成仇，不如用诚实的态度，说诚实的语言，诚实必定是友谊永固的重要因素之一。

佛教讲“三祇修福慧，百劫修相好”，释迦牟尼佛的“三十二相”，其中有一“出广长舌相”，就是舌头伸出来能覆盖着鼻子，这是由于三十世不说谎所修得的相好。另外有一位香口沙弥，不但不说谎、不骂人，而且说好话、说善言，最后他说话时，口中完全没有秽浊之气，只有满口芬芳，所以人家称他为“香口沙弥”。由此可见，诚实有诚实的好因好果，说谎也会有说谎的恶因恶果。

拯救

世间有很多的人、很多的事，有时候需要靠人拯救一把。例如，上京赶考的士子，没有路费，助他一臂之力，给他一些方便；刚从监狱出来的更生人，一时找不到职业，给他一次机会，拉他一把。有人发生山难，情况危急，亟待救援；有人罹病在床，急需就医，苦无贵人。宗亲族人，断炊断粮，济助他一下，像韩信的“一饭千金”，就是为了感恩漂母拯救之恩。

说到“拯救”，我们对于世间的苦难，应该如何伸出援手救助呢？

一、用金钱救穷。穷人为什么穷，原因很多，但是不必问原因，穷总应该救助。只是用金钱救穷，不是彻底的办法，所以现在西方人流行一句话：“不要给他鱼，要给他钓竿。”意即让他工作，让他自己以劳力换取所得，不要只靠伸手。不过，救穷虽然不是彻底之道，但当我们看到有人断炊断粮，看到一些儿童面黄肌瘦，三餐不继，你能不发一点慈悲心给予救助吗？所以，用金钱救穷虽不是彻底的办法，但一时的救助也不能免。

二、用时间救急。有的人出了车祸，急需开刀，你说我明天再去救他；有的人被房屋压到，你说我现在没有时间，等一下再去救他。这就如同房子失火了，你要等到事情忙完以后再去救火，实在说不过去。救急如救火，等不得一刻，分秒都要争取；一个孩子在水中漂浮，救溺间不容发，所以凡是救急，都刻不容缓。

三、用发心救灾。世间常有风灾、水灾、震灾等大自然的灾害，动辄百千万人受苦，家园摧毁，财产受损。甚至还有战争、瘟疫等天灾人祸，都不是少部分人力所能抗拒的，必须要广大群众发心救援。几年前，东南亚的地震引发海啸，波及数国，当时就有许多国家的善男信女发心救灾，很快就帮助他们恢复安定的生活。观世音菩萨是有名的救苦救难者，因为他的慈悲发心，所以让人赞叹、信仰。

四、用诚意救命。人间最宝贵的就是生命。一个落水的人，必定先喊救命．等到上岸了，才会问“我的钱包呢”。世间如苦海，我们可以说都是在苦海里苟延残喘的众生，遇到重大的灾难，连活命的机会都没有，如白色恐怖、政治冤狱、水火无情、重病不起、情丝束缚、债务压迫等。遇到有人发生灾难，都应该诚心诚意地救助，个人或者力有未逮，可以合力救助，所谓“救人一命，胜造七级浮屠”，其功自不待言。

五、用佛法救苦。人生是苦，这是一个事实。当然，有的人也不完全感到人生是苦，也有快乐，但快乐能多久呢？在佛法里有苦苦、坏苦、行苦，快乐一旦过去，也会坏苦。讲到苦，人生除了身体上有生老病死的苦，心中有贪欲、邪见、嗔恨、嫉妒等许多苦，还有自然界的苦、人我是非的苦……可以说世间到处无有不苦，有时乐也会“乐极生悲”。

当然，人生最该拯救的是我们的心。

应该忘记的事

人生有应该忘记的事，也有不该忘记的事。对他人的承诺，不可忘记；跟他人的借贷，不可忘记；受他人的恩惠，不可忘记；听他人的忠言劝告，不可忘记。

但是，在日常生活的待人处事中，也有一些应该忘记的事，列举如下：

一、委屈、不平、仇恨要忘记。受到委屈，只要能忍受得了，就不要耿耿于怀，应该忘记，表示你有忍的力量。假如遇到不平的事，应该想办法说明、解决，如果不能解决，也不必斤斤计较，甚至记恨于心。

《八大人觉经》说，对朋友要“不念旧恶”，朋友若有对不起你的地方，你是刻骨铭心地怀恨在心呢，还是很快地释怀忘记呢？其实人世间难免有一些不愉快的事，不愉快的语言，不愉快的是非，都应该忘记。心中要存有善念，存着好事，千万不要被许多肮脏、垃圾污染了自己的心。

二、施恩于人，应该要忘记。我们曾经对人有过一些帮助，或是曾经给过人家一些什么，已经时过境迁，如何能念念不忘，一直记挂于怀？既然施恩于人，已经给人就不是自己的了，岂能念兹在兹？

因此，或许你曾经替人介绍过职业，对他人有所提拔，曾经在哪里助人一臂之力，曾经施舍一些什么给人，能够忘记，就叫“无相布施”，这才是真正施恩于人。

三、别人的语言触犯了我，或伤害了我，要赶快忘记。我们与人相处，在同事朋友之中，对于他人所讲的话，不可随便误会，认为别人是在讲我，也不可以怀疑朋友存心跟我捣蛋。如果你对人有所怀疑、误会，错怪了别人，就等于法官误判一样有罪。

纵使别人的语言得罪了我，甚至批评我、毁谤我、伤害我，自己应该反躬自省：我有如他所说的一样吗？所谓“有则改之，无则加勉”。甚至他人的语言故意冒犯我、故意欺负我，也要把他当成是替我消灾。如《金刚经》说：若有人受持读诵金刚经，为人所轻贱，是人先世罪业，应堕恶道，以今世人轻贱故，先世罪业则为消灭，当得阿耨多罗三藐三菩提。

四、不当的妄想、杂念、企图，要彻底忘记。人经常活在自己的妄想杂念里，或者怀有不当的企图心，因此对别人有所伤害，有所侵犯，自我却毫不知反省，造成无边的罪业。曾子说“吾日三省吾身”，我们每天都应该做一番自我省思与净化的工夫，要把一些不当的妄想、杂念，不好的企图心去除。

以上该忘记的事要彻底忘记，就如同把锅碗里的肮脏洗净，把肠胃里的污秽洗净，把背负的无谓重担放下，把一切不愉快的想法抛到九霄云外。能够如此，则生活单纯，心情愉快，这样的日子岂不美好？

杀生六事

世上最残忍的事，莫如杀生；杀生断命，最是缺德。明朝的燕王朱棣，为了自己想当皇帝，命方孝孺拟旨昭告天下；方孝孺眼看建文帝已经即位，因此不肯奉命拟召，燕王于是下令，诛杀方孝孺十族八百余口。

历史上，此等残忍屠杀之事，几乎每朝每代每帝都有，不禁令人掩卷叹息。所谓“欲知世上刀兵劫，但听屠门夜半声”，由于人类杀业太重，难怪世间灾难频传，战火不息。

台湾的屏东，每年候鸟过境，山民张网捕鸟；高雄每遇鱼季，渔民大肆捞鱼。世界上有万千的屏东山民，也有万千的海港渔民，每日杀生不断，生命真是那么低贱，那么没有价值吗？

世间最惨绝人寰的事就是杀生，所以我们不禁要高呼：“劝君莫打三春鸟，子在巢中望母归。”兹说杀生六事如下：

一、不断己命。不断己命就是指不可自杀。世间最为宝贵的东西就是生命，所谓“宁在世上挨，不在土里埋”，人为什么要自杀呢？因为受气、受冤、受苦、受穷，不能忍耐，只有自杀一死了之！但是，自杀能了之吗？先不说自杀留给家人亲友多少的难堪，就是自己，因为自杀的罪业，也要受苦受报。因此，奉劝想要自杀的人们，当你要走此绝路的时候，请再多想一想，难道没有别的道路可走了吗？

二、不杀他命。古代的帝王，为了一己的权力，总要丧生多少人命。所谓

“可怜永定河边骨，犹是春闺梦里人”，一场战争，死伤多少士兵，造成无辜的黎民百姓，家破人亡，流离失所。战争之残忍，真是令人不忍卒闻。

三、不随喜杀。有人自我解嘲，说自己不杀生，只是“见作随喜”。“随喜”也是“意业”的杀生。小儿女用弹弓打下一只飞鸟，父母在旁鼓掌叫好；媳妇杀鸡杀鸭，婆婆赞为贤惠，这不都是随喜吗？动物中，许多肉食动物都很凶猛残忍，人类也是！人类好吃肉食，赞美肉食好吃，这不就是见作随喜吗？

四、不设计杀。设计陷害，预谋杀人，都是非常狠心毒辣。人类为了屠杀生灵，想出种种杀生的办法。我们看市面上的猎具店，杀生的工具之多，只要成交一笔买卖，多少生命都将因此丧生在猎具之下，一夕成为梦幻泡影，于心何忍。

五、不贪图杀。谋财害命就是贪图杀生；好啖美味，就是贪图杀生。人类为了贪欲，贪名、贪财、贪权、贪色，甚至贪图美食，不惜牺牲其他生命，满足一己之贪。常见报载，为了贪图钱财，绑票、抢劫，甚至撕票断命，何其残忍！有人提倡废除死刑，死刑应该废止，但是你杀生害命，因果又怎么偿还呢？

六、不怀恨杀。有的人因故“怒从心上起，恶向胆边生”，一怒之下，什么义理人情都不顾，甚至伦理道德也不管，为了发泄心中的怨恨，一刀砍去，就算怨恨能消，但是法网罪业难逃。所以，人要有慈悲，要有理智，才能免造罪业，免受果报。

盗戒六事

世间，凡是有主的财物，不管有形的、无形的，都不能私自取用，否则就是偷盗的行为。

偷盗就是不予而取的意思。世间的财物，有的是公众的，有的是私人的。

公众的财物，例如太阳、空气、海水、公园、马路等，这是大家共有的，你可以随众共享不会犯法；反之，有主的、私人的东西，没有对方说明给予，就不能取用。

在佛教的戒律里，最容易违犯的就是偷盗戒。日常生活里，哪怕是顺手摘下别人花园里的一朵花，撷取果园里的一粒水果，都是犯戒。甚至一杯茶，对方没有说可以喝，都不能动用。尤其在政府机关里，公家的汽车固然不能私自动用，即使是一个信封、一张信纸、一支圆珠笔，既是公家的，就要用于公众事务上，否则即是犯戒。

当然，犯戒也有轻重之分，所谓轻戒、重戒，也要看你偷取的东西价值而定。如犯轻戒，可以忏悔、认错，或者赔偿了事；如果是重戒，就不是轻易忏悔就能灭罪的了。

兹将日常生活中常犯的偷盗戒，列举如下：

一、贪污是盗戒。凡是公家的、国有的、他人的财物，我利用权力、机会，私自非法获得，不论多少，都名之为贪污。不贪污，就是持守不盗戒。一个清廉不贪污的官员，才能受人尊重；反之，沾上贪污之名，一生名誉扫地，人格也会被玷污。

二、分赃是盗戒。赃，就是以不法手段取得的不光明、不清净的财物。钱财，有的是净财，有的是不义之财；得之不义，就不是善财、净财。假如有人非法获得，因为怕你泄密告知他人，因此分你一份，你分取赃物，也是犯了偷盗戒。

三、侵占是盗戒。本来是你的财物，我据为己有，例如占用你的土地，侵用你的物品，冒用你的名誉、关系而获得利益等，都是犯了盗戒的行为。物各有主，尤其现在倡导知识产权，如果你侵犯他人的著作版权，就是侵占他人的利益，一样是犯了盗戒。

四、抢劫是盗戒。趁火打劫，固然是严重的盗戒；山间的盗匪，海上的流寇，不管预谋强盗，或是临时起意用强迫的手段取得财物，都是犯了盗戒的非法行为。

五、仿冒是盗戒。现在社会上各种商品都讲究商标，这是属于知识产权，不可以仿冒。政府对于民间人士发明的一些用品、工具，也授予所有人专利权，他人不能仿冒。如果仿冒商标、发明，甚至抄袭别人的著作，也都是犯了偷盗戒。

六、吞没是盗戒。他人存放的物品、寄放的金钱，时间久了，没有归还，即是犯了盗行。如果他人托我转交财物，我从中扣取一点，或是悉数吞没，都是犯了盗戒。即使捡到东西，也要公告招领，如果私自留下，也和吞没一样，犯了盗戒。

持守盗戒，就是不要侵犯别人的财物。我们对于别人的生命，固然不容侵犯，别人的财物，当然也不能侵犯，否则犯了盗戒，不但法律不容，因果也是丝毫不爽。

邪淫六事

佛教是个十分重视纲常伦理的宗教，在家信徒过着正常的男女婚姻生活是被允许的，甚至即使离婚、再婚，也被视为正当的行为。但是如果夫妻以外的“邪淫”，就是犯戒了。

所谓“邪淫”，是指合法夫妻以外，男女之间不当的行为，是为国家法律及社会道德所不认同的非法行为，佛教即称为“邪淫”。

男女之间有哪些行为是属于邪淫呢?

一、暴力奸淫是邪淫。两性之间，最严重的犯行应属暴力奸淫了。没有获得对方同意，强迫行暴，或用不正当的手段、药物令对方迷昏，或是乘危强力遂其淫行。总之，侵犯别人的身体、贞操、名誉，都是犯了邪淫的重罪。

二、妨碍风化是邪淫。从事色情交易，例如娼妓、色情表演等，凡是涉及破坏社会善良风俗者，都属妨碍风化的行为。此外，一些心理变态的人，在公众场合做出猥亵行为，或是当众暴露，也是有碍风化。总之，私自开设妓院，或是明目张胆地性骚扰，尤其是对年幼的童男童女强行猥亵，都是妨碍风化，也是邪淫的行为。

三、非婚男女是邪淫。成年男女经过公开的结婚仪式，并经合法登记，这是社会所认可的正常夫妻关系。除此之外，凡是有夫之妇、有妇之夫，与他人发生婚外情，即使双方你情我愿，也算邪淫。世间多少的纠纷、烦恼、痛苦，甚至名声扫地，都是因为发生婚外情的不正行为所造成，因为是不正的非法行为，所以称为邪淫。

四、非时非地是邪淫。即使经过合法结婚的夫妻之正常关系，所谓“行房”“房事”，也是应在卧房之内行之才正常；如果不是在适合的时间，不是在正当的地方所做的苟合行为，也称为邪淫。现在的男女，经常相约在校园、公园、电影院、咖啡厅，或是暴露的风景区，如海边、沙滩等，都是非时非地的行为。

五、同性恋情是邪淫。同性恋的问题，近年来才渐渐引起社会重视，其实自有人类以来，凡是男女分别聚集的地方，就有同性恋情，尤其现在的军营、女校，都有同性恋的问题。虽然现在有些进步国家，已经认可同性恋为合法行为，只能说世间诸事，难论是非。不过即使如此，同性恋也要举行婚礼，才能为法律所认同，否则也是不当的行为。

六、花言巧语是邪淫。佛教制定邪淫戒，主要是教我们要懂得尊重别人，即使两情相悦，也要经过正当交往，取得合法的保障。不能用花言巧语欺骗对方，或用金钱、势力予以威胁、利诱，令对方无法反抗。甚至有人合谋设计“仙人跳”诈财，乃至拐骗少女从事色情行业等，都应视为是邪淫的行为。凡是邪淫之行，都为国家法律所不容，所有的伦理道德、宗教戒规，都视为是不该有的行为。

佛教非常重视社会风气的净化、家庭伦理的维护，尤其现在社会开放，男女之间每日都要相互往来，假如不确定名分，不能正常规范，大家任意发展，所谓“人欲横流”，则家不成家，国不成国，危害大矣。再说，邪淫固是自己不当的行为，也让亲族、儿女脸上没有光彩，所以为了家庭和谐，为了社会健全，不能不注重邪淫戒的持守。

语言六事

语言是人与人之间互动、沟通最重要的表达方法。儿童出生之后，父母最关心的，就是学习说话。语言的重要，所谓“一言以兴邦，一言以丧邦”。看起来嘴边的两块皮，可能引动两人之间一世的感情，也能影响族群、国家之间的互动、往来，甚至事业成否、选举胜败、公关得失，都是要靠语言。

佛教非常重视语言，所谓“佛以一音演说法，众生随类各得解”，佛法的弘传，要靠语言传播。但是有一些不正当的语言，被称为“妄语”，也是非常可怕的说话，所以列为“五戒”之一。

兹将不当的语言，略述如下：

一、说谎欺骗。语言首重诚实，不诚实的语言，就是说谎，就是欺骗。语言固然可以成就世间的好事，但是骗财骗色也都是靠语言。甚至“是言不是，不是言是；见言不见，不见言见”，这都是说谎、欺骗的行为，会制造人际的纠纷、仇恨，不能不慎。

二、恶口骂人。语言当中，比较严重的就是恶口骂人。恶口骂人不但让对方难堪，甚至语带讽刺，言带讥诮，让人听了如同针刺。每个人都重视自己的尊严，就算长官骂部下、父母骂儿女，也是伤害别人尊严最不好的行为。有时朋友之间一言不合，破口大骂，甚至大打出手。恶口骂人，伤人尊严，都会有严重的后果。

三、搬弄是非。人类最丑陋的语言就是搬弄是非。本来天下无事，可是经过他的语言挑拨，说是论非，搞得别人感情破裂，好事破坏。现代中国移民风气很盛，我在欧美各国旅行，常问一些移民人士为何要移民？多数人都回答：在中国是非很多，到了这里，各自行事，彼此尊重，不会谈论是非，无比自在！不说是非，不但社会和谐，也能建立国家美好的形象。

四、言语暧昧。在佛教的妄语中，有一种“绮语”，也是不正当的语言。所谓绮语，就是语言暧昧，充满挑逗。例如，尽说些风花雪月、男女私情、八卦新闻，乃至他人的私事秘闻，信口说来，不负责任，都是不当的语言。

五、闲话批评。在语言的毛病中，一般人最容易犯的就是任意说些闲话，无端批评别人。每个人说到自己，好像并不太能认识自己，但是一说到别人，个个都像是专家，此人不当，那人不是，任意评断，胡言乱语。因为说话批评并不犯罪，尤其现在的电视台，每日有谈话性节目，论人是非短长，被批评的人即使吃了闷亏，为了息事宁人，也不给予响应，以致助长了闲话批评的不良风气，对社会的发展，实有不良影响。

六、善意妄语。在佛教里，有“方便妄语”的说法，也就是善意的谎言。凡是对人无害，甚至对人有帮助的谎话，不会造成不良后果，就定名为善意的妄语。在人事相处上，有时为了避免不必要的困扰，或是不愿造成别人的不便，偶尔难免需要打个小妄语。但是使用方便妄语的时候，也要明白是非，要能成为有机智的语言，才是真正的善意。

喝酒六事

在佛教的“五戒”中，杀、盗、淫、妄、酒，有人认为，喝酒是小事，怎么与杀、盗、淫、妄同列为根本大戒呢?

有一则小故事说：一位先生在家无聊，想要喝酒。没有下酒菜，看到邻居的一只老母鸡，咯！咯！咯！从门前经过。临时起意，盗来宰杀，因此一下子就犯了杀、盗二戒。当自己酒足饭饱之后，邻居妇人回来，问他：你有看到我家的鸡吗？他回答：没有！一时见妇人颇有几分姿色，就借酒装疯强行猥亵，于是杀、盗、淫、妄、酒，五戒皆犯。

酒是刺激性的饮料，所以现在五戒中，“不饮酒”戒也可以说为“不吸毒”。毒品在世界泛滥，没有一个国家不谈毒色变，所以不贩毒、不吸毒，成为社会重要的法律与风气。酒能坏事，即使是去酒吧，也应戒以下六事：

一、不喝酒。喝酒是社交的雅事，请客无酒不够隆重，为什么不能喝酒呢？酒能误事！酒能亡国！夏桀、商纣，不都是因为酒色亡国的吗？历史的殷鉴，还不够警惕吗？即使今日社会，宴会酒罢，出门开车，警察也会对你做酒测；就算车行没有发生意外，也要对你罚款，甚至拘留，因为酒后驾车就是违法。

二、不劝酒。酒宴之中，三朋五友，为了表示热情，相互劝酒，你一杯来我一杯，甚至还要相约“不醉不归”。都市里，每天有五分之一的人口在喝酒；五分之一的人都成为泥巴稀烂的醉人，如此还成家庭，还成社会吗？

三、不醉酒。醉酒的后果，大家都见过。醉酒的人不认得回家的路、认不清对方是什么人，胡言乱语，甚至酒后骂人、打人、毁坏器具、扰乱家人安宁等，这些都是醉酒的不良后果。

四、不酗酒。有的人酒品不好，经常嗜酒无度，醉酒闹事。尤其有时心情不好，借酒浇愁，借酒装疯，酒后肆无忌惮地胡作非为，等到酒醒才悔不当初，所以在喝酒误事当中，最严重的就是酗酒。

五、不卖酒。卖酒，古今都视为合法的行业，甚至国家还设立部门，专门贩卖烟酒。卖酒营生，所谓“特种行业”，比较容易赚取金钱，所以很多人喜欢以此为业。但是卖酒的人可曾想过，酒对社会的功过？酒对社会风气的影响？就算酒能合法买卖，也应该设有相关的辅导措施才好。

六、不储酒。古代的家庭，都在后院埋有酒缸、酒坛，储酒以备请客、自饮。现在家庭的客厅里，也有酒橱，专门陈列一些名牌酒品，以示风雅。因为家中经常储酒，只要有客人前来，或是朋友驾到，都会以酒待客。喝酒不但需要许多时间，而且三杯黄汤下肚，酒后吐真言，不慎泄露机密，后果就不堪设想了。

所谓“色不迷人人自迷，酒不醉人人自醉”，酒色经常是互相牵引，互相为患。“酒是穿肠毒药，色字头上一把刀”，酒色之害，能不戒慎乎！

六要六不要

人活在世上，有两个重大的问题：一个是“要”，一个是“不要”。要家庭，要财富，要爱情，要眷属，要名声，要权力，要的东西可多了。“不要”的也很多，不要伤害，不要侮辱，不要委屈，不要难堪，不要受累，不要贫穷，不要孤苦。可是这个世界你所要的，不一定如意，你所不要的，也不一定能避免，要与不要，由不得自己的选择。但是凡事毕竟是有因缘的，要不要还是可以自己做主，兹提供“要不要”如下：

一、要欢喜不要苦恼。人生在世，生活要欢喜，不要苦恼，这是人们一致的希望。这种主权完全操控在自己手中，我可以制造欢喜，我可以规避苦恼，因为苦乐都是唯心所造。我们的心犹如工厂，可以制造欢喜、安乐；假如环境逼迫我不能制造欢喜，我也能改变心境，不随境转，使人生不必为环境左右，不必受他人影响。甚至别人给我的苦恼、伤害，我也可以拒绝接受；只要自己无心于万物，又何必在乎万物假围绕呢？

二、要简单不要复杂。人生的苦恼，来自于复杂，假如我们生活单纯，不要复杂化，比如金钱够吃、够用就好，不要聚集，聚集多了，就会为金钱所累。对于爱情，我们可以施与应有的关怀，但不要自私地强要占有。意思是说，金钱、爱情、人事，不要复杂，简单就好。

三、要诚信不要虚伪。诚信是立身处世的根本，人是群体的动物，不能不和人相处、往来。你与人往来相处，就要讲究诚信，让人感觉你不诚实，没有信用，你再伟大崇高，他也看不起你。不要有虚假的语言、虚假的行为；虚假的哄骗可以欺人一时，但不能骗人永久，被人揭穿了虚伪的面目，后果就不堪设想了。所以，人生还是老老实实，脚踏实地，诚信做人，不要虚伪为好；若以虚伪处世为能事，最终还是难以得到好的结果。

四、要善良不要奸诈。“人之初，性本善”，人必须要保持自己最初善良的本性，宁可吃亏也不要奸诈。自古都用“奸诈”来形容小人，就算是贵为王公大臣，如王莽、曹操、秦桧、严嵩，到现在仍然骂名千古；尧、舜、禹、汤给人崇拜，就是因为他们是善良的君子，所以能流芳万世。

五、要和平不要战争。世间最宝贵的东西就是和平，最残忍的行为就是战争。世界上，如果人与人之间都能和平相处，国与国之间也能和平对待，不要战争，不必非要你死我活，大众能够互信、互助、包容、尊重，人人都做“共生的地球人”，就不会有纷争。所以，大众在慈悲善良上可以增加，在权力欲望上要减少，因为人间和为贵，战必凶。

六、要正见不要邪思。人生最重要的事，就是先要建立自己的“正见”。一个人对事理、是非都有正见，对人我好坏、因缘果报，都有正见；有了正见，后面的所行、所说、所为，才会合乎众人的需要。人间最好的就是“正”字招牌，所有宗教都有各自的主张，但谁最正派至为重要。因为吾人与生俱来的烦恼、疑惑、迷思、邪见，在心中蛊惑，不断地唆使吾人非法犯罪；如何让魔鬼的邪思，成为佛之知见，这就有待吾人用正见去分别了。

以上“六要”“六不要”，实乃吾人立身处世之圭臬，行之，必得大利。

五不能

世间的事情，有能做的，有不能做的，有能为的，有不能为的。举手之劳，给人一点助缘，不肯去做，是不为也，非不能为也！给人一句好话，一个微笑，吝于布施，是能者，非不能也。世间事，能为的不为，不能为的为之；能做的不做，不能做的偏要去做，都是不智之举。兹有“五不能”奉告大家：

一、揭弊而不能揭短。社会上有很多弊案，政治上的弊案，公司里的弊案，甚至学校、家庭里都有弊案。任由弊案存在，不闻不问，这是没有善尽职守；有了弊端，应该揭穿它，把它提出来检讨、改进。但是揭弊可以，却不能揭人之短。揭人之短，伤人的前途，坏人的名誉。假如我们只揭其弊，使其有机会改进，但不涉及人事，此诚两全其美之举也。

二、整装而不能整人。人要保持服装仪容的端庄整洁，这是一种社交礼仪。每天出门前，对镜整装，看看自己的衣着是否端正平整，甚至有时也可以帮他人整装。帮人把帽子戴正，把衣服拉平，帮他增加一条领带、围巾等。为人整装可以，但不能整人，有的人好开玩笑，以整人为乐。甚至有些人修养不够，以磨人为乐，专爱整人。一件事，只要他肯帮个小忙，很快就能解决，但他偏要麻烦你，要你重新再写一份资料，要你重新再跑一次，完全不体恤别人的辛苦，任意要求而加重别人的困难，这就是整人。整人的人自以为得意，其实你整的人多了，有朝一日因果相报，你整人，人整你，后悔就来不及了。

三、轻松而不能轻浮。人的生活，不能一天二十四小时都绷紧神经，要求生活里的每个举动都合乎“行如风，坐如钟，立如松，卧如弓”，这也太严肃了，别人跟你同居共住，也很为难。生活中偶尔也要有轻松的一面，要能跟大家随缘，例如初见时表示热烈欢迎，相谈时眉飞色舞，妙语如珠，开个小玩笑，都无伤大雅。但是生活可以轻松，行为却不能轻浮。轻浮不同于轻松，轻浮是拿别人来取笑，轻浮是出言不当，尤其男女之间，轻浮的举动是对人的不尊重。轻浮是表示放荡，轻松是表示自然，所以我们的言谈举止可以有轻松的自然，但不能有放荡的轻浮。

四、自信而不能自满。做事情要有自信，有信心才有力量。凡事预先安排妥当，做起事来有目标、有方法，一切按照自己的规划发展，当然信心十足。但是做事要有自信，做人不能自满，千万不能以为自己的计划就是独一无二，自己的办法都是无懈可击，因此轻视别人，藐视别人。在自信里，要懂得谦虚，因为自满容易傲慢，所谓“谦受益，满招损”。自高自大，自满自傲的人容易招致失败，是做人做事之大忌也。

五、随缘而不能随便。佛教有一句富含人生哲理的话，叫作“随缘”。你拜托他说什么话，他觉得能说，就说“我随缘”；你拜托他做什么事，他觉得能做的，也说“我随缘”。随缘布施，随缘参加，随缘奉献，随缘建功，但是千万不能“随便”。随随便便地议论事情好坏，或是前因后果都没有弄清楚，就随随便便任意执行。“随便”的后果必定是“不便”，你太随便，一旦引起反弹而招致不便，那就麻烦大了，所以做人要“随缘”，但是千万“随便”不得。

以上“五不能”若能确实做到，对自己的立身处世，必有大帮助也！

六不可

世间，凡事有正负两面，只要被认“可”的，就是正面可行的；“不可”的则是否定不可行的。仁义道德是正面的，是可行、可信的；正人君子也是肯定可交、可友的。但世间也有很多负面“不可”的事，例如不当的金钱不能要，不当的名位不能贪。此外，另举“六不可”，提供参考：

一、邪教不可信。人可以有宗教信仰，宗教信仰可以升华人格，净化人心。正当的宗教信仰于己有益，但是如果不幸信了邪教，不但无益甚至有害。所谓邪教者，其本身没有历史背景，没有正当教理，没有正派言行，只是用神权邪说来控制人心，用妖言妄语来蛊惑人意。一旦信了邪教，就会被邪思邪说所操纵，所以人生要有信仰，但不能乱信。信仰者，要信正而不信歪邪，要信佛而不怪力乱神，要信德而不胡作妄为。

二、邪人不可交。所谓邪人，就是言行不正、思想不正的人。邪人没有正见、正语、正行、正业，没有诚信、道德，一心只想破坏别人的好事，甚至拐骗欺诈，为非作歹，所以邪人不可交，否则“近朱者赤，近墨者黑”。

三、邪事不可做。损人利己，当然不可做，假公济私、图利自己也不可做，杀人越货、贪赃枉法当然更不可做。佛教的五戒杀盗邪淫等，所谓“不正业”都会有不好的因果，所以邪事不可做。

四、邪话不可说。佛教里的“十恶业”，邪话就占了四项：妄言、恶口、两舌、绮语。眼见今日的大众，不少人以说谎为能，以骗人为常，以搬弄是非为乐，所以国际佛光会特别提倡“三好运动”，希望人人做好事、说好话、存好心，让正语代替邪话。

五、邪书不可读。人要读书，才能变化气质。读书首先要选择好书，所谓好书，举凡圣贤之书、正派之书，具有知识性、思想性、道德性、实用性的书，都可以多多阅读；反之，邪书不可读，以免思想被误导。

六、邪理不可听。现在的社会，公理不彰，歪理泛滥，尤其“似是而非”的道理，到处流行。所谓“公说公有理，婆说婆有理”，许多宗教都认为自己的教义才是真理。其实真理者必定有普遍一致的认同，有必然不变的条件，有公平公正的内容。如果不合乎这些条件，就是似是而非，甚至是邪而不正的歪理，不能轻易听信。

曾子死时，家中穷得连遮蔽的布都没有，勉强找到一块布，却是盖得了头，盖不了脚，盖得了脚，就盖不了头。有人建议，把布斜着盖，但曾子之妻说：“不行，曾子一生正直，宁可正而不足，不可斜（邪）而有余。”所以，吾人在世间，信教、做人、行事、讲话、读书，宁可正而不足，不可邪而有余。

不能气

人有喜怒哀乐等情绪，有时候生气总是难免的，但是在某些情况之下，还是不能生气的。因为生气解决不了问题，生气有什么用呢？兹将不能生气的情况列举如下：

一、急病遇到缓慢郎中，不能气。俗语说“急惊风，遇到慢郎中”，这个时候你生气、着急只会坏事；你只有冷静地配合，或是用另外的方法补救。如果一味地生气，根本无济于事，因为他的习惯、他的能量、他的步调、他的行事风格就是这样，你既无法改变他，生气只有徒然伤身。

二、人民遇到警察刁难，不能气。警察代表国家执法，一切依法行事，但是民众有时觉得“法”外应该有还有“情”“理”，所以经常会有争执发生。其实警察取缔，记录违规，你生气，警察也是人，他会对你更加印象恶劣，如此只有坏事。所以，遇到警察为难，还是好言好语商量，甚至对他更有礼貌，用你的礼貌友好感动他，或许他能网开一面。

三、儿女遇到父母责备，不能气。“望子成龙，望女成凤”的父母往往“爱之深，责之切”。这时如果父母懂得教育，或许会用鼓励代替责备；不善于教育的父母，则直接用责备、要求的方式指导。但是对方是父母，在父母面前，儿女应该用恭敬、尊敬的态度，肯定父母的指示，所以要接受，不能生气。在父母的盛气指责之下，都能心平气和地认错、接受，虽不是一个孝子，但也算是一个好孩子了。

四、君子遇到小人糟蹋，不能气。常见一个彬彬有礼的君子，在小人面前受屈受辱，旁人因此感到不平。其实你不平，对小人并没有损失，反而贬低自己的身份。例如有一个教授，带着儿子上街买水果。教授在挑选水果时，小贩粗鲁地喝问：“你一直挑来挑去，到底买或不买？”教授连声说：“要买，要买。”一旁的儿子看了很不高兴，认为身为教授的父亲，受到小贩如此无理的对待，却一点反击能力也没有。教授心平气和地对儿子说：“正因为爸爸是教授，所以不能跟小贩一般见识。”

五、男人遇到女人泼辣，不能气。社会上，女人遭受粗野男人糟蹋的情形很多，但是男人被泼辣女人伤害的例子也不少。尤其在大街小巷，如果男人遇到一个泼辣的女人，只要她大声一叫，或是抓着你不放，你就完全没有办法了。但是即使如此也不要生气，清者自清，浊者自浊，只要自己平时言行规矩、正派，偶尔受到一些冤枉委屈，所谓“日久见人心”，最后社会还是会还给你一个公道。所以，男人遇到女人泼辣，不能气，气了更加坏事。

六、僧侣遇到邪见外道，不能气。僧侣是善良的象征，是和平的使者，但是有时也会遇到地痞流氓的无理取闹，或是邪见外道的刁难，这时千万不能生气，因为生气不能解决问题，反而慈悲可以化导顽愚，正派能降伏恶行。

人总是有情绪的，生气是难免的，但是生气要能解决问题；如果不能解决问题，还是不生气为好。

不可说

佛曰：“不可说！”不可说的，就是不能说，因为说了没有用，说了不会懂，说了会有误会，当然就不可说了。世间的好话、好事当然都可以说；但是世间也有一些话不可说，试举如下：

一、他人的是非不可说。“是非只因多开口，烦恼皆因强出头”，他人的是非不干己事，也不属于公众领域的“公是公非”，对大众没有什么利害关系，纯粹是个人的私密，这种是非最好不要说，说了只会招惹麻烦，所以不说是非，不传是非，不怕是非，自然就不会有是非。

二、他人的隐私不可说。每一个人都有隐私，也都不愿意让别人传说，因此“将心比心”，别人的隐私不可说。再说揭发别人的隐私，对人有害，于己无益，何必呢？甚至现在的法律，都赋予每个人隐私权，如果侵犯别人的隐私，不但结怨，甚至还会吃上官司，岂能不慎。

三、他人的过失不可说。中国人向来有“隐恶扬善”的美德，所以如果事情非关公众利害，不伤大众利益，纯粹是个人性格上的缺失，或是事务上的不周，都不应该“扬人之短”。

四、他人的暗疾不可说。别人天生的缺点，例如讲话口吃、走路跛脚、唱歌五音不全等，或是罹患躁郁、忧郁、精神官能症等暗疾，都不能说，说了往往招人嫉恨，结下冤仇。

五、他人的家世不可说。中国人向来忌讳“家丑外扬”，因此关于别人不光彩的家世背景，例如他是私生子，他的爸爸、妈妈离过婚，他的祖父曾经犯罪坐过牢等。别人视为家丑的事不可说，说了就会招惹人怨，甚至结仇。

六、他人的计划不可说。一般商业机密，诸如新开发了一种软件程序、新发明了一项产品，乃至计划中的一个开发案等，不可利用职务之便，泄露机密。即使是一般新闻记者，也不可以为了抢头条，而不顾职业道德，这是做人的基本操守。

七、机关的人事调派不可说。常闻有人在人事调派后，还没有正式发表，自己就沉不住气先泄露消息，于是遭到反对者阻挠而作罢，这就是“曝光死”。所以人事调派不可说，说了只会坏事，不能成事。

八、国家的机密不可说。机密就是重要而秘密的事，个人有个人的机密，团体有团体的机密，国家也有国家的机密；个人、团体的机密都要懂得保守，国家的机密更要保守。如过去讲“保密防谍，人人有责”，所以关于国家的国防机密，乃至经济、交通建设等机密，都不可说。

俗语说“好话不怕千回讲”，但是无意义的话，甚至坏人名声、坏人好事的话，千万不可说，以免招惹是非。

不能讲

讲话就像泼水，泼出去的水无法再收回，讲过的话也一样收不回来，所以一句话要出口以前，不能不慎思。讲话是一门艺术，即使讲好话，也要顾虑不可以“洗脸碍了鼻子”，你讲这个人好，得罪了那个人，话就讲得不够高明了。讲不好的话，让双方听了都不高兴，当然就更不能讲了。

不好的话不能讲，有些什么话是不能讲的呢?

一、丧志的话不能讲。有的人经常喜欢讲丧志、泄气的话，其实人生应该接受别人的鼓励，即使没有人为我打气，也要自我鼓励。自己不鼓励自己的志向，反而讲些丧气的话，当然就自甘堕落了。

二、负气的话不能讲。人在生气时，往往不自觉地讲出负气的话来，有时是伤害别人，有时也伤害了自己。人在受气的时候，最好是保持冷静，不要随便发言，因为气头上所说的话，往往很难听，因此不能讲。

三、抱怨的话不能讲。人在不满意的时候，经常说出一些抱怨的话，怨恨主管，怨恨朋友，甚至怨恨家人。你经常讲抱怨的话，被别人听到以后，借题发挥，搬弄是非，说你要对付这个人，要对付那个人，最后自己自食苦果，何苦来哉。

四、损人的话不能讲。有的人轻浮，对人不够尊重、包容，经常在言谈之间讲些损人的话，有时候是损人利己，有时是损人不利己。语言损人是一时的，但自己的人格被人看轻，所受的伤害是永久的。

五、自夸的话不能讲。有的人在言谈之间，喜欢宣传自己，自我标榜，自我夸大，别人听了必定不能认同，所以自我夸大并无实益，反而自我损伤。人要伟大，必须做出一些伟大的事业；伟大是要别人讲的，不能自我称大，自我还是谦卑为好。

六、不实的话不能讲。佛教的“五戒”，“妄语戒”是其中之一。妄语就是“见言不见、不见言见，是的说非、非的说是”，也就是所谓的“说谎”，是不实在的话。“狼来了”的谎话说惯了，会带来严重的后果；本来只有“一架飞机”，说成“十一架飞机”，到最后变成“九十一架飞机”，这是多么可怕的谣言，这就是不实的话。

七、机密的话不能说。人事之间都有很多机密，家庭的，公司的；业务有业务的机密，国家有国家的机密。现在各个国家都很重视机密保护，如果你泄露了机密，会受到严办，要负很重的刑责。所以，吾人应该养成不随便乱说机密的习惯，你要对外发表机密之前，先要想到可能引发的不良后果，知道严重性，就不会胡乱开口了。

八、隐私的话不能讲。每个人都有隐私，自己的隐私当然不希望被人知道，别人的隐私自己也不能讲。就算你揭发别人的隐私，没有引起对方反击，但已暴露了自己不厚道的性格。人住房子，不但为了遮阳避雨，为了安全，最主要的也是为了保护隐私；人穿衣服，一方面是为了保暖，同时也是为了遮羞蔽体，掩藏自己的私密。所以人要互相尊重，不能暴露别人的隐私。

除上以外，当然还有很多不当的话不能讲，甚至有很多不当的事不能做、不当的行为不能有。总之，“不当”的就不能讲、不能做，如此才不会留下不当的后遗症。

不能碰

世间有些东西可以亲近、可以拥有，也有些东西必须与它保持距离，才不会惹祸招愆。究竟有哪些东西不能碰呢？

一、小人不能碰。俗话说：宁可以得罪君子，也不能得罪小人。因为得罪君子，君子会原谅你；得罪小人，小人会报复你。什么是小人？小人是邪恶之人，小人是坏事做尽，没有道德，没有惭愧，专找别人麻烦的人。碰上这种小人，难保不会惹来风波，所以最好敬而远之。

二、毒品不能碰。全世界都在严防毒品入侵。在台湾地区，走私毒品、贩卖毒品，一经查获就会被判决死刑。人一旦染上毒品，不仅会荡尽家产，也会把名誉摧毁，把人格破坏，把大好前途都糟蹋了，所以毒品碰不得。

三、邪教不能碰。人可以有宗教信仰，但是万一信仰了邪教，却比迷信、不信更严重。从历史上看，邪教祸害世间，犹如洪水，偏偏受害的人自己不知道。邪教真可说是信仰上的毒品，一旦信了邪教，则难以回头转身，受害无穷！什么是邪教？邪教没有历史、没有戒律、没有修行方法，甚至没有教主、没有教义，只是企图用诈术、恐吓、邪说来控制人们愚痴的心灵，所以邪教不能碰。

四、烂疮不能碰。流脓的烂疮不能随便碰触，碰了不但会疼痛，甚至还会发炎、溃烂。烂疮也不能割除，只有爱护它，耐心地为它洗涤、敷药、包扎，慢慢才会康复。

五、痛处不能碰。人吃五谷杂粮，难免会有身体上的病痛。然而人除了身体的痛处以外，还有心理的痛处、往事的痛处、言语上的痛处。每个人难免曾经遭遇过一些伤心事，对于别人的痛处，除非你能医疗他，否则就不要轻易碰触。

六、硫酸不能碰。硫酸是具有腐蚀性的化学药物，如果身体不小心碰触到，皮肉就会腐蚀，不但疼痛，而且难以复原。现在有些恋人情海生波，反目之后就泼硫酸毁容，实在是残忍至极的手法。

七、蛇蝎不能碰。一般来说，蛇与蝎只要你不侵犯它们，它们也不会随意咬人；如果你侵犯了它，后果就不堪设想。所以对于眼镜蛇、雨伞节、百步蛇、青竹丝、龟壳花、锁炼蛇等毒蛇或毒蝎，要能适时远离，否则被咬了，恐怕性命难保！

八、猛兽不能碰。老虎、狮子、野狼、鳄鱼等凶猛的野兽不能碰。为了安全，游泳的人要确保水中没有鳄鱼，健行的人要先确定山中没有老虎、狮子、野狼等猛兽，否则碰上了，恐怕难逃一劫。

九、高压电不能碰。人体对电压虽然有一定的承受度，但是如果电压过高，身体不慎碰触，轻则受伤，重则全身烧焦，一命呜呼，不可不慎。

十、美女不能碰。美丽的女性往往受到他人较多的赞赏，自己难免也会自恃条件比别人好，于是养成骄纵的性格，脾气也因此来得比别人大，所以美女还是少碰为好。

除了以上所说，人生其实还有很多东西不能碰，例如：烈火不能碰、沸汤不能碰、寒冰不能碰、恶人不能碰等。当吾人遇到不能碰的东西时，最好远离他，这才是安全之道。

不能随便

在我们日常处事当中，经常有一些无关紧要的事，我们都会交代说你“随便”办就好了！例如，“要吃饭？还是吃面？”“你随便煮一碗面就好了！”“要喝茶？还是喝开水？”“你随便帮我倒一杯开水好了！”这些事是可以“随便”的，但是人生有一些事是“不能随便”的，例如：

一、选择学校不能随便。学校有大小，选校倒不一定要选大的，大的不一定好，小的也不见得不好，应该选择的是师资、校风的好坏。因为幼童进了学校，就如一棵花木，任凭园丁栽植，要弯要直，任其雕琢。万一选校不当，幼儿的天性、资质往往被不善教的老师戕害了，殊为可惜。有些家长认为小学不重要，不必选择。其实人生的学习，由小看大，从幼儿园开始，每一个阶段，学校都很重要。过去读书有“不择时、不择地、不择师、不择读物”之说，其实以教育的原理来看，人生如一张白纸，你在上面涂上什么颜料，它就呈现什么色彩，所以选择学校不能随便。

二、选择民代不能随便。中国台湾地区每遇大小地方的民意代表选举都非常热闹。选举要“选贤与能”，但一般公民还不具备这样的素养，所以感情选举、贿赂选举、黑函选举，不一而足。尽管现在有心人推动“干净选举”，但不见成效。选举时的买票、送礼、招待旅游、餐饮聚会等，什么花招都有。在这种选举之下当选的民代，怎么能有水平？怎么能为全民服务？民主政治已经学习这么多年了，每次选举，候选人的政见我们都知道，他们的历史、背景，我们也都了然于心，只是选民的程度还未达到“选贤与能”的水平，致使努力数十年的民主政治之建立还需要时间。

三、选择伴侣不能随便。我们选择工作，不适合可以更换；买房子，不满意可以重买。甚至交朋友，不能志同道合也可以慢慢疏远，唯有选择终身伴侣，不能随便更换。一般人看到一个美女，就认定这是我一生的伴侣，但是夫妻在一起，不是每天只用眼睛看就够的。有的人听到对方讲话好听，就想这是我喜欢的对象，只是夫妻一辈子的相处，岂能只有说说话？一生的伴侣，必须性情相投、心意相通，人生的观念、兴趣、习惯、待人处事等，都有共同点，彼此才能永结同心，才能琴瑟和鸣，才能相伴一生。

四、选择信仰不能随便。选信仰不是选哪个宗教，其实是选自己的真心。有的宗教是“一神论”，有的宗教是“多神论”；有的宗教讲究“武力”，有的宗教讲究“慈悲”；有的宗教讲“神话”，有的宗教讲“生活”；有的宗教重视“玄谈”，有的宗教重视“实行”。所以，你选择哪一种宗教，是你的真心本性，就看自己的抉择。

说到“不能随便”的事情，其他如合伙做生意的伙伴不能随便，选择研究的学科不能随便，甚至平时的说话，都不能随便。

不要计较

人我相处，因为“计较”而伤和气，这是非常不划算的事。人与人之间，好坏的计较、有无的计较、得失的计较、荣辱的计较，人生一直在计较，因计较而获得的也不算成功。人的名位，应该要“实至名归”，不但不从计较而得，甚至还要带着谦卑的心情，获得大众的认可，那才算是真正的获得。

世间的商品价格多少，可以斤斤计较；金钱的花费多少，也可以锱铢必较。对于一句话，一些认知的好坏，有时候只要哈哈一笑也就算了，不必太过认真。但是偏偏人总喜欢计较，结果两败俱伤，真是自讨苦吃。所以，一个豁达的人生，应该学习“不要计较”：

一、旧账不要计较。就算是银行吧，也有许多呆账，要清算旧有的呆账，实在说并不容易。为什么会有呆账？一定是借贷时手续不清、保证不够、信用经不起考验，所以留下许多呆账。人生如果要计算旧账，所谓“旧茅坑，愈搅愈臭”，所以只有得饶人处且饶人。有人说“旧账一笔勾销”，最是爽快。

二、仇恨不要计较。世间再好的人，也不能保证完全没有仇家，因为尽管你为人正派，有道德名望，但是对你有所求的人，没有得到你给予利益，没有获得你的特别关爱，而且你还布施给别人，他记仇恨，真是好事难为，善门难开。假如有人记恨你，你不必跟他一般见识，不要和他计较，你应该想方法化解；计较只会增加怨怼，化解才能消除仇恨。

三、纷争不要计较。这是一个纷争的世界，也是一个纷争的人生，所谓“物竞天择，适者生存”，说明人生就是生存在竞争之中，胜者就能存在，败者就会被淘汰。计较、纷争，鹬蚌相争，必定让渔翁得利。纷争只会扩大人我的距离，增加对立；只有不计较，所谓“化干戈为玉帛”，才是上策。

四、吃亏不要计较。人常觉得自己吃了暗亏，吃了闷亏，其实如果懂得，只要能看得开，吃亏就是占便宜。人生处处都想占便宜、争利益，天下哪有这样的好事？能把吃亏看成是消灾，当作是自己的修行，如此吃亏就是福报。

五、冤枉不要计较。人在世间，常会遇到被人冤枉的事，自己觉得无限的委屈。冤枉、委屈，想要洗清，必须付出多少倍的努力。果真想要洗刷冤情，只有洁身自爱，从好处做起，从善处作为，不计较冤枉委屈，如此才容易生存。

六、得失不要计较。在我们的人生中，对于得失、荣辱、胜负、有无，一般都会很在意、很计较。但是计较的结果，就算胜利，失去的反而会更多，如此即使胜利，也是得不偿失。人生的修养，要能得之不喜，失之不忧，在得失之外，应该要看得更远，看得更长，何必斤斤计较于一时呢？

不肯放下

有一个青年，爬山时不慎滑入山谷，所幸及时攀住一根树藤，没有跌死。但他抬头一看，上面是悬崖峭壁，下面是万丈深坑。这一吓，赶快大叫：“佛祖救我！佛祖救我！”

佛祖真的应声而至，青年一见，十分高兴，说：“佛祖！请您慈悲救我一命吧！”佛祖说：“我是想救你，但只怕你不听我的话。”青年说：“这都什么时候了，我怎么敢不听您的话呢？”佛祖说：“好，你肯听我的话，现在就请你把手放下来，我来救你！”青年一听，那还得了，把手放下来，不就跌死了吗？因此不但不肯放手，反而抓得更紧！佛祖说：“你如此不肯放下，我怎么救你呢？”

不肯放下，就不能得救！人生有些什么不肯放下的呢？

一、失去的爱情不肯放下。一对恋人，忽然一方变了心，提出分手，另一方百思不解，为什么他会变心？她对失去的爱情始终不肯放下，每日忧愁烦闷，觉得人生乏味，百无聊赖。其实，天上的星星千万颗，地上的人儿比星多，为什么痛苦只为他一个？

二、被骗的金钱不肯放下。现代人投资理财，有时候跟人合伙投资，金钱被对方骗光，一生的心血完全泡汤。甚至有的人以房屋抵押，为人保证，结果对方恶性倒闭，自己要负连带责任，只有把房子也赔了进去。面对一生的心血付诸流水，真是心有不甘，心中实在无法放下，但又投诉无门，怎么办呢？只有告诉自己，前世欠他的，今生他用这个方法来讨回。如果我们不用“偿还”，又能如何呢？

三、下台的失落不肯放下。人的一生当中，在职场上必定有好多次上台、下台的经验。有的人上台容易，不容易下台，有人不容易上台，但容易下台。对于上台的风光，欢喜庆贺，认为这是人生最大的价值；但下台的时候，感到失落，不能放下。不能放下，又能怎么办呢？长官基于工作的必要，团体基于人事的安排，你不接受，能抗拒吗？不如表现自己的风度，下台的时候就想：放弃后脚的一步，才能向前跨出一步！或者告诉自己：这个跑道不行，换个跑道，也可以重新再起！最重要的是，千万不要放不下，而让自己下台的背影太难看。

四、拥有的失去不肯放下。已经通知你领取的奖章，忽然变卦，为别人所得，你觉得煮熟了的鸭子忽然飞去，心有不甘，情有不愿，实在放不下。才一两岁的儿女，忽然夭亡，实在不能接受，难以放下！世间，多数人对过去光荣的岁月不能放下，对过去的人情关系不能放下；对于失去的，你不能放下，又能奈何？花朵萎谢了，不到时候不会再开放；流水逝去了，不复再来。人生要能“提得起，放得下”，唯有放下，才能再提起。佛经里“吉祥草”的故事，不是已经明白告诉我们“放下”的意义了吗？

不动

在佛光山的大雄宝殿，有一首湖南才子张剑芬先生所作的“三宝佛”对联，上下联分别是：“兜率娑婆，去来不动金刚座；琉璃赡养，左右同尊大法王。”大家评为绝佳妙对。“不动金刚座”就是释迦如来，如如而来，如如而去；不来不去，不去不来，名曰“如来”。因为如来，因此不动金刚座。

佛教昭示人，最重要的就是“不动心”，因为一个人为声色所动，生命就在声色里，为钱财所动，生命就在钱财里。有的人为权势而动，生命就在权势里，所以佛教要人修炼成“不动心”，就能自由自在了。

人生要怎样展现“不动”的定力呢?

一、不因位高而动权势。世间不能免的，就是地位阶级。印度是一个阶级极为森严的国家，到现在被视为贱民阶级的，还有几亿人口。中国过去也有士农工商的分别。当然，在政治上有显赫地位的人，就会有特殊的权力；假如能不因地位崇高而滥用权力，表示这个人平民化，没有身段。地位虽高，然而能融入群众之中，一般百姓看这种人，就把他们视为上等人。

二、不因得意而动原则。每一个人都有自己的原则，既有好的原则，就不能随意变动。例如，过去国人都以忠义为原则，以诚信为原则，以福国利民为原则。但也有人因为处境不同，因而更改做人的原则。例如一时得意，交到一个显赫之人为朋友，就改变对家庭应负的责任；有的人一时获致许多钱财，就改变生活简朴的原则。其实，得意、富贵是一时的，原则应该是一生不变的坚持。

三、不因失败而动志节。人生如战场，有胜有败；战场上的胜败，都是兵家常事。同样的，人生也有各种的际遇，情场上有胜败，名利圈里也有胜败。有时候失败潦倒，有时候春风得意，重要的是，失败不气馁，不可以随便改变自己的志节。因为失败不要紧，只要坚持志节，终有再起的时候；假如动摇信心，失去志节，那就一蹶不振了。

四、不因嗔怒而动手脚。听人讲话，一不高兴，自己拔腿就走；跟人对话，一言不合，一拳打去。经常因为生气而拳打脚踢，表示自己的修养不够，沉不住气，手脚于是跟着情绪起舞。假如能修养到一定的程度，喜怒不但没有动作，也不会形于色；不但不会形于色，而且不记于心。能够先用理智控制自己的手脚，再用自己的修养控制自己的理智，就不会被嗔怒所动了。

五、不因情急而动神色。有的人一时情急，沉不住气，很容易气急败坏而动怒。五代时，冯道与和凝同在中书省任职，两人交情很好。有一天，冯道穿了一双新鞋子到和凝家中拜访。和凝一看，这双鞋和数日前自己叫仆人买回的那双一模一样。就问冯道：你这鞋子多少钱？冯道抬起脚来，说：九百！和凝大怒，即刻骂他的仆人，为什么你帮我买的是一千八百元？冯道这时又再缓缓举起另一只脚，说：这也是九百！原来是一样的价钱，和凝因为沉不住气，情绪容易冲动，故而为人所笑话。所以做人要能不动如山，不动是很大的修养！

不安

人生最需要的，就是平安。人从婴儿呱呱坠地，就需要父母的呵护，才会有安全感；学佛的人，最终的目标就是求得“心安”，因为“不安”正是造成痛苦、烦恼的原因。到底人为什么会感到“不安”呢？试究其因：

一、自己做错了事，自然会感到不安。不过也有一些人不肯认错，不肯认错并不表示就能平安，反而做错了事能够心生惭愧，心生懊悔，继而加以改正，加以补救，事后就会平安了。如果死不认错，坚持执着，自以为是，不但让人看轻，也会一错再错。

二、关心的人和事出了问题，也会感到不安。例如远方的亲友生意失败了，或者生病住院了，因为感同身受而忧心不安。其实这本是人之常情，但是光是心里不安无济于事，重要的是应该想办法帮忙解决问题，助其一臂之力，事后也会稍感安心。

三、应该完成的事未能如期交卷，或是自己说过的话不能兑现，自己期盼的事不能如愿，自己所做的事业半途而废，都会感到不安。甚至有的人到了临终之际也会回想起往事，未能一一实现，例如交棒不及，后继无人，这才懊悔一生只是忙此忙彼，忙到最后一个接班人也无。其实世间事是没有办法完全做完的，只有一个阶段又一个阶段地做好；凡事求其心安，只要对得起国家社会，对得起亲人朋友，对得起自己一生的用心，这就已经算是交卷了。如果还有未完成的事，只有等后人继续，自己应可安心放下了。

四、处在陌生的环境，人生地不熟，必然会觉得心不安。例如有的人搬家了，从这个乡镇搬到那个乡镇，左邻右舍都不熟悉，必须重新建立友好关系。甚至有的人移民海外，乃至离乡背井的留学生，在陌生的国度里，不但环境不熟悉，风俗习惯不同，尤其有语言的隔阂，顿觉前途茫茫，自然会感到心里不安。但是人生要能“随遇而安”，要能适应环境，不管走到哪里，都要“落地生根”。就是将来升上天堂，或是到了极乐世界，也都是陌生的地方，你要能欢喜接受，自然就会安心了。

五、对自己的未来没有方向与目标，更是不安。因为人生是活在希望里，有未来才有希望，有方向才有目标。人生最苦的，是读书不知道读什么书，做事不知道做什么事，交友不知道交什么朋友；在世间，好像什么都不能如意，这是最痛苦的事。最好的人生就是要有信仰，信仰的对象，就是我们的目标，我们的方向，我们的希望。

其实，人生最大的不安，就是与冤家对头相处在一起了。一个人与志不同、道不合的人在一起工作，已经非常不欢喜了，如果对方又是冤家对头，事事与自己唱反调，时时找自己的麻烦，当然就会心里不安。但是，假如我们能够化敌为友，也能改善关系，如果我们能够广结善缘，也会让对方感动，最后冤家对头反成亲家好友。因此，善恶关系存乎一念，一念向上，一切欢庆；一念向恶，恶道现前。所以，心净国土净，心安，自然一切皆安。

忍的层次

人生的修养，“忍”是一门很重要的功课。每个人的一生当中，或多或少应该都有忍苦、忍穷、忍难的经验，只是困难、贫穷、辛苦还算容易忍，冤枉、委屈、气愤就比较难忍了。

忍一口气才能风平浪静，但有的人就是为了赌一口气，不惜法庭相见。甚至多年的朋友，为了一口气非要争个你死我活。所以自古儒家都勉励人要有“唾面自干”“百忍加身”“忍心动性”等修养。

佛教更将“忍辱波罗蜜”列为重要的修行法门，并将“忍”分为三个层次，略述如下：

一、生忍。忍的含义，并不是一般所说，以为“忍”就只是一味地“忍受”之意；忍之一字，含有“认识”“接受”“担当”“负责”“化解”“成就”的意思。因为“忍”有这六个意义，所以“生忍”就是说，我们在世间“生活”，需要有“忍”的力量与智慧，来认识、接受、担当、负责、化解人间的荣辱毁誉、百般事端，也能以此成就修行功德。换句话说，成就了“生忍”的修行，我们才能在人间安然生活，才能维持“生命”的存在，所以“生忍”是修行忍辱波罗蜜的初阶功夫。

二、法忍。所谓“法忍”，“法”之一字，广大无边。世间所有的一切都可以称之为“世间法”，所以“世间万法”包括：金银财宝是法，房屋土地是法，生离死别、忧悲苦恼、人情冷暖、是非善恶等，一切有形无形的，都称之为“法”。吾人的生命，在世间生存；吾人的生活，在世间活动；吾人的生死，也在人间流转。我们对世间的许多万事万法，能有什么力量来应付呢？只有靠“法忍”的修养。如果我们能认识世间一切都是因缘所生法，所谓“诸法因缘生，诸法因缘灭”；认识了“缘起法”，并且接受、担当、负责、化解世间的一切，那就算是成就“法忍”的智慧了。

三、无生法忍。经过了“生忍”“法忍”的相继成就，最后当然就要成就“无生法忍”了。所谓“无生法忍”，人在世间生活，所以要“忍”，就是因为世间的一切有分别、有拣择、有善恶、有是非、有利害、有增减，所以不得不用生忍、法忍来认识、接受、负责、担当、化解，并且成就生忍、法忍的世界。但是对于已经修行成就大般若智慧的人来说，他能看透世间“诸法无生”；一切法既然无生，则是非善恶、生死苦恼又从哪里来呢？所以“无生法忍”就是一个大解脱法门，“无生法忍”的境界就是不生不灭、不生不死、不垢不净、不增不减的一个大圆满的境界。

以上忍的三个层次，能够拥有“生忍”，就具足面对生活的勇气；能够拥有“法忍”，就具备斩除烦恼的力量；能够拥有“无生法忍”，则在在处处无一不是桃源净土，无处不是自由自在的世界。

陆·如何相处

同理心

人有一个可贵的东西，就是“同理心”。所谓“人同此心，心同此理”，有同理心的人，容易体谅别人，宽恕别人，给人机会；没有同理心的人，只是怪人不责己，只会怨恨不知反省，甚至自私自大，有我无人，最后遭人唾弃。

同理心是人间最可贵的情操，是建立彼此良好关系的要素。中日战争时，张自忠将军被日本人包围，最后连一兵一卒也无，只有自己举枪殉国。这时全体日本兵都为其气节所感，虽然彼此是敌对立场，但仍列队为他致敬，所以忠诚爱国都有同理心。

什么是“同理心”呢?

一、设身处地，为人着想。所谓“同理心”，就是有一颗体谅别人的心。主人抓到了小偷，小偷叙述家有老母疾病缠身，自己一时失业，实在无法孝养，因此出此下策。主人忽然心生悲悯，不但不予责怪，还施舍财物，助他成就孝养之心。这种设身处地为人着想的行为，可以说就是“同理心”的最好表现。

二、己所不欲，勿施于人。自己喜欢的，人家给我们，我们很欢喜；自己不喜欢的，人家给我们，我们也会不欢喜。人同此心，我们自己不要的，加之于人，别人又怎么会欢喜呢？例如，责骂伤人自尊，己所不欲也，何能加之于人?

冤枉委屈，己所痛恨也，怎可施与他人？所以有同理心的人，必会给人欢喜、给人快乐、给人平安、给人幸福，因为这是我们所要的，别人必然也会欢喜。

三、将心比心，立场互换。人和人相处，由于心性不同，产生隔阂，假如能够将心比心，结果可能就不一样了。我们看到羔羊跪乳、乌鸦反哺，不自觉地就会激发起我们的孝心；我们看到多少为国捐躯、为国牺牲的英雄将士，也会生起效忠国家的心情。主管和属下，如果经常将心比心、立场互换，可能主管、属下就很容易融成一体；荣华富贵和穷途潦倒的人，如果大家都回想往事，看看别人，彼此立场可能立刻改变。同理心就是我们经常设身处地为别人想，体谅别人，迁就别人，利益别人，这才是发挥最高的同理心。

四、爱屋及乌，推己及人。“爱屋及乌”是人与动物之间很美的感情交流，“爱屋及乌”才能“推己及人”。古人所谓“爱鼠常留饭，怜蛾不点灯”。我爱我的父母，所以天下人的父母都应该关怀；我爱我的妻子，所以妻子的家人也应该关心；我爱护自己的身体，身体上的眼、耳、鼻、舌、手脚等都应该同等爱护。所以，同是我的家人、朋友、邻居、同学，我都应该给予同等的关心。

一般做生意的人，都懂得推广产品，对于产品的特殊功能都会做一些文宣推广；同样的，人性的慈悲关怀更应该推广。

同理心，是建立人我平等的观念，是建立同体共生的关系，我们的社会，如果推动同理心，则社会就没有“以强欺弱、以大凌小、以富笑贫”的现象，所以“同理心”实在是很值得推广的。

感同身受

世间有千千万万的人，但是要找到一个真正能“同命相依”的人，并不容易。政治上，一些党派的同志，意见不合的时候只有分道扬镳；企业界，一些经商合伙的股东、集团，为了分利而决裂，比比皆是。就是夫妻吧，也经常闹到法庭相见。朋友之间，我对你好，你对我好，可是意见不合而翻脸的时候，彼此的账也很难算得清楚。

一般来说，遭遇相同、思想相通、立场一致的人，容易同病相怜、惺惺相惜、感同身受；但是一旦为了利益，为了是非，为了荣辱，为了得失，往往各自为己，即使“感同身受”，也很难替人设想，更别说牺牲自己、成就别人了。试就“感同身受”略论之。

一、遭遇相同的人。在同一架飞机上遇到空难，在同一艘船上遇到海难；遭遇相同，应该彼此很能“感同身受”才对。但是临难之前，多数人的反应都是争先恐后，不肯礼让一步。一群饥荒逃难他乡的人，见到一碗饭，谁也不肯放弃自己的一份，拱手让给别人先吃。

军队在战场上，敌人的炮口当前，必须冲锋陷阵，这时大家心里也会计较，谁前谁后，谁的位置最好。如果能够完全豁出去，不顾自己安危，只顾同志们的生死，这种情操远比“感同身受”更加伟大。

遭遇相同的人虽然可以感同身受，但是还有存心不同，有时候存圣贤之心，有时只是一般凡夫之心，甚至不顾他人生死的小人之心。能够感同身受，视人如己，甚至把别人的利益、安全，建立在自己之上，那是需要圣人之心，至少需要施以道德教育才能养成。

二、思想相通的人。思想是非常复杂的东西，有的是正面的，有的是负面的；有的是正派的，有的是反派的。佛与魔，绝对是不同的两个世界，因此一个国家，一个团体，一个组织，要让大家思想都相通并不容易，只能“同中存异，异中求同”。假设说，现在把几百位天主教的枢机主教集合起来，他们的思想会相同吗？假如把佛教的三世诸佛都集合在一起，他们的思想会相同吗？可能在益世救人的大目标上是相通的，至于如何救人的方法，不容易相同。

思想是一个最复杂的世界，它代表主张，代表施为，它有一种架构，有一些原则，但不容易要求一切都有一个必然的模式。因为即使是感同身受，感受的深浅、苦乐，也会有一些分别。

三、立场一致的人。同是农民有农民的立场，同是工人有工人的立场，同是商人有商人的立场，同是政客有政客的立场。依此类推，同是妇女有妇女的立场，同是老人有老人的立场，同是东方人有东方人的立场，同是西方人有西方人的立场。即使同一立场的人，也会有感受上的差异，例如，老师给每个学生一个巴掌，有的学生感谢，有的学生不服，有的学生怀恨，感同身受里面，想法还是有不一样。假如真要说到感同身受，面临死亡时，母亲愿代儿子受死，这才是真正的感同身受，但毕竟这是伟大的母爱才能做得到的事。

做人的妙诀

“做人难，人难做，难做人”，这是经常听到一般人慨叹的话。事实上，做人确实很难！你有学问，他批评你不会做事；你会做事，他说你没有专长；你有专长，他又嫌你不是通才。

你对他没有礼貌，他还给你脸色；你对他奉承，他认为你是有求于他。你贫穷，他怕你对他有所求；你富有，他怀疑你要以金钱买动他。你是农工，他说你低贱；你是士绅，他也会嫌你与他身份不同。总之，这样做，那样做，都不容易获得对方的好感。

把人做好，这是一生的学问，有的人一生学不到做人的千百分之一二，走到哪里都是被人嫌弃，最后带着遗憾离开人世，何其可惜。以下提供做人的四个妙诀，不妨实践看看，也许能改变别人对你的观感，而获得友谊。

一、你对我错。平时一般人总认为“我是对的，你们都不对”。其实，如果能反其道而行，自己认错，别人都对，反而容易获得对方的认同。举例说，有一天，张先生问李先生：“为什么你们家时时充满欢乐，我们家却天天像个战场？”李先生回答说：“因为你们家都是好人，我们家都是坏人。”张先生不解其意，问道：“此话怎讲？”李先生说：“你们家如果有人打破了茶杯。马上就有人说：‘怎么那么不小心，把茶杯打破了？’那一个人就回嘴说：

‘谁叫你把茶杯放在这边呢？’两个人都认为自己是对的，所以就吵起架来。我们家的人呢？有人把茶杯打破了，就说：‘对不起，我把茶杯摔坏了。’另一个就说：‘这不能怪你，只怪我不应该把茶杯放在那儿。’因为大家争相认错，当然就和谐无争了。”因此，认错容易消除敌对；自以为是，纠纷不断。

二、你大我小。做人要靠德望、声望来受人尊敬，如果自认为大，众人不服。如同五指争大，个个都有特点；然而小拇指虽然最小，但是当五指合掌，是它最靠近长辈、圣贤。所以人和人相处，尊重他、赞美他，就算是辈分、职位比较低的人，也不可以小看他、轻视他。佛教里的常不轻菩萨，对糟蹋他的人都说：“我不敢轻视汝等，汝等皆当做佛。”如果人人都能存有此心，世界还会有什么纷争呢？

三、你有我无。一般人的陋习，都希望自己拥有，别人有无不是重要。但是别人没有，只有你有，他会放不下你；假如让别人先有，自己没有，反而获得更多的同情，甚至比拥有的人获得更多。有，不要太争、太计较，有权有势、有名有位，有是有穷有尽、有限有量；无权无势、无名无位，无是无穷无尽、无量无边。所以，表面上看起来，有比较令人羡慕，无会给人轻视。实际上，世间的太阳、月亮，它们连一间房子都没有，但可以恒常不变；千年老松在风雨飘摇中，屹立在山崖上，可以活上几千年。黄金为人所争，因其宝贵，所以粉身碎骨；石头价值不是很高，它能保持大、保持重，何其快哉！

四、你乐我苦。每一个人都希望快乐，不要痛苦。但是我快乐，他痛苦，他会放过我吗？假如通达人情的人，让他快乐；他快乐了，就不会计较我的快乐。一般在高位的人享受快乐，容易被人推翻，甚至被打倒；假如你能把快乐给人，看起来是吃亏，实际上是占便宜。例如，你不愿意扫地，你休息，我来扫；碗筷很脏，你不愿意整理，我来整理。一些举手之劳、之苦，何必计较？世界之大，能经得起苦难磨炼的人，都能与松柏常青；反之，安逸一时，图快短期，容易被时代、人情所淘汰。

因此，以上做人的妙诀，或许还不够道其妙，但是能有此观念，也够一生受用了。

老婆心

女人天性长于慈悲，就像观世音菩萨一样，尤其到了年老以后，真是“苦口婆心”，希望青年学好，所以“老婆心”就是慈悲心。

在网络上流传一则故事：有一天，一名小学生乘车上学，下车时把便当遗忘在车上。邻座的一位老婆婆发现，当即大喊：“孩子！你的便当！”顿时全车人的目光都望向她。但老婆婆无视于旁人的眼光，仍然一再地叫着：“孩子，你的便当！”但是小学生一心只赶着上学，没有听到车上老婆婆的叫声。这时路旁的另一位老婆婆听到叫声，问道：“你叫什么啊！”她说：“那个孩子的便当没带下车。”这时车子已经缓缓发动。就在那个当下，路旁的老婆婆从窗口接过便当，赶上前去，把便当交给了小学生。老婆婆见义勇为，毫不退却，这就是“老婆心”。

世间什么人有“老婆心”呢?

一、父母有老婆心。婴儿呱呱坠地，父母推干就湿，把一个无知的婴儿养大成人，所受的辛苦，如果没有天性的父母之爱，没有老婆心，何能支持?

二、良师有老婆心。好的老师教导学生，不但方法要好，而且要有耐性，一而再，再而三，反复讲授，让学生了然于心。没有老婆心，不容易做好一个老师。

三、医生有老婆心。医生替人看病，重要的是“视病如亲”。种种的呵护，仔细诊察，务必找出病因，以便对症下药。良医难遇，因为良医不但要有高明的医术，能够妙手回春，而且要有老婆心。

四、君子有老婆心。所谓“君子”，就是有道德良知的人，他用爱心看待世间，所谓“君子爱人以德”，他对年幼的人，对比他无知的人都站在君子的立场，施与有德的感化、有益的教化，所以凡是君子者，都有老婆心。

五、益友有老婆心。吾人交友，有曰“友直、友谅、友多闻”。真朋友，不会嫌贫爱富，只讲道义；有时候为了朋友，杀身成仁，舍生取义，因为他有老婆心的缘故。

六、妻女有老婆心。一个家庭里的女性，妻子对丈夫，既是妻子，又像母亲一样地呵护丈夫；女儿对父母，是女儿，自然以女性的温柔侍奉父母。所以当今的女性，不待老了以后为人歌颂，有老婆心的人，就是在年轻时，她的慈心、爱心都能受人赞美，这就是老婆心。

七、菩萨有老婆心。民间故事中，流传多少观世音菩萨化身老婆婆救度人民的故事。所谓“菩萨”，视男人如父如兄，视女人如母如姐，因此菩萨救度众生，都和老婆婆同样地耐烦，自愿地助人一臂之力，毫不望报，是为老婆心也。

八、禅师有老婆心。在世界佛教史上，有万千的禅师，他们给予青年学子的教导，或是棒喝，或是呵斥，或予慈爱，或予鼓励，无一不是老婆心的表现。慧可在达摩祖师座前“立雪断臂”，不是达摩祖师狠心，而是大慈大悲地要其彻悟也。雍正皇帝要杀玉琳国师的禅僧弟子，禅僧在宝剑一晃之下，廓然大悟，这也是老婆心的成就。

其实，世人皆有老婆心，可惜昧于无明、知见、对待、分别，而不能有同体的慈悲，也就失去了老婆心。

魔

世间一半一半，佛的世界一半，魔的世界一半。魔是专门破坏好事、善事，干扰善心、善念的修道障碍。我们的身体上，有老病死的魔；心理上，有贪嗔痴的魔；世间，有声色货利的魔。佛陀修行，有所谓“八相成道”，必须经过降魔以后，才能成道。吾人也要能降伏身心上的魔，以及世间的魔冤，才能成就人生的事业。

世间有哪些魔呢?

一、欲望是魔。人在世间生活，鼓动我们最大的力量就是欲望。欲望无穷无尽，所谓“欲海无边”“欲海狂澜”，我们对金钱的欲望，对情爱的欲望，对善名美誉的欲望，对物质饮食的欲物。种种欲望牵引我们的身心，几乎一刻都不肯罢手，我们做了欲望的奴隶，所以欲望就是魔。

二、诱惑是魔。世间有许多的诱惑，名枷利锁、功名富贵，都不断地在诱惑着我们，让我们失去自由。明知诱惑是刀口上的一滴蜜，但禁不起甜蜜的诱惑，甘愿为了一滴蜜而割破舌头。诱惑让我们像飞蛾扑火、春蚕自缚，我们被诱惑牵着鼻子走，失去了自主的能力，甚为可惜。

三、疑忌是魔。我们对朋友经常怀疑，我们对道理心生疑惑；对好人好事都心生疑念、疑惑，只有增加自己的罪恶，失去自己的信念。人在世间，“吃些亏处原无碍，退让三分也不妨”，尤其是对人不要怀疑。当然，人生处世，防人之心不可无，但害人之心千万不能有，只要自己做人正当，纵给别人伤害，也就当是消灾求福吧。

四、骄慢是魔。骄傲我慢是做人的大敌，可是有人自恃自己的聪明才智，自恃自己的家世钱财，在人前总是一副傲慢不可一世的态度，或者盛气凌人的样子，让人不愿亲近。这都是由于“满瓶不动半瓶摇”，没有成熟的心智，所以才会目空一切，恃才傲物。假如能像成熟的水果，又大又熟，自然懂得谦恭是待人之道。

五、懈怠是魔。思想上产生了懈怠之念，就是受了魔的诱惑。今天早些收工吧！何必做那么多事呢？今天早一点休息吧！人生何必那么辛苦呢？这都是魔在摧残吾人精神的功德世界。想要探望朋友的病，即刻又想到自己身体也不是很好，不愿施与一点友谊；想要做一点善事，即刻又是一个念头，以后再说吧！这种懈怠的想法，让很多好的机会就在因循苟且中蹉跎了，让一些善事好事就这么从懈怠中悄悄流失了。佛教说“未生善令生起，已生善令增长；未生恶令不生，已生恶令断除”，唯有精进，才能打败懈怠。

六、烦恼是魔。人是烦恼的动物，烦恼是魔，人就是受了烦恼的魔王所控制，所以不能解脱。唯识家说，人的根本烦恼有六个，随烦恼有二十个，真是“天长地久有时尽，烦恼绵绵无尽期”。断绝烦恼之道，所谓“欲除烦恼先无我”，只要吾人能抛开私我，具有无畏的般若智慧，烦恼的魔冤即刻就会销声匿迹了。

魔在哪里

常听人说：某人着魔了！某人走火入魔了！魔是什么样子？一般人想象中，魔就是青面獠牙，一副凶神恶煞的样子。其实，美人计不是中魔了吗？

魔，也不是一般人以为的，像是刀枪剑戟、毒药刑具；甜言蜜语、口蜜腹剑，不也是中魔了吗？魔，原来无形无相，也可以无所不像！魔就是破坏好事、妨碍善行、增加困难的一种反动的邪恶力量，那就是魔。

释迦牟尼佛当初证悟成佛，有所谓“八相成道”，也就是经过八个阶段，其中之一就是“降魔”。在佛陀修行的岁月中，他忽然感觉到身外的声色货利在诱惑自己，内心的烦恼欲念在鼓动自己；他觉察到内外魔力的侵略，惊觉必须要能降伏内外魔力，才能成道。

魔在哪里？这是有趣的问题，兹述如下：

一、魔在人间。人世间一半一半，善良的有一半，邪恶的有一半；光风霁月的景象只有一半，晦暗不明的地方也有一半。佛的世界也是只拥有了人间的一半，另外一半的世界就是由魔所统领了。人间永远在斗争，人与自然、人与环境、人与天灾，甚至人与人之间利害冲突，都在战斗。如何用善良的佛心打败邪恶的魔境？先要靠我们的智慧认识谁是佛，谁是魔，总不能把佛当魔、把魔当佛！认识了佛与魔的不同，你走遍世间，佛眼看的世界，都是佛的世界，魔眼看的世界，都是魔的世界。人间是佛与魔共有的，你自己本身是佛界的人呢，还是魔界的分子呢？

二、魔在家里。人间的魔，其多无比，叫人眼花缭乱，不容易看出，不过缩小范围来说，魔就在我们的家里。父母亲人给我们因缘，帮助我们成就，是我们的恩人；但是，偶尔遇到一些不尽明白情理的父母亲人，他妨碍我们的成长，阻碍我们的学习，让我们志不得酬、力不能展。他只用自己的一套思想理念来束缚你，例如你想就读什么学校，必须听取父母家人的意见；你要男婚女嫁，也要听从父母家人之言。你要做善事，他不以为然；你存好心善念，他能改变你的初衷。所以，家人是佛菩萨，但也是我们磨难的因缘。

三、魔在身旁。魔在哪里？魔就在我们的身边！师长朋友，非常严厉地训示我们，教诫我们，可能是我们的增上缘；满面笑容、满口甜言蜜语，结果笑里藏刀，也可能是魔在伺机加害吾人的善念慧命。我们不要以为魔一定就在我的对面，魔也许就在身边！“祸起萧墙”不就是因为魔在我们的身边吗？

四、魔在心中。魔居住的地方，一般说都是在世界各地流窜；但是魔的大本营，还是在我们的心中！我们每日行住坐卧之间，我们的起心动念之际，有时候觉得自己是“天人合一”，那是因为没有魔的干扰；假如感觉内心在“天人交战”，那就是魔已经在伺机陷害你了。吾人心里的六大烦恼：贪欲、嗔恚、邪见、骄傲、嫉妒、欲染，都是内心的魔界，你有觉察到吗？

谁是鬼

世间的人都非常怕鬼。鬼有多种，佛法里有所谓无财鬼、少财鬼、多财鬼，也有凶鬼、恶鬼、善良鬼，还有大鬼、小鬼。鬼，其实不一定都是可怕的，鬼也有可爱的意思，你看，太太称呼先生叫“死鬼”，喊小儿女叫“小鬼”。鬼也不一定阴间里才有，走过人间，在社会上到处都有鬼，试举其例：

一、酒鬼。喜欢酗酒的人，经常喝得烂醉如泥，不知东西，不顾礼仪，胡言乱语，丑态百出；对于那些不醉不归的人，都可以名之曰“酒鬼”。

二、赌鬼。有的人好赌，彻夜不归，每日沉迷赌桌，一掷千金，囊空如洗，流落街头乞讨为生。但是尽管再怎么落魄，他还是不肯觉悟，仍然希望有机会翻盘，捞回赌本。其实“十赌九输”，而且输的不只是家财，还有人格、名声，甚至家庭、前途都毁于一旦，如此不沦落为鬼，又能做什么呢?

三、色鬼。世间的男人，有的人好赌，有的人“宁在花下死，做鬼也风流”。有此观念的人，见色眼开，这种“色中之鬼”，最是难以打发。

四、懒鬼。我们没有听过鬼有什么职业，也没有听过鬼需要做什么事，所有鬼都很懒惰，所以有些人不肯做事，就把他归类为懒鬼。不读书，不求职，不上进，只想白吃白喝，到处招摇撞骗，惹是生非，这就是懒鬼的写照也。

五、饿鬼。所谓“饿鬼”，就是好吃的鬼，平时要他做事见不到人影，一有吃的，马上跑第一。所谓“遇食颈似鹤，遇事头如鳖”，这是对饿鬼再贴切不过的形容了。

六、财鬼。有的人外表长得一派斯文，人模人样，但是内心念念都是钱财，所谓“见钱眼开”，只要有钱，什么事都敢做，这种人无以名之，只有称之为“财鬼”。

七、心鬼。有的人能力很小，脾气很大，一碰就生气，一碰就怪人，甚至动不动就对人拳脚交加，恶口骂人。这种好发脾气的人，也是鬼的一类。

八、肮脏鬼。人和畜生不同，人都爱干净，衣服要换洗，身体要盥洗，嘴巴也要漱洗，家庭更要打扫整洁，不能像猪圈狗窝，否则住得不安心。但是有一些人，家里杂物乱堆，到处脏乱不堪，但他不以为意，甚至全身臭气难闻，他也不当一回事，这种肮脏鬼令人退避三舍，不愿与之为伍。

九、小气鬼。人之交往，有来无往非人也。所谓“我为人人，人人为我”，有的人只想享受别人所有，自己“拔一毛而利天下，吾不为也”。这种小气鬼固然交不到朋友，一旦自己有事需要别人帮忙，因为平时没有结缘，要想得到人助，此实难矣！小气鬼由于不肯喜舍，人人见他，避之如蛇蝎，此不即是鬼而何?

十、是非鬼。是非鬼就是专门喜欢搬是弄非、挑拨离间，造成别人的对立、冲突，自己从中渔翁得利。由于是非鬼表面上装作是好人，其实内心别有企图，令人防不胜防。

鬼者，可怕之谓也。上来所说，可见鬼并不是只有阴间才有，人间多鬼，不得不小心处众也。

“贪”中有多少

人都有“贪心”，贪多、贪大、贪好，甚至“多，还要更多”，“大，还要更大”，“好，还要更好”。所谓“贪心不足”，贪心的人永远不会满足，所以贪到后来“贪中有多少？”值得深思。试举数例如下：

一、贪一部自行车。有的人希望有一部自行车代步，等到有了自行车，又想要一辆摩托车。有了摩托车，觉得拥有汽车才好。一旦有了汽车，又嫌国产的不够气派，最好是名牌的进口轿车才拉风。真的拥有进口汽车的时候，开在路上怕被人撞到，晚上停放在哪里都不安心，怕被窃贼所偷，于是整个人都被汽车束缚了，真是何乐之有。

二、贪一个官位。有的人想要做官，从地方的村干部做到乡镇市长，还是觉得官位不够大，一心希望当个立法委员，甚至能当上部长就更有权势，就更加威风了。哪一天真的当上部长，忽然一个贪污案件爆发，结果锒铛入狱，不但权势没有了，连尊严也葬送了。

三、贪一栋房子。有的人羡慕别人住豪宅，一心希望自己能有一栋独门独户的房子。等到真的有了自己的房子，一栋不够，还想拥有第二栋；平房不好，最好能住高楼大厦。一旦真的如愿住进大楼里，忽然地震了，整栋大楼天摇地动，吓得惊慌失措，手脚发软，这时才发现，住大楼也不一定好。

四、贪一个美女。有的人以拥有娇妻美眷为幸福，一心希望娶个美娇娘。等到如愿了，又觉得“家花”哪有“野花”香，别人的太太看起来永远都比自己的老婆漂亮，所谓“文章是自己的好，老婆是别人的好”，于是就在不满足当中，遗憾地过了一生。

五、贪一件衣服。有的女人喜欢逛街买衣服，新潮的、复古的、朴素的、花哨的、连身洋装、中式套装等，各种式样、各种质料、各种花色的衣服挂满衣柜。但是每次要出门的时候，选哪一件都觉得不合适，于是面对满满一整柜的衣服，却永远都是少一件。

一般人对五欲尘劳的世间，永远没有满足的时候。有一首描写“不知足”的歌，形容一个人“心无餍足”，非常贴切。歌云：

终日忙忙只为饥，才得饱来又思衣；
衣食两般皆具足，房中又少美貌妻。
娶得娇妻并美妾，出入无轿少马骑；
骡马成群轿已备，田地不广用支虚。
买得良田千万顷，又无官职被人欺；
七品五品皆嫌小，四品三品仍嫌低。
一品当朝为宰相，又想君王做一时；
心满意足为天子，更望万世无死期。
种种妄想无止息，一棺长盖抱恨归。

不知足的人，就这样苦苦恼恼地度过了宝贵的人生，宁不可惜？！

原谅他

“原谅他”是很好的美德，对于别人偶尔犯下无心的过失，应该给予包容、原谅，因为“人非圣贤，孰能无过”，所以大人不计小人过，原谅他，好人不计坏人的冒犯，原谅他。

“原谅他”很好，但是世间事也不是一概都能原谅的，孔明“挥泪斩马谡”，就是不能原谅他；鲧治水失败而受刑，也是不能原谅他。现代社会，有的儿子吸毒，父亲送子法办，就是不能原谅他；历史上，许多乱臣贼子、奸佞小人，史书秉笔直言，都是因为不能原谅他。

说到不能原谅，什么样的情况下不能原谅他呢？列举四点如下：

一、背叛师门，不能原谅他。在武侠小说里，对于一些仇敌、冤家，有时候并不一定要追杀他、打击他，但是如果徒众门人背叛了师门，都会执行门规、家法，加以追杀。因为背叛师门，就如在国家叫叛国，在团体叫叛离，在家庭叫叛家。背叛是人的道德问题，是人格的损伤，不是行为的疏失，所以一般师门对叛徒都不能原谅。

二、不忠不义，不能原谅他。一个人的行为不正或不善，有时还可以原谅他，等他改过；但是一些不忠不义的人，让亲人、长辈、团体受到了伤害，这就不能原谅了。

三、恶意陷害，不能原谅他。在刑法上，同样是杀人犯，但是过失杀人与蓄意杀人刑责不同。因为无心的过失尚可原谅，蓄意谋害，或是造谣生事，恶意陷害他人，乃至贪图名利，罔顾道义，出卖亲友等，这些人都应列为不可原谅的对象。

四、反复无常，不能原谅他。历史上，很多性格反复无常的小人，卖友求荣，卖国求利，例如三国的魏延、明朝的吴三桂、民国的汪精卫，以及谋反不成的陈仪等，这些不但不能原谅他，而且都应该给予严厉的惩罚。

“原谅他”要在可以原谅的条件下行之，例如无心之过，或是遭人牵连，或是一时失察。有时语言的冒犯，行为的失检，只要他肯认错改过，在可以“将功抵过”的情形下，都应该给予原谅。尤其一个好的时代，要有淳朴的社会风气及清明廉能的政治，因此应该尽量减少刑罚，举国上下，不分党派、朝野，大家都能忍让为国，相互尊重包容。能有“原谅他”的胸怀，重视大人风度的政府，我们应该拥护，只是法令、道德的准则，也不能不重，所以原谅他、不能原谅他，还是要有所斟酌与善用。

拿捏

吃饭的时候用筷子夹菜，必须拿捏准确；医生护士为病人打针，针筒要拿捏准确；父母教育子女，松紧也要拿捏适度；开会发言，也要拿捏当时的情况，不能离题太远。拿捏是人生行事重要的规范，人生事事都要懂得拿捏，例如：

一、规矩当前知方圆。孟子说“不以规矩，不能成方圆”，凡事都有规矩。人我相处有规矩，工作办事也有规矩；在家里有家规，在社会也有社会应该遵守的道德规范。比方说，早起要向人问安，这就是规矩；外出要向人请假，这是规矩；遇事向上级请示，这也是规矩。健全的人，会为自己定自我的约束，自我的规范；不健全的人，规矩之前，他也不会遵守。在西方，如果你不准人群进入一个区域，只要拉一条绳子，千百人在外观望，绝不会有人敢擅自闯进去。反观东方人，即使再多的人看守，大家一样照闯不误。可见守规矩是一个民族的教养。

二、讥毁当前知止谤。再能干的好人，也有人讥谤。因为了解你的人觉得你伟大，不了解你的人当你是魔鬼。假如吾人遇到讥毁的时候，首先要做的工作，不是兴问罪之师，也不是急着去报复，首要之务，应该是想办法如何止谤。例如，改进自己，可以止谤；重建关系，可以止谤；不去计较，可以止谤；不必回避，也可以止谤。总之，只要自我健全，讥评毁谤就会很快成为过眼烟云。

三、权位当前知上下。正如某位先生所说：什么是君子与小人？权位当前，小人容易上台，不容易下台；君子不容易上台，但容易下台。人在一生当中，都有一些权位的诱惑，你在权位之前，能够审慎地知道进退吗?

四、是非当前知真假。人间有许许多多的是非，真是“此亦是非，彼亦是非”。就算你不说是非、不传是非、不怕是非，但不会因此就没有是非。“是非止于智者”，是非来了，你要用智慧鉴别是非，要知道是非的真假，不然就会被是非所迷惑。

五、聚散当前知因缘。人生总是有聚有散，即使亲如父母兄弟姐妹，为了学业，为了职业，也会各自远走天涯。甚至就算是夫妻吧，语云：“夫妻本是同林鸟，大难临头各自飞。”人生的聚散，就好像甲乙二人，从不同的地方相会在一个交集点、会聚之后，仍然要各奔东西。人生的聚散，没有定准，必定有聚有散；有散有聚，这就要看聚散的因缘了。“有缘来相聚，无缘就分散”，参透因缘，才能懂得聚散的关系。

六、生死当前知放下。人，生了会死，死了会生，生死本是一体的。世界上没有生而不死的生命，但死了也不是没有，死了可以再生。“生之可喜，死之可悲”，这是人之常情！生死当前，最重要的就是能够放下。当人面对死亡的时候，亲人、财产、功名、事业，你不放下，也由不得你；反而你能放下，一切随缘，因缘是永远都会常在的！

上述问题，你都能拿捏得准确吗?

分寸

人与人之间要有分寸，人与事之间也要有分寸，尤其说话更要有分寸，如果没有分寸，就会有冲突，就会有是非，就会不欢而散。

做人要明理，明理先要懂得彼此之间的分寸。因为理是轨则，应该是连接在一起，是保持双轨运行的。人我之间彼此应该保持多少间距，此中都有分寸。

现在讲究高人做事，都要先拿捏分寸、拿稳分寸，合乎分寸，凡事就容易成功。做人应该注意一些什么分寸呢？列举如下：

一、人情的分寸。人与人之间的交情，此中有分寸。小儿女可以叫爸爸跪下来给他当马骑，爸爸会乐得哈哈大笑。但如果是个外人，叫一个父执辈的人跪下来让你当马骑，不但要骂你，甚至要揍你，因为你太没有分寸了。

二、好恶的分寸。每个人都有他的欢喜或不欢喜，但是欢不欢喜超过了分寸，别人就不以为然了。请你喝一茶咖啡，不喜欢就随便把咖啡倒了，此即不懂分寸；请你喝牛奶，你大肆批评牛奶之害，这也失去了分寸。人的喜欢不喜欢，不能太过强烈，你非常喜欢的，也要顾念别人的不喜欢，你非常不喜欢的，也要顾念别人的喜欢，这里面都有分寸。

三、语言的分寸。说话，遣词用句之间，分寸更大。讲话要注意对象与我关系的亲疏、对象跟我的辈分、对象跟我的性别，讲话的音调、修辞用字的轻重，都有分寸。你没有拿捏好分寸，后果就会很麻烦。

四、赏罚的分寸。连续的嘉奖，会有人批评你私心；连续的惩罚，即使高速公路警察开罚单，一罚、二罚、三罚，驾驶人也会有反抗的心理，也会不服气。赏是鼓励，罚是规诫，总要达到目的；赏罚达不到目的，这就是没有拿捏好分寸。

五、劳逸的分寸。人有时要分工，有时要合作；分工的时候，劳役不均，会引起抗争，因为失去了分寸。主管分配工作的时候，对工作的轻重、时间、成效，要仔细观察，要给予平均，不可失去分寸。劳逸均衡，这是管理学上非常重要的原则。

六、进退的分寸。在家庭里，即使和父母讲话，也要懂得进退有分寸；在公司和上级讲话，更要知进退。什么时候可以进言，什么时候可以报告，如果主管正在忙得不可开交，这时候你要插班报告，事情的结果会如何，当然可想而知了。所以，对于进退忙闲之间，时间要拿捏得好，尤其要拿捏得巧。

七、用钱的分寸。人会不会用钱，不在于钱多钱少，而是懂得用钱的分寸。有的人每个月收入只有两万元，可是收支平衡，甚至犹有余裕；有的人每个月有五万元的收入，但是常常捉襟见肘，入不敷出，这就是不懂得用钱的分寸。

八、两性的分寸。两性之间，尤其一对一的时候，彼此的亲疏、关系，更要拿捏好分寸，免得日后麻烦。——说到分寸，佛陀讲经说法契理契机，就是分寸；人间佛教重视传统与现代融和，就是分寸；丛林四十八单职事各司其职，就是分寸；政府升迁、待遇，都有分寸。分寸，分寸，人与人之间有很多的分寸，不能不重视。

框框

人都害怕被拘禁，像监狱里的囚犯，生活在牢房的小框框里，不能自由解脱，感到束缚的痛苦。其实，世间的人，可以说大都生活在框框里，有人以家庭为自己的框框，有人以名位为自己的框框，甚至法律、道德，都是人间的框框。

自古以来，人类为自己设立很多的框框，不只有形的框框，无形的框框更多。有的人被爱情给框住了，有的人被地位给框住了，尤其自己的心锁，更把我们框得很紧。不能从框框里解脱出来，则所谓“三界如牢狱，娑婆如苦海”，当然只能在苦海里浮沉了。

现在试就人生的“框框”一谈：

一、生活的框框。中国古代有一种刑法，叫“画地为牢”，现在叫“限制居住”，这不就是框框吗？在家庭里，为了生活的“开门七件事”，不就被柴米油盐酱醋茶框住了吗？为了衣食住行，不是被衣食住行框住了吗？为了生儿育女，儿女不也是把自己框得很紧？为了家族、远亲、近邻、历史、道德、名誉，哪样不把我们框得很紧？尤其名枷利锁，更把我们死死框住。人生到了青壮年时期，都很希望走出家门，进入广大的社会飞翔，主要的就是能逃脱框框。

二、思想的框框。一个人妄想颠倒，想东想西，终日就在思想的框框里钻不出来。有的人想做君王，就被名位框住；有的人要当富翁，就被金钱框住；有的人想要把权，就被权力框住；有的人希望爱情，就被爱情框住，所以思想每天都在财色名利之间打转，逃不出五欲六尘的框框。当然，也有的人视荣华富贵如草芥，他执着事业，希望成为专家学者，希望成为名人要员，希望自己登高一呼，万方响应，他也会被思想理念框住而不能解脱。像美国的海明威、日本的川端康成，虽然获得诺贝尔文学奖，但逃脱不出思想的框框，只有另求解脱之道。

三、人事的框框。世间最难相处，最难管理的就是人。人与钱财相处，钱财不讲话，随你支用；人和物品相处，物品也会听命于你，任你搬来搬去，不和你争论，所以基本上还能逍遥自由。但是人和人对上，一句话，一个动作，一个脸色，可能就受不了，所以人事的框框最难打破。有的人从家庭出走，就是因为人事不和；有的人从机关辞职，也是因为人事不能协调；有的人在人群里郁郁寡欢，都是为了人事的框框，让自己不能任性逍遥，随缘放旷。人和人之间，关系愈亲密，框框愈紧，人都希望从人我是非中解脱出来，但是谈何容易？所以佛教讲“无我相”“无人相”，能如此才能逃离人事的框框。

四、心里的框框。心是我们的牢狱，我们都住在心的牢狱里。有时候身体被关闭了，心还会获得自由；有时候心被贪嗔、愚痴、我慢束缚住了，那就完全失去了自由。所以无门禅师说：“春有百花秋有月，夏有凉风冬有雪，若无闲事挂心头，便是人间好时节。”所谓“心中有事天地小，心中无事一床宽”，做人要能先从心解脱，而到身解脱，才是真正的自在解脱。

我们看小鸟被关在笼子里，鸟笼的框框让它不能自由飞翔；金鱼养在鱼缸里，在狭小的空间里，任凭怎么游也游不出它的框框。人类的框框，有一些是社会加诸给我们的，也有许多是我们自己自设的。所谓“天下本无事，庸人自扰之”，人类如能对五欲六尘、人我是非淡泊处之，愈是淡化就愈能走出框框。

牢笼

一只小鸟被关在笼子里，虽然天天有人喂食，但是不能自由地翱翔天空，因为鸟笼限制了它的自由。一群游鱼，养在庭院的池塘里，虽然也能生存，但是不能酣游大海，因为池塘限制了它们的自由。

人，也经常被家庭、金钱、名利所束缚，成为人生的牢笼。甚至爱情、执着，都是人生的牢笼。牢笼里是安全的地方，牢笼里也是可怕之地。有的人要革命，要解放，就是希望能走出牢笼；有的人把传统看成是牢笼，要从传统走向现代，他也希望要打破牢笼才行。

社会人生的确有许多牢笼有待挣脱，例如：

一、监狱是身体的牢笼。监狱是关闭罪犯的地方，监狱的牢笼把囚犯限制在一定的空间里，不能自由。但是有些囚犯，身体虽然被关，只是行住坐卧地不自由，他的心灵其实是自由的。佛教里有一些闭关修行的仁者，不但关闭身体，也关住自己的心灵，因为心如盗贼。王阳明先生说：“擒山中之贼易，抓心中之贼难。”所以要通过闭关，希望把心灵的盗贼也囚禁起来，让心灵能够净化。

二、罪恶是心里的牢笼。被囚的身体在监狱里不能自由；走在路上的行人，虽然行动没有失去自由，但是心里充满罪恶感，不能坦荡、自在，那就是心里的牢笼了。有人晚上走路，总觉得后面有鬼怪跟随；有人走在路上，总觉得周遭布满警察密探。因此，有些人犯了罪，虽然逃过法律的制裁，但是因为自己良心不安，感觉有愧于人，只有一辈子住在心里的牢笼里。

三、主义是思想的牢笼。现在世界上的主义何其多，有所谓资本主义、社会主义、拜金主义、唯物主义、唯心主义、虚幻主义等。世界何其大，何必用一个主义把自己囚禁起来呢？我是某某主义的信徒，如果是慈悲主义、爱国主义倒也罢了，假如只做某一个学派、某一个人的崇拜者，硬把自己的思想缩小，那就划不来了。

四、地球是族群的牢笼。个人用“监狱”关闭，失去自由；许多人生长在某一个海岛，终其一生就在岛上生活，海岛也是牢笼。现在的民族，像本地居民、边疆民族，志愿把自己的同类，集中在某一偏远地区，以地球做牢笼。其实，芸芸众生都是兄弟姐妹，何必把自己囿限在一个地区呢？就算是同文同种、同一文化，如因居住地区的局限，不能融和到人类社会里，只在地球的一角，那也是一间牢笼。

五、成见是进步的牢笼。愚公移山，智者笑他：太行山那么雄伟、高大，怎么移得了呢？愚公说：我有儿子，儿子有孙子，孙子又有儿子，子子孙孙，不断繁衍，而山岳不见其增，只见其减，有什么不能的呢？但是智者还是认为，以愚公残年之力，难动山岳之一毫！愚公不禁慨叹说：“汝心之固，固不可彻！”平常我们总是执着成见，因为成见而阻碍了自己进步的动力，何其不智！

认错

“人非圣贤，孰能无过；知过能改，善莫大焉！”一般的凡夫俗子，大都不肯认错，更遑论改过了。认错好像是圣人的行为，如曾子说“吾日三省吾身”，曾子就肯认错；大禹“闻过则拜”、子路“闻过则喜”，可见认错需要有圣人的修养。

一般人其实也想认错，只是有的人低不下头，有的人咽不下一口气，有的人道歉的话讲不出口，所以佛教对认错有一个规定：要发露，才是忏悔认错。所谓“发露”，就是要说出口，要公布出来，发露了才算忏悔。

兹将认错的好处、意义，分析如下：

一、能增加美德。小儿女犯错的时候，爸爸妈妈要打他，当爸爸妈妈举起棍棒，他立刻说："爸爸，妈妈，我下次不敢了。"可能爸爸妈妈就打不下去了。所以从儿童时期，他就知道认错的好处，长大后，虽然有时难免会犯错，但犯错只要肯认错，就是最大的美德。

二、能获得人缘。不认错的人，纵使是对的，人家也不会给予尊重，反而认错能获得人缘。例如，常常把"对不起"挂在嘴边："对不起，昨日的会议不该早退。""对不起，前天跟你讲话，不该打扰你那么多时间。""真过意不去，我上午竟然那样冒犯你。"如此肯认错，所谓"一笑泯恩仇"，一认错，心中的疙瘩消除，自能增加彼此的善缘。

三、能改进恶习。人的执着、贪欲、嗔恚、我慢等恶习很多，如果不肯认错，更是恶劣的习惯，假如肯认错，就是良好的习性。人生经过一个转折点，罪恶变为善美，黑暗变为光明，恶习也会成为善的行为。

四、能变化气质。人生最重要的事，就是气质的变化。为什么要读书，为了变化气质；为什么要做善事，为了变化气质，增加慈悲。一个人有没有学问、有没有权势不重要，有没有气质很重要。我们的谈吐有气质，我们的行事有气质，我们和人来往很有气质；你有气质，做人处事，和人交往，就能增光很多。

五、能培养勇气。认错不是懦夫的行为，认错也不是弱者的表现，认错是勇者，认错能培养自己的器度。认错需要勇气，认错需要智慧，现在举世各民族，最能勇于认错的，要算是美国人了，只要你有理由，即使官员也会向你认错。

六、能受人赞美。认错不会遭人歧视，不会被人批评，反而令人欣赏、谅解、佩服、赞美。我见过许多年轻人，死不肯认错，别人对他的错误就会耿耿于怀，不能原谅。但也有少数高层次的年轻人，错了即刻当众认错，反而受人尊重，以后的日子受人推崇、赞美。类似的例子多不胜举，因此不禁要问：青年人为什么不知道反省认错呢？

折扣

我们到市场买东西，买卖双方都会论斤计两，一方要将本求利，一方希望多打一些折扣。有时商家因为打个折扣，生意容易成交；有的因为没有折扣，即使货真价实，也是很难交易成功。物品的价值有折扣，其实人的一切也有折扣，例如：

一、人情的折扣。人和人彼此论交，逢年过节礼尚往来，婚丧喜庆也是礼数周到。但是时间愈久，双方就调整人情，所送的礼品不再像过去一样，因为现在交情比较平淡，因此打个几分之几，这就是人情的折扣。有时候我对你应该多一些感谢，只因为你的儿子没有礼貌，你的女儿说话不当，让我心中不舒服，因此你的盛情我也会打一些折扣。打折扣的人情，不就是世间的实相吗？

二、人事的折扣。人事也有折扣，本来可以升你为科长，只因受你的礼品简陋，就请你做个干事吧！你的功劳早就可以晋升少将，只因某些人事不能摆平，只能对你打些折扣。萧何推荐韩信，汉高祖打了折扣，韩信一怒拂袖而去，害得萧何月下追韩信；诸葛亮荐举庞统，也因刘备以貌取人，觉得庞统长得丑陋，没有加以重用，打个折扣让他当县官，最后庞士元一气每日睡觉，不问公事，直到诸葛亮知道以后，刘备才把打折扣的心理去除。

三、人力的折扣。人在公家上班，因为待遇菲薄，他心里会想：你对我打折扣，我的工作也只有打折扣，这就是所谓“一分钱一分货”。三国时，刘备最早重用徐庶，后来因为曹操取其母，强迫他离开刘备，结果徐庶虽然人到曹营，但一生不为曹操划策设谋，因为你的方法不对，只有打折扣。现在的士农工商各界干才很多，只是没有获得重用，因此就以折扣的心情对待。其实，如果你的付出超越所得，领导终有一天会发现，到时还是会还给你一个公道，不会永久打折扣。

四、人缘的折扣。人缘也有折扣，说好说坏，都看他的折扣。你有十分好，但是他不肯以十分待你，只以五分赞美你，这就是折扣；你为人实在不好，他不想多对你落井下石，只是简单轻描淡写地打一些折扣。人缘就像一个度量衡，就像一杆秤，这杆秤不一定公平，因为人心不平，自古皆然。所以要想找到一个说话公平，不打折扣的公正人士，在今日的社会可说难矣。

五、人格的折扣。人格本来是没有折扣的，一个人的人格是好就好，是坏就坏；但是由旁人观之，他的功过就有差距，所以社会给他的评价也有不同。现在一些民选的公仆，所谓“选贤与能”，竞选时每一个选民都要掂掂他的斤两，尤其当权者在提名时，论斤论两，都要对这些被提名的候选人，有的给他一些加分，有的则给他打一些折扣，都有不同的因缘。

六、人心的折扣。人心有慈悲的，有残忍的；有喜舍的，有贪吝的；有善良的，有毒辣的；有助人的，有害人的。对于好坏不同的人心，如何给他们折扣呢？折扣就是分寸，如果应对得公平，是应该有折扣；如果应对有了偏颇，给予的折扣不公平，这就不符合折扣的意义了。

总之，折扣如系买卖东西，只要双方同意，虽有折扣，也算公平；如果暗中做了手脚，对人偷斤减两，有损他人的利益，折扣就不足为取了。尤其上述有关人情、人事、人力、人缘、人格、人心的折扣，还是应该给予公平的评价才好。

闲

人要“能忙能闲”，在忙碌的人生里，偶尔有个闲暇的假期，放松心情，过上闲适的生活，未尝不是快事。不过，闲暇时间太多，浪费人生，减弱工作奋发的意志，只想偷闲懒散，则前途成就危矣。

闲的成败得失，略表看法如下：

一、闲话不要听。每个人的生活里，必然会经常听到他人批评自己的闲话，重要的是，听了不要着意。因为别人的一句闲话，说你好，你欢喜，说你坏，你就生气，那么你的生活就会全然被人操纵，你的人生就只能被人牵着鼻子走。要你欢喜，说你几句好话，要你烦恼，说你几句坏话，你的人生怎么能活得出自己来呢？对于闲话，所谓是非闲话朝朝有，不去在意自然无。说好说坏，是别人的闲话，与己无关，何必在意。

二、闲人不要交。社会上，有的人成功，有的人一事无成，这是什么原因？忙的人会成功，闲的人会一事无成！有的人自己不肯努力工作，专门在旁边说一些泄气的闲话，过着不负责任的人生，像这种闲人，最好敬而远之。每个机关团体，都有一些勤于工作、每天忙得很快乐的人；但也有少部分人闲得无聊，不务实际，没有求好的精神，这种闲人不交也罢！

三、闲事不要管。有一副名联说："风声雨声读书声，声声入耳；家事国事天下事，事事关心。"可见对于正经大事，应该要多管；对于无聊的闲事，则是少管为妙。什么是闲事？无关社会大众的事情、生活中闲杂琐碎的小事，乃至意气争吵，如泼妇骂街、夫妻吵架等，这样的闲事，少管为宜。有的人为了多管闲事，张家长、李家短，惹来许多无谓的纷争；有的人夫妻吵嘴，好心劝和，结果招来怨怪。因此，有人说不要做吃力不讨好的事、不要自找麻烦，这都是叫我们不要多管闲事的意思。

四、闲钱不要贪。人性总是喜欢贪小便宜，然而不是分内应得之财，还是"闲财不要贪"为妙。比方说，包工程，拿回扣；接受贿赂，为人关说。甚至有的人凡事都想分一杯羹，如此性格，必然满身腥臭，叫人不敢和他靠近。贪小便宜的人，为了贪一些不当的钱财，为自己招来严重的后果。就如河里的鱼儿，为了一点饵，丧失生命。所以，清廉自爱，洁身自好，必定对自己的人生有益无害。

五、闲职不要兼。中国人大都有"好名"的习性，很多职务其实没有事情可做，但总要请你挂个名。挂个名就表示没有实务，只是一个闲职。现在一些人民团体里，理事、监事等闲职，很多人竞相争取，乃至公司团体的名誉董事、荣誉理事，摆明都是闲职。闲职兼得愈多，表示自己人望愈高，因此沾沾自喜。实际上，很多人名片印了一大堆头衔，但是没有事情可做，这种闲职多了无益，不兼也罢！

六、闲念不要生。佛教叫人不要妄想纷飞，就是闲念不要起的意思。不是自己的钱财，起了贪念；不是自己的名位，也想贪求。每日妄想纷飞，总是想着自己的利益，想要升官发财，想要中奖得利，想要功成名就，想要富甲天下。人的欲望无穷，但满足欲望的物质有限，所以种种的闲念妄想，到最后只有苦了自己，此外一无所得。

因此，懂得闲话不要听、闲人不要交、闲事不要管、闲钱不要贪、闲职不要兼、闲念不要生，才是一个有智慧的聪明人。

逃兵

军队里，现役军人不愿服兵役，私自离开军营，叫作“逃兵”。成为“逃兵”的人要受军法制裁，也会被社会人士看不起。

其实，不是军队里才有逃兵。学校里，学生“逃学”，老师“罢教”，这是教育界的逃兵。商场上，企业巨子忽然退休不干了，这是工商界的逃兵。甚至宗教里，有的人离开其信仰的教团，也成为宗教的逃兵。

人不能放弃自己的责任，要锲而不舍地坚守自己的岗位。有的人在政坛叱咤风云数十年，他不做政治界的逃兵；一生粉笔生涯，与青年学子为伍，他不做学界的逃兵；一生莳花植果，耕读传家，不做中国文化的逃兵。有的人投笔从戎，报效国家，不做战场的逃兵；有的人在国际间折冲樽俎，不做外交界的逃兵。

总之，人生可贵之处，就是要勇往直前，站在自己选定的岗位上，为国家社会，为大众人群奋斗服务，他就值得我们尊敬，他就不是人间的逃兵。

人，要如何才能坚守岗位，不做人间的逃兵呢？

一、不推卸团体的责任。每个人都要依靠团体，才有力量，所以社会上有很多的党派，有很多的社团，有很多的组织。这许多团体，都有章程，都有目标，都希望每一个参与的分子，全始全终，同心努力。如果团体赋予他的责任，他不以为然，或者他感受待遇不公，就容易弃团体而做逃兵。其实，如果有不合意的地方，可以在团体里解决，但不能轻易地出走，以免留下逃兵的骂名。

二、不逃避工作的任务。士农工商，每个人都要工作。尤其现在重视“分工合作”的社会，每一样工程都要“分工”进行，你是负责组织的、财务的、总务的、联络的，或是培训的、管理的，你不愿意做自己分内的工作，动辄一走了之，这就是工作的逃兵。你这里也做逃兵，那里也做逃兵，到最后哪个人敢任用你呢？因此，除非万不得已，否则即使工作与自己的志趣不合，也要好聚好散，等到人家找到合适人选，自己才能全身而退，保持名声。人生，过头的饭可以吃，过头的路不可以走，难道你没有想过将来还有碰头的时候吗？怎么可以做工作的逃兵呢？

三、不改变信仰的忠诚。在宗教里，有的人信仰未能深入，稍有不合己意，就轻易改变信仰。今日佛陀，明日耶稣，后天其他新兴宗教，这种人容易为宗教人士所轻视。虽然，有的人基于自己的性格，或是经过深入研究教义后，决定改宗他教，也不是不可；但是如果为名为利，或为了赌一口气，随便改变信仰，这种逃兵实在没有价值。

四、不放弃生命的价值。我们看一些残障人士，由于身体缺陷，生命活得十分艰难。但他“残而不废”，仍然鼓起勇气，发挥自己的生命力，活出生命的价值，让生命闪耀光彩，这种生命的勇士，不做生命的逃兵，更值得我们喝彩。

变节

社会上，有许多忠贞不贰的人，他们的品德操守让人歌颂，但也有不少中途变节的人，他们的行径令人唾弃。所谓“变节”，就是舍弃原有的伦理，改变身份，另找出路。例如：

一、妇女变节改嫁他人。在古代的社会，“变节改嫁”是女人很没有面子的事，所谓“忠臣不事二主，烈女不嫁二夫”，所以过去的妇女，即使遭遇再大的变故，甚至年轻时丈夫亡故，也绝对不肯改嫁他人。在中国各地，都有贞节牌坊的竖立，女人的德行，就从守贞守节获得社会的尊重。

二、仆从变节改投新主。在旧社会里，有财富名望的家庭，都养有若干仆从。这些仆从为主人效劳服务，有的终其一生，都如主人家中的一员，被主人视为“老家人”，可见主仆关系深厚。由于大家数十年相处，仆人忠心可感，有的主人临终并不把遗产交给儿女，反而留给老仆人继续掌管。主人慈悲，仆佣忠义，一生都不会变节而改投其他更有钱有势的门第，因此也传为社会的佳话。

三、军人变节投靠敌营。国家的军队，经过严格训练，应该效忠国家，效忠领袖，但有的人因为思想不同，反而投诚敌营，成为逃兵。其中，有私自逃亡者，有携械投诚立功者，有希望获得奖金驾机投降者。这种军人，不以荣誉为生命，只看重利益而变节改投敌营。当中或有重大的内情事故，但一般有伦理道德观念者，莫不心生鄙夷。

四、大臣变节投向他国。在古今社会里，都有少数人因为敌不过利益诱惑，或因受到其他威胁而变节。例如，三国时代的徐庶，因为母亲被收为人质，只得告辞刘备，变节投靠曹营。汉朝的李陵，兵败变节，投靠匈奴。大宋王朝的秦桧，为利变节，暗通金兵。明末清初的吴三桂，为了爱妾陈圆圆，开关门迎接清兵，变节投靠清军。近代的汪精卫、陈公博等人，投靠日本。一些变节投靠对方的人士，或许有些难以了解的原因，但基本上做人的形象，已经打了折扣。

五、演员变节另换东家。在演艺圈里，常见有人为了利益变节，抛弃原主，另投东家。过去香港电影界，国泰公司、邵氏公司，彼此相互挖角，各以提高酬劳，引诱演员变节来归。台湾当初的台视、中视、华视三家电视公司，旗下各有男女演艺人员，一旦成名之后，往往为了提高待遇，另投他台。由于他们自有的荣誉感，对社会的道德伦理，起不了什么大作用，演员变节只是为了金钱、人情，所以社会大众也不会太去注意。

六、弟子变节另投师门。过去许多武林人物，从小拜师学艺。多年后，学艺有成，因为记恨师门的苛刻，或者师兄弟之间相互嫉恨，因此一气变节投靠另外的师门，这是武林一大禁忌。一般的武林派系，对这种变节改投其他门派的不肖子弟，都不肯轻易饶恕，总会派人追杀，以惩变节之过。宗教也有变节的信徒，本来是信仰这个宗教，后来因故改信其他宗教。一般宗教界并不太介意，总以信教自由，或者将之当成“转学”看待。

变节或有不得已的苦衷，但变节之人对于自己的人格、道德，总是留下一些瑕疵，这是不容分辩的事实。

造反

世界上，尽管很多人提倡和平、尊重、包容，但是造反的行为仍然时有所闻。人生为什么要造反呢？有的为了自由民主，有的为了实现理想，有的为了自身利益，有的为了施行仁政，所以要向不公、不平、不好的对方革命、造反，以期达到目的。例如：

一、儿女造反，为了分家。现在有些家庭，儿女对家族并没有多大贡献，但凭其血缘关系，向父母造反，要求分家，以获取利益。我见过许多富豪家庭，父母死亡时，丧葬不管，只在闹着兄弟争分财产。一个家族有了造反的分子，这个家族必定会慢慢衰微，所以争产也是家道衰落的原因。

二、员工造反，为了不平。社会上有一些公司、团体，员工因为感觉待遇不公，心生不平，或是为了要求加薪，也会群起造反。例如香港国泰航空公司，有段期间为了薪水问题，员工罢工，如飞行员罢飞。在台湾铁路局的员工，也曾为了反对领导及争取加薪，企图以罢工来瘫痪交通。在世界各地，都有类似的邮政罢工、商店罢市、学生罢课，甚至军人罢战等。因为有一些人感到赏罚不公、人事不公、待遇不公，所谓“不平则鸣”，不公不平，造反的戏码就会不断上演。

三、群众造反，为了压迫。一个国家，官员贪污腐败，失去民心，群众就会起来造反。2006年台湾的红衫军，不就是为了政治人物贪污无能，因而起来集会游行，以示反对？社会上任何事情，只要群众感觉不公正、不平等、不合法，大家为了达到改革的目的，就用集体的力量起来造反、革命，以期达到要求。不过，造反者也不一定都能达到目的，秦朝末年陈胜、吴广带领农民起义，向皇朝抗议，结果起义失败，造成社会更加动乱，民不聊生。东汉末年张角领导“黄巾军”向政府造反，最后也没有成功，一样引发社会更大的动乱。甚至明朝的张献忠、李自成，也是集结造反，最后把大明王朝的江山拱手让给入关的清军，清朝于是统治中国达两百多年之久。

四、大臣造反，为了夺位。在许多的造反当中，最严重的就是当朝的大臣们阴谋夺位，起兵造反。汉景帝时平定七王之乱，就是怕他们造反；明成祖朱棣为了夺位，公然向侄儿建文帝造反，让建文帝仓皇出走，下落成为千古之谜。

造反是不得已的行为，造反的人可能成功，但是失败的居多。当今的时代已经进步到不需要再以造反来达成要求，因为家中的遗产谁能继承，在法律上都有明文规定；社会的公义也有法律途径可循，不需要靠造反。即使国家政治的领导权，也由选票来决定，所以作为现代的民众，不必为了少数人的利益，动不动就要造反，如此伤害社会的元气，牺牲人民的生命，真是得不偿失的事。

保密

现在是个重视个人“隐私权”的时代，每个人都有不欲人知的秘密。甚至不只个人有个人的秘密，商场也有商场的秘密，国家更有国家的机密。不管政治的机密、军事的机密，所谓“保密防谍”，一直是举世各国在国防上努力加强的重要课题。在美国，虽然贵为一国总统的尼克松，因为窃听民主党的秘密，“水门案”一爆发，最后黯然下台。中国的春秋时代，燕国太子丹为了谋刺秦王，当时的名士田光推荐荆轲，太子说：“此事关系燕国存亡，务请保密。”田光曰诺，回家后立即自杀，表示他不会泄露机密。

保密的重要，尤其现代的战争，可以说完全是一场情报的攻防战，对保密防谍一定要做到滴水不漏，所以有所谓“死间”，也就是即使危害到生命安全，也不可以泄露丝毫机密，这是每个情报人员应有的操守。

现在社会上，有一些人不知道保密的重要，专作“包打听”，见到人都说“我告诉你一个秘密”，听的人也不知轻重，又再转告其他人：“我告诉你一个秘密。”如此辗转流传，所谓的“机密”不需要多少时间，立刻遥传千万里，是真是假，搞得大家一头雾水，不知真相为何。其实，无论什么事，应该宣布的时候，负责的人会宣布，其他人提早泄露，就是不当；股票内线交易，就是犯了这个忌讳。因此，不管事情轻重，不论事情公私，在没有宣布的阶段，我们替别人保密，这是做人应有的涵养。兹略述保密的意义如下：

一、保密是责任。我们一生当中，必定有多次参与研商的秘密会议，或者自己保管秘密档案，除了有关的顶头上司以外，不可以泄露丝毫的秘密，这是我们的责任。所以担任情报工作的人员，都要挑选有道德、有责任感的人，否则泄露一个秘密，危害到别人的生命财产，后果严重。

二、保密是诚信。保密不仅是责任，更是关乎一个人的人格、操守。因为别人把秘密告诉你，就是信任你，如果随意泄露，就是失信于人。所谓“人无信不立”，能够替人保密的人，才可以和他共事；胸无城府，口无遮拦的人，做一些事务性的工作，当然也有需要，但是保密是另外一种高尚的品德，代表做人的诚信，更为重要。

三、保密是厚道。保密不仅是责任，是诚信，更是为人厚道的表现。现在的社会，不但公事上很多机密，就是私人，如电影明星跟谁结婚？何时结婚？总想保密。公众人物，不想曝光太多，应该给予尊重，例如一个人有多少财产，是他数字的秘密，只要不是偷的、不是抢的，不需要由别人来为他宣布；一个人的往事历史，家事身份，他不希望别人知道太多，你一再打听、刺探，就不厚道。凡是足以造成对别人伤害的事，你泄露了就有失厚道，所以过去的社会“隐恶扬善”，被视为是积“阴德”。因此，一个人的性格厚道与否，从他能否为人保密，也可看出一二。

四、保密是修养。保密是修身忍性的功夫，必须有这样修养的人才容易做到。有的人修养不够，大嘴巴，好说别人的秘密，一说到别人某某私事，就觉得非常痛快，甚至一些国家大事，他为了表示自己有能力，不知轻重地一直向外发表。泄露个人的秘密，可能有牢狱之灾；泄露国家机密，可能有丧生失命的危险。

五、保密是自重。一个不能保密的人，别人讲话都对他严防三分，因此不能守密的人，别人不会太看重他。集会共事，大家总说他会泄露机密，要敬而远之，所以能够保密，就是懂得自尊自重。不随便泄露秘密，把保守秘密当成是做人的义务，甚至觉得保密比泄密更为快乐时，他就是真正成熟了。保密，岂不重要乎！

隐私

人都有一些不欲人知的个人生活、行为，叫作“隐私”。私人的信件、私人的住处、私人的收藏，只要是私人所有，法律都保障他的隐私权；只要他没有犯法，他的私人权利都要受到尊重。

人有些什么隐私呢？

一、家世年龄的隐私。有的人不愿意把家世背景对外公布，大家应该尊重他的隐私。就如同有些人喜欢问别人年龄，一般年轻妇女都觉得对方问话无礼，不予回答。反之，有的人欢喜张扬家世、经历，甚至他所结交的朋友，都愿公诸大众，这又是另一种看法。但是，一般的个人资料，应该都是属于个人的隐私权范围之内，应该以不去触及为好。

二、金钱存款的隐私。有些人在机关里服务，月薪、年薪多少，他不愿让别人知道，这是他个人的隐私。他在银行里的存款，他有几栋房屋，只要不贪污、不犯法，应该尊重他的私人财务机密。现在的媒体，经常报道私人的财务，甚至还要问他：房屋什么时候买的？花了多少钱？钱从哪里来？完全不顾私人隐私，这种社会也不可爱。

三、感情生活的隐私。每一个人都有交友的权利，都有谈爱情的自由，只要在国家法律许可之下，除了跟他有关系的人之外，别人不得闻问，因为感情是每个人的隐私。可是我们的社会，就是欢喜窥探别人私密的感情，致使多少男女，就因为记者拍了一张相片，让有情人不能继续交往。尤其不少演艺人员，如乐蒂、林黛、阮玲玉等，都是为情而死，这都是社会对私密感情不予尊重而造成的后果。

四、健康状况的隐私。现代人身体健康的资料，在医院里都有记录，不过这是个人的隐私，应该受到保护。但是有一些媒体，千方百计挖掘名人就医的数据，公诸于世，让他尴尬，难以处理。个人的健康状况，如系国家元首、公众的政治人物，某些资料应该透明化，确实有益于大众。但是有的人为了选举，例如在台中曾有医师，把一位市长候选人的健康资料公布，甚至指出他患有重病，不宜担任市长，企图以其健康不佳的理由令其不能当选。其恶劣的手段，引起公愤，这就是不尊重别人的隐私。

五、思想意志的隐私。一个人的意志、思想，只要没有表现在外，也没有危害大众，他想些什么，将来要做些什么，应该有隐私的权利，别人不可越俎代庖，替他公布，这也是对个人隐私的尊重。自古以来，多少思想犯，政治上屈打成招，逼他说出个人不同的思想，罗织其罪，让多少优秀人才，因此成为不同思想下的牺牲者，白白拿生命去葬送、牺牲。所谓“可怜永定河边骨，尤是春闺梦里人”，这是描写战争的残酷。其实历代以来，许多有为的青年只因思想不同，成为牢狱中可怜的思想犯，让人也不得不为千古的冤屈，同声一叹。

揭人隐私之过

过去中国人重视“隐恶扬善”，即使不能扬善，至少也不可以“扬人恶事，揭人隐私”，因为“事不关己”。有的人无端造谣，蓄意陷害别人，看起来是害人，其实是对自己的阴德有亏。

老子曾经对孔子说：一个生性聪明，而且懂得深思明察的人，为什么会经常遭受噩运？其原因无非喜欢议论别人的长短。一个学问渊博、见多识广的人，却经常遭逢危险，多数也是因为喜欢揭发别人罪恶的结果。

揭人隐私，其心可诛。自古以来，许多忠贞烈妇被谣言污损名节，上吊而亡；造谣者即使没有受到“法律”治罪，但是“因果”之报不会幸免。历史上，不少忠臣为国为民，却被奸佞陷害，谎称他通敌叛国，以致遭到抄家灭门之祸。按照佛教的“因果律”来看，制造谣言者也不会没有因果报应。例如明朝魏忠贤陷害吕良焕，魏忠贤最后也没有好下场；清朝和珅一再在乾隆皇帝面前说刘墉的坏话，但是一等嘉庆君上台，马上把他抄家斩首。

自古以来，所谓“善有善报，恶有恶报”，许多历史斑斑可考，千万不能心存恶意，故意算计别人、陷害别人，否则冥冥之中，因果报应，信有征也。

以下根据一般的因果常识，列出十点“揭人隐私之过”：

一、所求不遂　　二、前途横逆

三、贫穷下贱　　四、好事难成

五、名声败坏　　六、遗祸子孙

七、命运不顺　　八、口臭难闻

九、六根不全　　十、恶果现前

“因果”是每个人“自作自受”，用不着别人为他幸灾乐祸。一般人不检讨自己，专爱扬人之短，助己之长；但是因果报应不是一时的，有的是“现报”，有的是“来生报”，有的甚至“后世”才报。

《四十二章经》说：“仰天吐唾，唾不至彼，还堕己面；逆风扬尘，尘不至彼，还坌其身。”我们想要揭发别人之过，喜欢找别人的麻烦，专爱传播他人的坏事，其实这就如同送礼给人，对方不接受，最后礼物还是要还给自己，所以揭人之过，可不慎乎。

柒・公道自在人心

人心六好

人心有好坏善恶之分，兹就“人心之好”，举喻如下：

一、人心如日月。有的人心如冬天的太阳，如十五的明月，不但能为大地带来光明，还能温暖、成熟万物。例如佛心、菩萨心，因为有“慈悲”，慈悲能让人受益，能让大地欣欣向荣，所以一个人能交到“好心”之人，就如寒冬里受到太阳的照耀，如同暗夜里有了明月的朗照。

二、人心如甘露。有的人有幸遇到一个好心人，给他一句良言，一句法语，一句好话，一句鼓励，这就如同“甘露灌顶”，让他“茅塞顿开”。一句甘露的良言，让人一生受用，价值不菲。

三、人心如田地。有的人心如大地般空旷宽广，而且肥沃如良田，我们的一事、一言种植在他的田地上，未来必能产生很多善美的果实。我们看，古往今来的许多圣贤，只要一句好话，他都能永记心田，而且转化为能量，让国家社会都能受到他的庇护、提携。

四、人心如电厂。我们遇到电力充足的朋友，他不但自己的心灵能发光、发热，而且能照耀别人，让人在他的照明、指引下，离开罪恶的暗夜，安安稳稳、平平顺顺地走向明天。

五、人心如大海。海洋包容尘世间的一切，不但大鱼小虾都能悠游其中；大海里，纵使倒进一些污秽的垃圾，也不失大海的清净。大海和虚空一样，都是无边际，都能包容一切，所以心如大海、虚空的圣贤、长者，都是我们的善知识。

六、人心如工厂。人心的工厂，能出产种种产品。当然，坏的工厂生产质量不好的产品，好的工厂能出产圣贤君子，出产诸佛菩萨，所以我们要向好的工厂学习，求取他日的成就。

说到人心之有好有坏，就好像一块洁白无瑕的白布，清净无污染，可以供我们使用；如果是一块肮脏的抹布，则弃之为好。人心之好坏，又如一把刀，可以成为斩断烦恼的工具，也可以杀人，所以不得不慎。

人心亦如童仆，可以忠于主人，为公去私，一心一意尽忠职守；但也可能成为叛徒，出卖主人，牟取私利。人心也如国王，可以做一代明君，福国利民，也可以无恶不作，为害苍生，所以人心的一念善恶，其影响不可谓不大。

正因为人心有好坏善恶之分，所以我们要懂得“修心”，使其去恶为善，去坏就好，则心之善良，心之美好，自然好心有好报。

人心六坏

前文谈过人心的“六好”，现在要说人心也有“六坏”，由此亦可见吾人之心，可好可坏，可善可恶，只在自己如何“调心”而已。

兹将“人心六坏”，略说如下：

一、人心如铁石。有的人没有信仰，没有慈悲，只有执着，心如铁石之坚硬，不受感动，所谓“铁石心肠”，是为难缠也。

二、人心如冰雪。有的人不但“三冬无暖气”，简直是“百年似冰霜”，一点热诚、热气都没有，如冰天雪地般寒冷的心肠，别人如何敢靠近他？

三、人心如猿猴。一般形容“心猿意马”，就是说我们的心就像猿猴，跳动不停，终日躁动，没有一刻安宁。所以有的人，心里只有妄想纷飞，每天专打别人的主意，全无正念，毫无善意，这样的人，会让人觉得他是个可怕的人物。

四、人心如蛇蝎。有人说：“青竹蛇儿口，黄蜂尾上针，万般皆不毒，最毒是人心。”人心之狠毒，但看历史上，谋害忠良、夺人田财之事，可谓历朝有之；今之社会，谋害亲夫，或是杀妻害子后焚尸灭迹者，时有所闻，真是比蛇蝎还恶毒。如此坏心，岂不可惧?

五、人心如盗贼。社会上，盗贼会窃取我们的财宝，抢夺我们的所有。其实，人心之坏，有时如盗贼般，会破坏我们的好事，甚至任意妄为，窃取我们的功德，让我们所有的一切，任其花用，结果原是富有之家，最后贫穷困顿，宁不可悲。

六、人心如虎狼。我们也许都曾听过有人骂：“汝之心，狼狗不如。”其实狗是最忠心的动物，狗心忠诚，不知何故竟为人所诟。但是如果说人心如“虎狼”，确有其事。有的人窃取权位，妄图财富，面善心恶，表面上对你虚情假意，实际上虎狼之心，不知何时会现形，令人防不胜防。

其实，人心之坏，不只如上六喻。人心之难测，所谓人心如海之深，难测其底；人心如虚空之大，难摸其边。人心之毒，更是不可不防。

佛经比喻我们的身体就像一个村庄，里面住了“眼耳鼻舌身心”六个人，心是主人，心好，则领导眼耳鼻舌身广行善事；心坏，五根也会随之为恶。心，是人的主宰，一个好人，必定从心好做起；一个坏人，也必定由心坏而扰乱。因此，古代的圣贤都鼓励人要“回心转意”，能够心向佛道，发慈悲心，舍弃恶念，岂不善哉。

义气

中国的社会，过去都讲究义气，一个人在世间和人交往，首重的就是义气。关云长“忠义千秋”，文天祥“浩然正气”，都为人所称颂。甚至孟子见梁惠王时，都要开导他：人要有义，何必曰利！

人生立足于社会，不能没有义气。什么是义气呢?

一、江湖的义气是交心交命。行走江湖的豪侠之士，他们和人交往，可以为你牺牲，为你卖命，如“七侠五义”里的白玉堂，为了感念义兄的仁义，甘愿为他送命。中国的义仆、义友、义兄、义弟，他们为义舍生舍命的事例，不胜枚举。江湖的义气就是交心交命，所以江湖义气才为人歌颂。即使是“鸡鸣狗盗”之徒的廖添丁，因为重义，在台湾也盛名不衰。

二、兄弟的义气是委曲求全。中国社会，过去都是三代同堂的大家庭，喜欢“多子多孙多福气”。但是一个家庭里人多，难免产生一些纠纷，这时重情重义的兄弟都懂得相互忍让。甚至异父母的儿女，为了义气，彼此也会委曲求全。在苏州的枣市街，有一座“泰让桥”，相传是周太王之长子泰伯，因为孝亲爱民，让位于弟季历，避走于此，免去一场同室操戈、生灵涂炭的悲剧。后世民众为了感念他的义气，所以建桥纪念。两千多年过去，至今桥上依旧车水马龙。

三、朋友的义气是排难解纷。朋友相交，贵相知心，如俞伯牙和钟子期彼此结为知音，当钟子期亡故之后，俞伯牙终生不鼓琴，因为少了知音。过去的朋友相交，彼此肝胆相照，当朋友有难，不但仗义疏财、排难解纷，甚至为友申冤、为友牺牲。中国人把朋友列为“五伦”之一，并非没有道理。

四、夫妻的义气是患难与共。夫妻相处，最难得的是能够同甘共苦。在中国的社会里，贤惠之妻、有爱心的丈夫，大有人在。如明朝开国皇帝朱元璋，虽然是个粗鲁霸气的帝王，但是他有一个贤惠的大脚妻子马皇后，他们不但患难与共，而且可以同享富贵。明清以来，这样的美事影响社会十分深远。

五、主仆的义气是视如至亲。在中国的旧社会里，有钱有地位的家庭，都会雇用很多仆人。有的主仆相处，比家人还亲，不但主人把仆人视如儿女，真情相待；仆人侍奉主上更是重义轻利，跟随两代三代是平常的事，甚至即使主人家道中落，仆人也是不离不弃，情义感人。

六、团队的义气是顾全大局。说到团队的义气，但看现在社会上许多社团，大家体认到同是从事公益，同为福国利民，在此大前提下，彼此忍让，相互成就，这种顾全大局的精神，就是团队的义气。现在的企业界，更是为了团体的发展，接班人不分亲疏，只重贤良。甚至新加坡，也在国家财政充裕的情况下，分红给民众，把利益分享全民，更可见出团队的义气。

所谓“德不孤，必有邻”，人有义气，必然近悦远来；国家有义气，万方来归。世间岂能没有义气？

缩水

公司发不出薪水，减少员工的待遇，薪资缩水了；三餐本来是四菜一汤的饭菜，现在改成两菜一汤，这是饮食缩水了。有形的物质减少使用，物质缩水；精神上的奋发也不那么勤奋了，这是精神上的缩水。

缩水，就表示退步，表示力量不足，表示有待改进，所以人生不能缩水。世间万事为什么会缩水呢？探究其原因不外乎：

一、质量不好，布料会缩水。我们买了一丈二尺的布料回家，准备做一件长衫。缝制前，先把布料放入水中泡洗一番，结果经过这么一泡，一丈二尺的布只剩下一丈，二尺因为泡洗后缩水了。缩水的布料不够做一件长衫，只能做一件短褂，这就是缩水的结果。

二、投资失利，财产会缩水。我们准备了相当的资金，跟他人合伙投资，但是经营不善，或是时机不对，原来的资本经过一段时间的运作，忽然减少了，这是投资的缩水。有的人原本承诺的资金是数千万元，但最后只能半数兑现。资金不能如数到位，就是缩水。有时投资失利，或是产品卖不出去，例如投资房地产，房产不景气，或投资股票，股票一直跌停板，这就是投资不利，当然财产就会缩水。

三、工程扩大，经费会缩水。从事工程建筑的人，图样一直修改、一直扩大，最担心的就是原来的预算不够、经费不足，或是遇到物价波动，币值贬值，都会让经费见绌。如系公家的工程，可以追加预算，国家可以负责；如是私人的工程，追加预算不容易，难免出现经费缩水的窘境。

四、讨价还价，质量会缩水。一般人购物，总喜欢讨价还价，但是商人不会做赔本的生意，如果你硬是要讨价还价，他只有在质量上出你意料之外的缩水，以满足消费者爱讨便宜的心理。质量不好的产品，如褪色、不坚固、容易破损等，都是因为讨价还价，以致造成质量缩水的后果。

五、思想落伍，目标会缩水。有的人思想本来是先进、开放而豁达的，但是随着年岁渐长，到达某个时期，观念有所改变，想法转趋保守，那么他的计划、目标，都会受到很大的影响。例如，思想里本来想办一所大学，但因为土地昂贵，购买校址不易，不得不改变原来的想法，只能办一所小学，以减少支出；本来想写一篇一百万字的长篇小说，但因为体力、时间不够，数据收集不齐，只写了三十万字就草草结束。像这种思想、观念上的缩水，目标就难以到达了。

六、言行不一，人格会缩水。人都有人格，有人格才会受人尊敬。例如，我非礼不取、非礼不动；平常做人，说一是一、说二是二。说到做到，信誉卓著，当然就能为人所尊敬；反之，有的人让人感到他的言行不一，说的是一套，做的又是另外一套，这时人格就会缩水了。由于人格缩水，人望、能力都会降低，缩水的后果，真是叫人难堪！

不缩水

社会上，工商界的买卖进出“大斗小秤”，这是重量缩水；建筑工程“偷工减料”，这是质量缩水。有的人喜欢说大话，却不能兑现，这是信用缩水。

缩水的现象，就如买了一丈的布匹，回家经过下水一洗，只剩八尺。衣服刚买的时候很合身，经过一次换洗后，缩水的衣服就无法再穿了。在商场上，有了缩水的行为，没有竞争力，无法永远立足，所以有人把缩水的行为，定名为“一次买卖”，真是十分贴切。

一个人有了缩水的行为，会遭人唾弃，所以人生应该“不缩水”，例如：

一、信用承诺不缩水。一个人能被社会肯定是个有信用的人，就靠他平时与人来往，所做的承诺都能兑现不缩水。一个守时的人，对时间不缩水，一件事承诺了什么时候交差，绝对如期完成。这不仅是守时，也是守信；有了信用，人格受人尊重、肯定，走到哪里都能安身立足。

二、公平正义不缩水。有的人生性充满正义感，在公平正义之前绝对不退缩，不让公平正义缩水；有的人为了息事宁人，经常劝人让步、妥协，使得公平正义有了缩水的状况。社会上，有一些人不讲公平正义，当然让公平正义缩水，但是有时候更让人感叹的是，世间根本没有公平正义可言。例如，男女平等、童叟无欺、一视同仁等，这不但是公平，也是正义。只是我们看到社会上，孤儿寡母被欺负、伤残疾病被贱视、嫌贫爱富被认为是正常，这一切公平吗？这是人间的正义吗？

三、服务质量不缩水。现在社会上，最让人感到光明、温馨的事，就是重视服务质量。过去官僚、对立、拒绝的时代，早已为人所唾弃，现在的社会，一切讲究服务至上，甚至政治人物都叫“公仆”，很多人想要获得社会重视，都要打着“为民服务”的旗帜。现在的“服务业”更如雨后春笋般纷纷成立，现在的律师、代书、旅行社、航空、海运、医院、报社、电台等，都讲究服务质量。其实，不管任何团体、任何行业，如果你的服务质量好，自然能增加顾客、会员，所以服务质量不能缩水。

四、道德操守不缩水。人生有许多不能缩水的事，尤其道德、操守，更是不能缩水。一个人在社会上立足，好不容易树立了良好的形象，但是一次的见利忘义，让道德操守缩了水。有的人凭着自己的爱嗔，对社会人事有了双重的评论标准，甚至只有立场，没有是非，让人感觉他的道德形象缩了水，真是划不来。所以，一些君子圣贤，为了维护自己的道德操守，宁可自己吃亏、委屈，绝对不肯让自己的道德操守缩水。不缩水，才能让人信赖，才能受人尊敬。

不可轻

佛经里有“四小不可轻”：一、小小的水滴不可轻，因为滴水可以穿石，滴水汇聚可以成为大海；二、星星之火不可轻，因为星火可以燎原；三、女童不可轻，因为小小女童将来可以当皇后，成为一国之母；四、小沙弥不可轻，因为今日之沙弥，是乃他日之法王，所以不可轻。

从“四不可轻”，放眼世界，不可轻视的事物还有很多，兹举其例：

一、少数民族不可轻。因为一个民族，不管大小，都有他的文化、语言、习惯，在地球上，也等于人间的一朵花，要看到他的美丽，不可予以轻视。

二、残障人士不可轻。世间多少残障人士，残而不废，如海伦·凯勒、贝多芬、乙武洋匡，以及最近大陆盲哑人士演出的“千手观音”舞台剧等，都表现出“身残心不残”的坚毅生命力，令人敬佩。

三、贫苦书生不可轻。今日是贫苦书生，将来可能成为学问专家；即使不是书生，就算是一般的贫苦人士，也不可轻视。

四、妇人女性不可轻。历史上，女娲补天、嫘祖养蚕、孟母三迁、岳母教忠、木兰从军、缇萦救父等；现在的各行各业，多少女强人，她们杰出的表现都证明女性不可轻。

五、落难人士不可轻。有的人时运不济，一时穷途潦倒，但是他们人穷志不穷，一旦风云际会时，便能成就不世之功业。例如，受“胯下之辱”的韩信，不也能筑坛拜将封侯？朱元璋当初落魄得衣食不全时，谁又能料想得到，日后他竟能成为一代的开国之君呢？所以落难之士不可轻。

六、生命不可轻。每个人的生命只有一次，所以必须好好珍惜。生命如幼苗，必须好好爱护，才能茁壮长大；生命如同一朵花，你能好好维护它，它才能开得灿烂、持久。生命无比珍贵，一个人将来升天、成佛作祖，都是靠生命之根源，如果残杀它、虐待它，都是残忍之至。

其实，世间最不可轻视的，应该是“因果”，所谓“善有善报，恶有恶报”，任何事都有“因果”，而且分毫不差。所以，一个人可以什么都不怕，但不能不怕因果；一个人可以什么都不重看，但不能不看重因果。有的人因为不怕因果，因此作奸犯科，一旦锒铛下狱，就悔不当初了。因此，因果不可轻，可不慎乎！

排班

排班，这是团体生活应该遵守的规矩，也是人从小应该养成的习惯。在西方，买票要排班，上自助餐店吃饭要排班，凡进入公共场所都必须排班。排班依序而进，丝毫不乱。在中国，学生每天要排班，军队每天操练，齐步走、正步走，都要排班。甚至出家人朝暮课诵、行禅绕佛都需要排班。

排班，一般人只觉得排班就是你等我、我等你，浪费许多时间，甚至你迁就我、我迁就你，实在很麻烦。然而事实上排班好处很多，在佛门里尤其重视“排班”，当中有很深的意义，值得重视、了解：

一、排班有先来后到，这是一种秩序；不重视先后，乱了秩序，团体就不容易整顿。

二、排班有一定的队形，这就是伦理；唯有按照伦理，才有秩序，才有规矩。

三、排班非常公平、非常平等，没有特权，大家随着先来后到，依序排班，先到先排，后到后排；如果习惯了“时前时后”，就容易体会出“时进时退”的人生况味。

四、排班能培养忍耐的习惯。排班时就是要等待，就是要忍耐，不能性急，不能超前；一旦养成一种性格，凡事就不会操之过急。

五、排班可以养成跟随的习惯。有时后到，排在后面，养成随缘跟随的性格；有时轮到自己领队，也能走在前面，所以不管是前是后，人生要能“前后自如”。

六、排班不能放任自己随心所欲，要遵守规矩，要尊重团队，所谓“不依规矩，不成方圆”，不管任何团体，有伦理、有规矩、有秩序，才能健全发展。

除了以上所述的好处以外，排班时要懂得前后距离，要知道左右宽度，对于大小、区隔，都能拿捏好分寸，久而久之，训练步伐能快能慢，训练自己左右旋转灵活，好像通身是眼，这就是排班的好处。

有人不满排班浪费时间，这是个人主义；有人认为排班是小学生的生活，其实这是文明社会的礼貌，任何成人都应该学习、接受。经常排班，其实也等于是在修行，每天忍耐、修行，自己的道德人格就在无形中养成。

插班

美国是一个守法制的国家，初到美国的人都会发现，美国人很重视排队，不管任何地方，大家都会按照先来后到，主动排队，即使人再多，总是井然有序，不会有人做出插队之举。

反观中国社会，既没有排队的习惯与观念，也不重视排队的秩序与尊严，走到哪里，大家总想争取时间，总会插队趋前，这就是中国人重特权、不守法的投机性格。

关于插班，略述如下：

一、官场里的插班。我们经常听说，官场里很少遵守正常规矩“循序晋升”，愈高的阶位，愈容易有“空降部队”。因为没有依序升迁，大家心有不平，怨声四起，造成士气涣散。另一方面，一些有投机性格的人，总是想尽方法，吹牛拍马，大搞关系，以图插班成功。凡此种种，容易失去人心，不可不慎。

二、学校里的插班。学校教育，有小学、中学、大学，一般学子，都是循序渐进，渐次学习。不过，有一些资优生，因为资质好，成绩优秀，可以跳级升学，因此自然而然可以插班升学。另外也有一些家长，希望自己的儿女进入名校就读，所以千方百计利用转学的方法，让儿女插班名校。果真如愿，有时因为适应不良，反而适得其反，不能正常学习，真是爱之适足以害之。

三、情场里的插班。有的青年男女，从小青梅竹马，长大后双方郎有情妹有意。不料交往到了相当程度后，忽然半路杀出程咬金，两人的世界有了第三者插班，致使情海生波，情况大乱。也有的情侣，在情场里长跑，因为父母反对，或是朋友离间，再加上第三者搅局，结果可想而知。在爱情的世界里，有了第三者插班，必然有一番波折，如果处理不当，便难有美好的结果。

四、队伍里的插班。乘车购票要排队，看电影买票也要排队。有时逢到年节假日，买票的人多，有的人不耐久等，看到前面稍有空隙，总会借机插班。尽管旁人对他抛以白眼，他也不管，只要能侥幸超前，他就觉得非常快意。另外，上公共厕所也需要排队，同样有人不顾他人权益，总要想方法插班。如果自己内急，不容久等，应该跟人打声招呼，获得别人的谅解，也还情有可原；但是有的人就是不顾别人，只是自私地为己，这就让人难以苟同了。

五、言谈里的插班。我们常见在会议场合里，有些重要人物经常迟到，可是会议已经开始，中途让他插班发言。他自恃自己位高权重，一站上台，口沫横飞，大发高论。殊不知自己迟到，插班的行为已经失当，又再冗长发言，难怪别人要嗤之以鼻。另外，也有一些三人、五人的小组，十人、八人的小队，大家开会讨论，其中甲乙两人正在对话，忽然第三者提高音调，打断别人的会谈，贸然地插班讲话。有时甚至还有第四者、第五者，也在各自发言，一时之间，只听得大家各讲各话，到底谁是听众？大家完全不管，只逞自己发言之快，完全不懂遵守规则。

以上所举，可见一个优等的社会，必须养成良好的习惯，人人都守秩序，不随便插班，这是一种社交礼仪，也是一种优良文化，更是道德的表现。

卡位

现在社会上流行排队卡位，举凡到百货公司购物，结账或抢购特价品时，都要排队卡位，以期提早买到；有时到航空公司买票，也要提早排队，以便卡位，得到方便。

自古以来，士子希望考取功名，能够金榜题名，独占鳌头，也就是要卡位。现在社会上一职难求，有时只要招几名清洁工，结果几千人报考，因为在高失业率的社会里，要找到一个可以赚钱的位置实在不容易，所以要卡位。由此可见，卡位是生存之道，古今皆然。

如何才能卡位呢?

一、有特权可以卡位。讲到特权，政治上的官僚体系，企业界的技术体系，越好的位置，越需要特权帮忙。我们的社会，很少事求人，多数都是人找事。事求人很容易，人找事很困难，假如有特权的背景，所谓“朝中有人可做官”，只要你有特权，什么事都好办。

二、有金钱可以卡位。特权之外，卡位的最大力量就是金钱了。从古代就有卖官鬻爵的行为，现代谋一个教师的职位，先要送校长礼金；一个国企的职员，也需要送主管很多酬谢金。要卡位，就要有金钱，可怜的民众，职务还未到手，就要先花上一笔钱，用在卡位上，这是多么划不来。据闻过去的医界，一个总医师要卡位，在报考的过程中，没有送个数十万元，休想轻易通过。卡位不是特权就是金钱，多么庸俗。

三、有关系可以卡位。过去中国的政治，讲究裙带关系；现代的工商企业，领导人彼此也都有姻亲关系。即使没有关系，也要领养个干儿子、认养个义女，总要建立关系。现代人求职，请人写个介绍信，打个电话，都要讲究关系。甚至我的同学、我的同乡、我的侄儿、我的外甥女，都要通过关系，请人鼎力相助，给予一个适当的位置。这种卡位文化，在社会上已经司空见惯，所谓“有关系，都会没有关系；没有关系，到处都有关系”，天下的情况都差不多，“关系”是人际社会很重要的条件。

四、有实力可以卡位。真正的卡位，应该要凭自己的实力，所谓“名实相符”，有什么能力，就占有什么位置。水牛、黄牛，功用不同，所以能力可以为人才分段。你是篮球选手，可以在篮坛上卡位；你是足球健将，可以在足球场上卡位。你没有能力，虽有很好的位置，也不能派上用场。所以现在用考试取才，公平公正，技术本位，谁有技术专长，谁就能卡位。现在教育界的校长需要评鉴，学校的教授缺人，也要“教育评议会”通过才能聘请。慢慢地，国家社会用人，就不是凭特权、金钱、关系来取才，而是要靠真正的实力，所谓“用人唯才唯德”，这是社会最大的进步。

推手

“推手”是中国拳术之一，乃由太极拳演变而来，在武术界占有相当的地位。“推手”也指帮助各行各业、各种人等提升、进步的人，例如：改革的推手、民主的推手、经济的推手、文化的推手、科技的推手等。

姑且不论我们有没有学会拳法中的“推手”，我们不能不做社会大众的“推手”，因为能够助人一臂之力，这是人生最快乐的事。

我们要做什么样的“推手”呢？试举数例：

一、要做好事的推手。某人发心设立学校、兴建医院、建设艺术馆、创立孤儿院、老人院，我们应当给予鼎力相助。有钱的出钱，有力的出力；即使没有钱财，力气也不够，也可以用语言表示赞叹、鼓励，一样可以做好事的推手。

二、要做善人的推手。古往今来，世界上有许多伟大的人物，无论是慈善家、宗教家或是仁人君子，对于他们的贡献，吾人要礼赞其功德，宣扬其善事，使之流芳万世，作为后人的楷模。

三、要做因缘的推手。眼看有些好事，就差那么一点小小助缘便可完成，我们何不做因缘的推手，促其尽快达成呢？处处给人因缘，必能得到好因好缘的回馈，何乐而不为呢？

四、要做改过的推手。人难免会犯错，但是“知错能改，善莫大焉”。对于做错事的人，我们不能一味地谴责他，应该帮助他勇敢认错，让自己成为别人改过的推手。

五、要做重生的推手。当一个人陷入困境时，最需要的就是他人的扶持，因此对于一个心意颓唐的人，我们不能袖手旁观，应该“雪中送炭”，给予关心慰问，帮助他再建信心，重获新生。

六、要做进步的推手。一个团体，要有愿意建言的人，团体才能进步；一项产业，要有人研究开发，产业才能创新。一个国家，也要有许许多多进步的推手，国家才能发展。

七、要做慈悲的推手。这个世间苦难很多，就如佛教经典《普门品》里所说，“三灾八难”不断，需要有人伸出援手。因此，吾人应当效法观世音菩萨“救苦救难”的精神，做一个慈悲的推手，让世间充满温暖。

八、要做和平的推手。由于人性好斗，所以推动和平是一项艰巨的工作。但是尽管如此，只要我们肯秉持“愚公移山”的赤诚、“精卫填海”的坚定意志，效法地藏王菩萨“地狱不空，誓不成佛”的精神，和平的一天也会离我们愈来愈近。

杜绝

“滴水虽微，渐盈大器，蚁穴虽小，足以溃堤。”世间事，有时候看似无足轻重的小事，如果不懂得防微杜渐，一旦蔚然成风，形成气势，则“星星之火足以燎原”，等到酿成大祸时再想补救，为时晚矣！

吾人平时言行上的一些不良习气，经过长时期的累积、长养，可能就是未来为恶之源、堕落之因，所以佛教的“四正勤”中，所谓“已生恶令永断，未生恶令不生”，也就是杜绝恶行、防患于未然。一个人如果能时时自我观照，不做坏事，不生起非分的心念，便能止息诸恶，而不致招感苦果。因此，世间有很多事情，不但要防范，甚至要杜绝，例如:

一、毒品要杜绝。毒品危害之大，人人皆知，一个人一旦染上了毒品，不但成为废人，还成为家庭的败家子，成为社会的败类。吸毒不是杀人，不是窃盗，但是染患吸毒恶习之人，为了购买毒品，可能窃盗、抢劫，甚至杀人。一个人只要染上了毒品，迟早会把自己的健康吃了，会把家族的荣誉吃了，会把自己未来的前途吃了，甚至影响到国家的发展，所以杜绝毒品是每个人的责任。

二、谣言要杜绝。谣言是道听途说，是没有事实根据的话，但是谣言一旦被人说了三十次以上，就成为真实的事情。每个时代，当社会人心不安定的时候，谣言总像野火一样，助长了人心的浮动、社会的不安。明朝吴三桂就是听信谣言，说他的宠妾陈圆圆被闯王李自成俘虏，所以打开山海关让清兵入关，借力征讨匪徒，却因此让明朝亡国。谣言的可怕，由此可见。谣言止于智者，但世间的智者在哪里呢?

三、暴力要杜绝。从古到今，人类社会不断出现暴力现象，国际间无端兴起干戈，无理强占别人的土地；社会上，贪官污吏抢夺良家妇女，铤而走险的暴徒使用各种手段加诸暴力于人民。过去中国的酷吏，经常动用刑罚，屈打成招。及至今日，权力更是可怕的暴力。暴力人人唾弃，一个善良的社会，要从杜绝暴力做起。仁王的政治、仁慈的行事，是全民一致的盼望。

四、贪污要杜绝。一个社会，官员操守不够清廉，到处贪污，则必然民怨沸腾。个人贪污是个人的腐化，整个政府贪污成风，则是政治的腐化。历代王朝的败亡，不都是君主昏庸，官吏贪污所致的吗?

五、投机要杜绝。国民党当初在大陆失败，主要是因为社会投机分子太多，整个商场买卖，争相囤积居奇，尤其投机、走私，扰乱得人心不安，整个社会军心涣散，民心反弹，以致一蹶不振，其不败亡又能如何？所以世间万事，好的要给予通路，坏的要加以杜绝。

小心眼

社会上，“小心眼”的人很多。小心眼是人类的劣根性，见不得别人好，不容易容纳异己的存在，而且喜欢跟人比较、计较，所以就被人讥为“小心眼”。

小心眼的人因为不能像“宰相肚里能撑船”，他只是计较、自私、执着，所以永远看不到别人的好；反之，一个有度量、有包容心的人，自然不会小心眼。以下试说“小心眼”的特征：

一、不能看远。小心眼的人没有远见，看不到未来，只想到现在；现在他不喜欢你、看不上你，但将来因缘难定，可能有一天他会需要你。由于他看不到未来，没有培植因缘，因此失去了许多未来成功的因缘。反之，如果能够看得远，知道将来我可能会需要你；未来我们可能会有齐手合作的机会；将来你可能会给我助力，也许就不会小心眼了。

二、不能看好。小心眼的人不能把别人的长处、优点看出来，他总是看到别人的短处、缺点，甚至即使看出别人的好处、优点，他也会刻意将之丑化、矮化，所以在他的心目中，永远不容易承认别人比自己好。

三、不能见大。小心眼的人如同“坐井观天，曰天小也”，其实是自己所见者小，非天小也。如果他能从一沙一石中，见到三千大千世界，如果他能从别人的一言一行里，看出人家的优点，就不会小心眼了。

四、不能共有。小心眼的人不能与人共有，他有一部自行车，就不欢喜你也有一部；他有一栋房子，就不欢喜你也有一栋。凡事都想独占，不愿意与人共有，这就是小心眼。

五、不能容物。小心眼的人，一点小事他都不能原谅。一句话不愿听闻，他要辩个明白；不喜欢的人在他旁边，他会怒形于色；不愿意看的一件事，他会强烈表现出排斥的举动。因为不能容物，就像我们的眼睛容不下一粒沙，所以是名副其实的“小心眼”。

六、不能忍性。小心眼的人听不进一句谏言，容不下一句忠告，再好的良言美语，在他听来都如针刺耳，所以小心眼的人就是没有修养，没有动心忍性的功夫。

小心眼的人，处处被人包容，显示自己渺小；如果能大其心量，凡事包容、尊重、体谅、友爱他人，就能成为一个“有容乃大”的人，自然处处受人尊敬。

慈悲之战

每个时代几乎都有战争的发生，战争是非常残忍的，但有时战争也是非常慈悲的。我们从战争的影片里，看到飞机飞过，大炮扫射后，房屋倒塌，人民伤亡，难民四处逃亡，老弱妇孺哀号声不断。残忍的画面真是不忍卒睹。

当然，不可否认，战争是残忍的，在战争期中，烧杀抢劫，奸淫掳掠，不但民房被毁，很多古迹也在无情的炮火摧残下，荡然无存。尤其那些杀红了眼的战士，以杀人为乐，虐待无辜百姓，就是俘虏也是受着惨无人道的对待。从战争中，我们看到人性最残暴的一面，暴露无遗。

但是，战争有时候也有慈悲感人的地方，试举一论：

一、仁爱。我出生在国民党北伐之时，成长于中日战争之际，逃亡于国共内战之间；我一生虽然未曾参与过战争，却亲眼见过无数战争的场面。甚至童年时，我还经常在两军交战后，以数死人为游戏。在经历过的战争里，我看过多少的军人，他们为了保护儿童、妇女，有的人甚至牺牲生命，在所不惜，因此，你能说战士们只有兽性，而没有人性吗?

多年前，上演过一部美国影片，里面的主角桑德斯班长和他的弟兄们，在炮火四射中，奋勇保护教堂、修女，全力抢救儿童，甚至把自己仅剩无几的存粮分给儿童，把自己止渴的清水全部分给难民。这画面令人想起古代的王师，他们是“吊民伐罪”，不会滥杀无辜，这不就是表现仁爱的一面吗?

二、护古。战争是残酷的，战火更是无情，两军对阵，眼中只有如何打败对方，只要能够取胜，真是无所不用其极。但是，有的战士们，虽然与前方的敌人殊死拼战，但为了保护古迹，诸如博物馆、寺院、教堂等，他们不会乱开一枪，不会随便扫射。我曾亲眼见过一位军官，为了保护一座有纪念性的建筑物，尽管战况危急，但他始终不肯撤退，誓死与之共存亡。

战争是可以避免的，即使不得已非得发动战争不可，也应该尽量保存古迹、古物。有的军队为了斗狠泄恨，刻意摧毁古迹，甚至放火烧城，让生灵涂炭，让人类的文化遗产付之一炬，真是残暴专横至极。

三、慈悲。战争是残忍的，但有时候战争是为了救民于水火之中，你能说不慈悲吗？例如，某个村庄被敌人控制了，战士们奋勇杀敌，奋不顾身解救村民。所以佛教的戒律虽然严戒杀生，但有时如果为了慈悲，也可以杀人来救人。例如释迦牟尼佛杀一盗匪，解救了五百商人，就是一种大慈悲的表现。

四、任务。战争有时是为了“以战止战”，所谓“商汤伐纣”，军人当然以完成任务为先。二次大战时，美国在硫磺岛上和日军惨烈激战，死伤两万多名士兵打下这座孤岛，只为了在上面插上一面美国国旗。或许有人认为，国旗不就是一块布而已，值得付出那么大的牺牲吗？其实这块布代表的是国家的荣耀，是国家的威信，所以军人为了完成国家交付的任务，即使牺牲生命也在所不惜，这就是军人崇高伟大的情操。

总之，从战争中，我们看到两极化的人性，有残暴的一面，但也有慈悲的一面。

残忍之行

世间最令人发指的事情，就是残暴不仁。历史上，秦始皇焚书坑儒，白起坑杀降卒四十万，希特勒杀死犹太人数百万，这些都是不可原谅的残忍行为。

现在的社会，每天都有一些感人肺腑的温馨事件发生，但相对的，也有一些灭绝人性的残忍行为发生，例如：

一、绑票勒索。有一些人为了贪财，有计划地绑架富商名人，或是其家人、子女，借以勒索钱财，使得一些无辜的生命受到恐惧的煎熬。甚至有的人勒索不成，竟然撕票，使家人断肠，全家陷入愁云惨雾之中，其行为之残忍，真是罪实难逭。

二、放火杀人。有的人为了一点私怨，轻易纵火，甚至为一点小事就杀人。不管是有计划行事，还是临时起意，都是罪大恶极。因为再怎么样的深仇大恨，都没有必要用杀人放火来泄恨，否则今日以杀人放火为快，他日自己受到因果报应时，就悔不当初了。

三、强暴奸淫。每一个人的身体，都有不容侵犯、毁伤的权利，尤其妇女，更不应无端被强暴。人的名节最重要，你逞一时之快，强暴奸淫别人，使受害者心中蒙上无法磨灭的阴影，今后如何立足于天地之间、万人之前？因此对于一些心理不正常的歹徒，实在不能获得社会大众的原谅。

四、设计谋害。有的人为了谋夺钱财，有的人为了报仇雪恨，有的人为了打抱不平，设下恶毒的计谋陷害别人，不但让受害者个人受到伤害，甚至全家人跟着遭殃。其实，纵有仇恨，或有不平，可以诉诸法律，依法解决，实在不应私自设计，害人于不备，也是残忍之极。

五、恐怖暴力。自从9·11事件美国双子大楼，被恐怖分子以飞机摧毁以后，世界上到处“谈恐色变”。印度尼西亚的峇里岛、英国的伦敦地铁、西班牙马德里中央车站等地也遭受恐怖攻击，造成举世人心惶惶。其实，谁和谁有仇恨，可以像过去的武林侠客，明白叫阵，一对一，或团体对团体比斗一番，也不用如此伤及无辜。所谓“明枪易躲，暗箭难防”，看起来古代的人纵有嗔怒之心，也还讲究明来明去，不至于偷鸡摸狗地暗中伤人，可谓缺德之至。

六、食品下毒。不久前，社会上有一些不肖分子，因为勒索不成，为了报复商家，就在商品中下毒，殃及社会大众。有的下毒之后，虽然刻意宣传，目的是为了使商店生意受到打击，但也搞得社会扰攘不安。这种泯灭良知的行为、心性，实在不适合在社会大众中生存。

现在台湾所发生的残忍之事，可以说不胜枚举。例如，台中县一名尚在就学的保险员，不但遭人强暴，还被分尸，这不残忍吗？白晓燕那么一个美丽活泼的少女，竟因为人性的贪婪，在人生最灿烂的花样年华里，平白香消玉殒。台北的邱小妹，被父亲虐待导致颅内出血，却又被医院当成人球，以致延误就医致死。像这些惨无人道的事件，都可以看出今日社会风气之败坏。当政的领导者，对此能不有所反省而亟思改善之道吗？

存好心

经云“心如工画师，能画种种物”，又说“三界唯心，万法唯识”。我们的心在一天当中，时而上天堂，时而入地狱；时而希圣希贤，时而愚痴颠倒。古人说：“一室之不治，何以天下国家为？”其实，一心之不治，一生亦难有可为之事。

自古以来，做人之道首重治心，怎样治心呢？以下列出国际佛光会提倡的“三好运动”中，关于“存好心”的原则。

一、要有惭愧心，惭愧、知耻才能庄严身心。

二、要有慈悲心，慈悲就没有敌人。

三、要有欢喜心，有了欢喜，人间才没有缺陷。

四、要有孝顺心，有了孝顺，世间才有纲常纪律。

五、要有信仰心，有了信仰，为人才有目标、才有力量。

六、要有般若心，有了智慧，才能解决一切问题。

七、要有柔软心，柔软才会包容，才能克刚。

八、要有精进心，精进才能立志向前、向上。

九、要有平等心，有平等心，才能与真理相应。

十、要有谦虚心，傲慢的人，永远敌不过谦虚的人。

十一、要有自尊心，尊严是心中的财富，是心中的宝典。

十二、要有和谐心，和谐才能团结人心。

十三、要有忍辱心，忍辱不自卑，才是至刚至大的力量。

十四、要有道德心，道德是做人的品牌。

十五、要有感恩心，有感恩心的人，是一个富贵的人。

十六、要有恭敬心，恭敬是学佛、做人所不可或缺的要素。

十七、要有包容心，能包容，才能大、才能多、才能有。

十八、要有诚信心，有诚信才能得到别人的信赖。

十九、要有勇猛心，勇猛向前，才能开拓另外的世界。

二十、要有恒常心，有恒常心，才不会懊悔、犹豫。

二十一、要有惜福心，惜福才会有福。

二十二、要有大愿心，有愿就有力量，有愿就能突破难关。

二十三、要有仁爱心，仁爱所至，无力抵挡。

二十四、要有忠义心，忠肝义胆是天地间的正气。

二十五、要有正直心，做人处事，正直为本。

二十六、要有利人心，处处为人设想的人，必然受人尊重。

二十七、要有专注心，专心注意，凡事能成。

二十八、要有结缘心，广结善缘，更有人缘。

二十九、要有喜舍心，喜舍是福慧增长之道。

三十、要有无我心，无我则凡事不计较、不比较。

三十一、要有诚挚心，诚挚待人，即使吃亏也必得好报。

三十二、要有随喜心，随喜顺人乃广结善缘之道。

以上所列三十二种好心，若能训练成“平常心”，则虽行好心并不着力，那么一生所为，何患不成！

容纳

容器如茶壶、茶杯，因为有空间，所以可以容纳茶水。房屋可以容纳一家人，手提包可以容纳日用品，仓库可以容纳货物，都是因为有空间。一个人的成就有多大，自然也要看他的心量能包容多少。

所谓“有容乃大”，人要学习自然，涵容一切，兹举数例如下：

一、海纳百川。海有多大？海的深度、广度不容易测量，但是我们可以知道的是，尽管江河溪水流入海里，也不见其增；任凭海水滔滔东流，也不见其减。大海里，大鱼小虾千奇百样，大海不嫌其多；军舰、商船航行其中，大海不嫌其闹；万万千千的人在海边戏水，在沙滩游玩，大海也张开双臂欢迎。靠海为生的人在海底采矿、淘金，大海并没有不容。甚至有的人漂洋渡海到各处求生，海洋更助其一臂之力，令他如愿前往目的地。现在的海难不少，虽然人类的智慧还无法洞察大海的性能，却无损于“海纳百川”的精神，这是值得我们钦佩、学习的。

二、山纳丛林。地球上，让人感到崇高伟大的就是峻岭崇山。你看！高山上野兽奔跑，飞禽歌唱，百花盛开，万物欣欣向荣。甚至世间最高的树木都是出自丛林，最大的矿石也取自于山林。人类梦想征服海洋和高山，其实大可不必，因为海洋、高山都已包容了人类。大海任你遨游，高山任你行走，所以大家更应该知道兼容互助、同体共生的重要。高山能为我们阻挡台风，海洋能为我们调节气候，一个人如果自觉是高山大海的儿女，心量就能随其增广增大，所以，“仁者乐山，智者乐水”有何不好呢？

三、空纳万象。世界上，比海还深、还大，比山还高、还广的，非虚空莫属。虚空到底有多大？科学家到现在也还不知道虚空伊于胡底，只有佛教说虚空无量无边。在无限的虚空里，万物因为虚空的包容而存在、而成长、而活着。虚空包容万象，因为有“空”，大地任我们游走，空气给我们呼吸，万物供我们取用，假如没有“空”，人类就不知道安住于何处了。所以，我们应该要歌颂空的伟大、空的包容。“空”中才能生妙有！

四、人纳善言。世间，虽说海深、山高、空也大，其实人更是妙。人的心，是高山、海洋所不能比，唯有“空”，所谓“心如虚空”“心空及第归”，因为人心如虚空，所以应该广纳善言、善事。一个人的心有多大，他的事业就有多大。一个人的心只爱一家人，他可以做家长；爱一乡的人，可以做乡长；心中有国人，就可以做国主。我们的心有多大呢？君子、小人我们都能包容吗？善人、恶人我们都能不舍弃而救度吗？对于少数一些人，一句善言都不愿入耳，可见其心量之小。其实，人能尽听天下之善言、包容天下之善事，就能包容天地，这是何其伟大，何不敞开心胸包容乎！

六自

世界以自我为中心，宇宙是我，我是宇宙。我的天地，我的地球，我的国家，我的亲人，我的东西；宇宙间，无论什么都以自我为中心，所以要从自我做起，从自我要求。

然而，世界上真正能认识自己的人非常少，大部分的人都是看到别人的长短比较多。佛教要人认识“自己的本来面目”，真正认识自我，就能进步，就能成长，就能改进，就能圆满。下列“六自”供作参考：

一、对人我要自问。别人是自己的一面镜子，我们可以从别人身上看到自己，所以对人我要自问。他比我好？我比他好？他什么地方比我好？我什么地方比他好？能够把别人的好处问出来，把自己的缺点问出来，那就是最大的进步了。

二、对事理要自知。世间的事理，大都要别人告诉我们才能知道。假如不用别人讲，自己就能明白事理，就能知道事情该怎么做，道理该怎么讲，能从自知而明白事理，非常重要。

三、对知识要自学。世间的知识，所谓“生也有涯，知也无涯”。知识不一定要靠老师传授，自己就能自学。世界上多少伟大的人物，他们之所以成为专家、学者，不都是靠自学而成的吗？

四、对灵巧要自觉。有的人天生就很灵巧，有的人生来便很笨拙。灵巧也要靠自己揣摩、用心，人能自觉，就能灵巧。世间无论什么学问，靠老师教导，所学有限；假如我们能自我觉醒，自我察觉，自我觉悟，一旦自己从内心里把觉性提升了，也就能凡事灵巧了。

五、对自心要自惭。一般人总是看到别人的过失，看不到自己的缺点、错误，所以儒家要人自我反省，佛教要人自我惭愧。我们能惭愧自己能力不足，惭愧自己慈悲不够，惭愧自己罪业深重，惭愧自己心量不大，对自己有惭耻的观念，就与圣贤相近了。

六、对世间要自愧。人到世间来，父母生我，老师教我，社会培养我，国家保护我，我为国家社会做了什么？我为家人亲族做了什么？我愧对他人，愧对父母，愧对国家，愧对社会；能有此自愧的心理，就能反躬自我要求：我要对得起社会大众，我要对得起亲族朋友。

以上“六自”，自问、自知、自学、自觉、自惭、自愧，是吾人自我进步的动力，是自我成就的根本。凡事要求别人，成就有限，凡事要求自己，把自己放诸宇宙天地，才能自大、自成。《华严经》说：“自性众生誓愿度，自性烦恼誓愿断，自性法门誓愿学，自性佛道誓愿成。”凡事不必要求别人，只要要求自己，因为自己才能以天地为心，才能创造人生大业。

破格

世间万事，都有一定的格局，但有时候格局也不是一成不变的，有些事需要破格处理，结果才会更好，例如：

一、人才要破格录用。姜太公八十岁遇文王，初遇文王的一席谈话，便获得赏识重用。因为文王知道他有惊天动地的能量，因此不问由来经历，亲自驾车，带回朝中，封为太师。假如不破格录用，以他年岁已老，学无师承，与文王素无往来，这不只是姜太公的损失，也使周朝无法维持八百年的基业，像这样能不破格录用吗？现在有很多的人才，如自学有成的王云五先生，虽没有社会学历，但是他当过商务印书馆万有文库主编，具有专业才能，因此政府当局不依公教人员任命的资格格局，赋予他担任“经济部长”、“财政部长”等职务，他一样能够称职。有资格的人未必有能力，破格录用的人未必没有能力。刘邦破格录用了韩信，特别为他“筑坛拜将”；唐太宗为了提升魏征的声望，不只经常赞美他，甚至表现出敬畏他的样子，让魏征得以发挥谏臣的功能。

二、僵局要破格打开。古代的中国，因为边疆民族不断侵犯中原，汉朝唐代，都曾用“公主和亲”的方法，打开动武的僵局。王昭君和番、文成公主下嫁西藏，都是破格谋取和平。中日之战，双方多次接触，不能获致和平，直到美国在广岛投下原子弹，战争的僵局才能打开，但几年的损失，难以弥补。

三、过失要破格原谅。春秋时代，管仲曾经箭射齐桓公，几次三番想致桓公于死地。后来管仲遭齐桓公所擒，鲍叔牙建议重用之。齐桓公说：他曾想射杀我！鲍叔牙说：他过去心中只有公子纠，当然要为主射杀公侯；今日你释放他，他可以为你射天下！果然，齐桓公破格重用管仲为宰相，后来终于为齐桓公“九合诸侯，一匡天下”。不是破格原谅，哪有管仲发挥才能的空间呢？三国时，诸葛亮因“街亭失守”，为了遵守协议，不得不“挥泪斩马谡”；假如能破格原谅，人才难得，可以让他戴罪立功，不也是惩罚之道吗？

四、宗教要破格交流。敌对的国家，为了和平，要破格对谈；任何对立的团体、机构，如果能破格商谈、交流，必能获致意想不到的利益。“战则损，和则贵”，为什么这个世界不破格从和平上来努力呢？宗教界，由于大家的信仰不同，各自对立，不相往来；人和人都可以握手言欢，人和神、神和神，为什么不可以破格和平相处呢？世界如许广大，单独一个宗教就能满足全人类的信仰吗？何不各自尊重，破格交流往来，如此必定有破格的所获！

善行

佛教讲“诸恶莫做，众善奉行”，主要是叫人要“去恶行善”，所以我们在世间做人，总要有些“善行”。在百千万种的善行中，试举其要者：

一、救苦救难是善行。世间多苦难，人要发心救苦救难，这就是善行。人间的痛苦，有自然界带来的水火风灾，有社会加诸我们的杀盗暴行，有来自自己身心的贪嗔邪见、生老病死等烦恼，所以“善行”不但要自我健全，而且要能普利他人。观世音菩萨所以为人所称道，就是因为她大慈大悲，救苦救难。我们对人能布施一点真心实意，给人一句好话、一点方便，都是在行善积德。

二、维护正义是善行。行善也不只是消极地助人，更要积极地维护正义。世间有些少数民族，势力薄弱的妇孺、残障病苦的人士，乃至受人压迫、欺凌的民众，我们应该维护正义，见义勇为帮助他们获得世间公平的对待，这就是行善。

三、原谅过失是善行。有人犯了极大的过失，如伤人害命，当然有法律会加以制裁；假如朋友间的相处，一些误会、无心之过，乃至一些不当的语言，不是恶意的冒犯，纵有过失，也要有宽大的心胸，给予原谅。人的一生，谁不犯过？只要讲清楚，说明白，能够原谅别人的过错，能有包容别人的雅量，就是一种美德，也是一种善行。

四、奉献服务是善行。我们在每日生活中，可以为自己做一个记录，就如童子军的“每日一善”，看看我们在一天当中，做过什么好事？对人说过什么好话？施与过别人什么帮助？对社会大众做了什么服务、贡献？你在平常的生活日记上，每天都有善行的进账，则增福进德，日有所长，将来必定受用无穷。

五、排难解纷是善行。一个有用的人，会替人排难解纷，所谓“大事化小事，小事化无事”，能做社会的甘草人物；假如是一个不能干的人，只会制造人事纷扰，增加社会对立、冲突，成为“麻烦”的制造者。一个人一天到晚搬弄是非，陷害别人，说话尖酸刻薄，做事损人利己，何来善行之有？如果我们想要有善行的表现，就应该给人信心、给人欢喜、给人利益。应该像“夜明珠”一样，投入浊水中，浊水会清净；也可以像“冬阳”一般，让别人在你的光热照耀下，获得温暖。能够春风化雨，为人排难解纷，就是无上的善行。

六、实践三好是善行。多年前我提倡“三好运动”，就是要大家都能做好事、说好话、存好心。我们每个人的善恶业，都是通过身口意造作而来。身体所造的恶业，有杀、盗、邪淫；嘴巴所造的恶业，有两舌、妄言、恶口、绮言；心意所造的恶业，有贪、嗔、邪见。如果能够身做好事，不犯恶行；口说好话，不出恶语；心存善念，不怀恶意，这就是在实践三好。一个人行三好，则自身端庄正直；一个社会人人行三好，则社会祥和，人间可爱。所以，有志于行善的人士，大家不妨一起来奉行“三好运动”吧！

信誉

吾人在世间，最要紧的事就是建立自己的信誉。信誉卓著，从事任何事业都不为难；如果一个人信誉扫地，则一生想要顺利发展，可能就难以如愿了。

我们眼看世间的人视信誉如无物，轻易地以信誉豪赌，其实一次输了信誉，则人生就一切破产了。

人要如何树立自己的信誉，为自己定位，为自己的形象创造出一个品牌呢？兹举数例提供参考：

、有人以诚实为信誉。美国的社会最讲究诚实，就算违法，只要诚实认错、忏悔，还是能够为社会所谅解。克林顿不就是经过这样的风暴吗？

二、有人以勇敢为信誉。蔺相如“完璧归赵”，荆轲刺秦王“风萧萧兮易水寒，壮士一去兮不复返”，他们都因为勇敢，所以能留名千古。晏子出使楚国，不肯由小门进入，他慷慨激昂地说：“使狗国者，从狗门入；今臣使楚，不当从此门入。”使得楚国也不得不开大门迎接。

三、有人以慈善为信誉。南京栖霞山寺在抗战时期，每天救济二十万人的饮食，至今栖霞山信誉卓著。慈济功德会专门在各处行医救世，国际佛光会也经常随喜随缘在各地救灾救急，所以都能迅速发展，为人称道。

四、有人以孝顺为信誉。统一企业创办人吴修齐先生，为纪念双亲成立大孝奖。有人为报父母之恩而创办学校、医院等，都是以孝顺为信誉。

五、有人以公益为信誉。现在海峡两岸的人士竞相以所赚的钱财从事公益，树立自己在社会上有信誉的形象。如王永庆创办长庚医院，台南纺织创立南台科大，佛光山也创立西来大学、南华大学、佛光大学等，都希望为社会公益尽一点微忱。

六、有人以勤俭为信誉。马英九先生的太太周美青女士，她以国民党党主席的夫人之尊，坚持坐公交车上下班。

七、有人以正义为信誉。现在有的媒体、报纸、电视，甚至个人，为了维护正义，仗义执言，勇于揭弊，这许多义行也为人所敬仰。

八、有人以隐士为信誉。大丈夫“穷则独善其身，达则兼济天下”，有的人感到世事不可为，因此效法“商山四皓”，效法历朝的隐士。现在我们的社会里，也有许多人存在这样的思想。

以上所举，信誉的商标、信誉的品牌，都是吾人所向往尊敬的标志，我们应该为这许多信誉的团体、个人，给予掌声！

坦白

现代社会重视个人的隐私权，但是做人还是要讲究坦白人生。人，不要故作神秘，说话不明说，做事也隐藏玄机、细节；过分不诚实、不坦白的人交不到朋友，因为你防人，人也防你。现代的社会重在彼此要“讲清楚，说明白”，因为你先讲清楚，免得以后有纷争；你先说明白，免得别人误解你。所以讲清楚、说明白，就需要有坦白的性格。例如：

一、坦白心路历程。每一个人都有往事经过，凡事都有心路历程，能和自己的朋友说说心路历程，听听善知识的意见，必定对自己有加分的作用。每一个人都会经历一些事情，从最初的想法，中间的变化，经过一再改进，最后实现了。心路历程值得检讨，也值得坦白，凡事摊在阳光下，表达有所为、有所不为，参考别人的看法、意见，对自己的决定必定有所增分。

二、坦白善心美意。人总有一些慈悲的想法、阳光的心理，可以把自己的善心美意，坦白说出来。我想到医院做义工，我想帮助孤苦的残障人士，我想为失学的儿童补习功课，我想照顾辍学生，我想捐一点善款帮助修桥铺路。纵使一点点的微意，不过你说了以后，会增加力量，经过自己的坦白，会增加勇气去实践。人人都有善心美意，既然说了，就要去做，善心美意还有什么不能坦白的呢？

三、坦白计划细节。留学生有出国留学的计划，不妨把留学的计划与细节，找个朋友商量，听听朋友的意见；青年男女结交异性朋友，都喜欢找年长的人咨询意见。经验是不容易获得的，你肯坦白、直言，必能博得别人的同情，真心好意地贡献你一点意见。现在很多企业都有顾问团、智囊团，就是重视集体的智慧，重视别人的意见。我们坦白一些事业的计划，不必怕被人学了去，也不必怕人家破坏。甚至正因为怕被人捷足先登，怕被人破坏，所以要赶快把自己的计划说出来，表示自己先行一步。能坦白自己的计划，必能有所为，必定能付之于现实。

四、坦白理想愿心。一个人能做出轰轰烈烈的事业，必定先有理念，有理念然后才会付诸实践。所谓“理想是现实之因”，我们的愿心就是发展的动力，所以不必隐藏自己的想法，也不要不敢说出自己的愿心。坦白是一种坦荡荡的行为，坦白是要求因缘的帮助，坦白是获得更多志同道合者的途径，坦白能增加自己成功的助缘。

说到坦白，做人坦白，做事坦白，说话坦白，用心坦白，甚至自己的财务、情感都能坦白，尤其错误更要坦白。语云“坦白从宽，隐瞒从严”，做人处事低调要紧，坦白尤其重要。

真实

越是社会阅历丰富，越是老练世故的人，越会感觉：这个世间缺少了一个东西，那就是“真实”。

我们买东西，都希望“货真价实”，因为真实才是每个人所需要的；我们听朋友讲话，也宁愿相信他句句真实，自己不会受骗，那才是好朋友。

我的学问只有半斤，但我很真实，我的道德只有四两，我也很真实。我讲话的方式，照我所知、所想的程度说出，因为都是真实的，就非常可贵。人和人相处，如果缺少了真实，友谊不能维持，事业不能开展，也就没有了未来。

周幽王为了博得褒姒一笑，点燃烽火台戏弄诸侯，结果亡国以终。放羊的孩子高喊“狼来了”，一旦谎言被拆穿，不真实就没有第二次了。

我们要如何表现“真实”的一面呢?

一、赞不谄媚。我们对待他人，常常客气地加以赞叹。赞叹是非常必要的，但赞叹也要真实，如果谄媚不实在，赞叹反而惹人嫌怪。佛经里说，有一群儿童在嬉戏时，为了互比谁的父亲伟大而起争执，其中一个儿童说：我的爸爸最了不起，他和我妈妈从来没有在一起过。另一个儿童反问：你的爸爸、妈妈没有在一起过，那么你是从哪里来的？像这样硬要说不实的话，可见人性之弱点。

二、教求信实。父母教育儿女、老师指导学生、朋友互相规劝，都要真实合理。父母不能经常拿些不实在的话来哄骗儿女，老师也不可以用没有求证的知识来蒙骗学生，朋友之间更不能尽谈一些道听途说的八卦。人与人之间的关系，要建立在一个“信”字上面，所谓“信用”是人的第二生命，信用就是名誉，人到了不能用信用来维护彼此感情的时候，则一切都要宣告破产。

三、言必有据。现在统计学兴起，凡事都要以数字来说话。一所学校的土地面积多少？老师多少？学生多少？图书馆藏书多少？岁入岁出多少？都要有数据，不能再像过去“大约”“大概”“差不多”“应该是那样”，这已经不能为时代所接受，当然也不能再应用了。同样的，我们对人讲话，用到孔子说，要说明孔子在哪本书说；用到孟子说，要说明孟子在什么地方说，都要有根据。张先生说、李先生说，都可以引用，但是如果他否认，他说自己没有这样说，彼此不就要争论了吗？所以凡事要有根据才能说。

四、行要踏实。做人，言行让人肯定，觉得某人说话很真实，这是最好的名誉；某人做事很实在，这也是最好的赞叹。现在的公职人员，只要当选，三年后选民也会对他们有所评价，例如说：某人脚踏实地做事、某人做事很认真实在；但也有的人被批为“浮而不实”，甚至只会开空头支票，经不起考验。如此一来，第二次连任与否，也就各自心里有数了。

真实，多美好的智慧，多美好的意义，唯愿世间大家都能真实。

朝夕

现代人追求速成，凡事都希望一朝一夕就能完成。其实世间没有一蹴而就的事，当然也没有一朝一夕就能成功的事。

话说有一位国王，皇后刚为他生下一个小女儿，他嫌小婴儿太小不好看，于是贴出告示，只要有人能让小公主“立刻长大”，将有重赏。

有位医师前来揭告示，他说自己有办法可以让公主立刻长大，但先决条件是，国王十二年不可以和公主见面。国王立刻答应。十二年后，医师带着长大的公主来和国王见面，国王一见欢喜不已，公主真的立刻长大了。

其实，世间哪有“立刻长大”的人，那是十二年岁月成就的。中国人不是也有一句老话说“十年有成”，可见什么事都不是一朝一夕可以完成的，例如：

一、学问不是一朝一夕可以进步。做学问的人，从启蒙到背诵、应对、作文、申论，所谓“十载寒窗”；当一个饱学的士子一朝功成名就时，背后是多少岁月的苦读累积而成，哪里是一朝一夕就能进步？

二、大楼不是一朝一夕可以落成。一栋二十层、三十层的新大楼，怎么样也要三五年的时间才能完成。因为大楼的建筑，必须先丈量土地、绘制蓝图，之后开挖地基、竖钢筋、钉板模、灌水泥、砌砖头等，一层一层往上建，非数年的时间不能竟其功，哪能今天说要建大楼，明日就能落成呢？

三、播种不是一朝一夕可以收成。“春耕、夏耘、秋收、冬藏”，这是农村生活的写照。由此可知，春天播种，最快也要到秋天才有收成。甚至有的今年种，明年才能结果，哪能今天播种，明天就能收成的呢？

四、婚姻不是一朝一夕可以品味。青年男女一见钟情，随即闪电结婚，但是真正的感情，往往要靠婚后慢慢培养，甚至婚姻的酸甜苦辣，也要婚后才能慢慢品味。所以，夫妻结婚之后，长时间共同生活，要经得起各种考验，双方能够相互体贴，彼此尊重，有福同享，有难同当，从酸甜苦辣中细细品尝婚姻的况味，才有办法“白首偕老”。

五、逆境不是一朝一夕可以克服。人生偶尔遇到逆境，不要希望一朝一夕就能克服。就如一个家境贫寒的人，需要时间奋斗，才有可能致富。有的人经营现成的事业，都需要辛苦努力，才能逐渐有成，何况在职场上工作，有时一职难求，所以更要靠毅力、勤奋，努力克服困难，假以时日才能慢慢渐入佳境。

六、善缘不是一朝一夕可以结果。我们做善事跟人结缘，所谓“善有善报”，这是必然的因果。但是善缘也不是今日布施，明日就能得到好报。善缘就如播种，需要培植、灌溉，再经时间酝酿，等到机缘成熟，才能开花结果。甚至布施行善要能不望报，能以“无所得”的心布施，有时反而得到更多。因为“有心插花花不发，无心插柳柳成荫”，这也是常见的事实。

捌·是非的处理

是非的处理

常听人说：“是非止于智者！”“是非”真的能“止于智者”吗？其实，有的“智者”也难免不为“是非”所惑，真正说来，“是非朝朝有”，唯有“不听自然无”。

在人间，面对“是非”、“利害”，人往往喜欢迁就“是非”，不计“利害”。“是非”没有“公理”可言，“利害”则有“正直”的意涵，但是人往往为“情”所蒙蔽，因此只听“是非”，不重“利害”。

所谓“来说是非者，便是是非人”，但是一般人往往好听别人的是非，于是“来说是非者，便是我的好朋友”，因此搬弄是非，制造是非，此也是非，彼也是非，光是是非就搞得人心浮气躁，不得安宁。

要怎样才能处理是非呢？兹有四点意见：

一、不说是非。我们每一个人先要知道，是非常常伤害人于无形，是非对人的杀伤力，往往不亚于刀剑，所以当我们不了解事情的真相时，不可以随便与是非起舞。从小能养成不说是非、不搬弄是非，不制造是非的习惯，则别人少了烦恼，自己也会得到“耳根清净”与“心灵清净”的好处。

二、不听是非。有人喜欢“说是非”，是因为有人喜欢“听是非”，如果是一个有智慧的人，自己凭常识、经验来判断、论证，不随便听信是非闲言，让是非“入于耳，化于无形”，如此说是非的人得不到有人听是非的鼓励，慢慢就会不传是非了。

三、不传是非。俗话说：“好事不出门，坏事传千里。”“是非”大都是一些有关个人的私德、家族的隐私、别人的不幸、他人的缺陷等，一经传播，立刻普世皆知。传播是非者，因为不负责任，大都是“人家说的”“别人说的”“他们说的”，这种散播情报不花费的心理，使得是非不得止，只有每个人不说是非、不听是非，继而不传是非，是非才能“止于智者”了。

四、不怕是非。所谓“是非”，并无法律的作用，只是给人生气，“你说的”“他说的”，只在言语上辩解，并无法律效果，所以吾人只要行得正，坐得正，是非又能奈我何?

综上所说，对于是非的处理，别无他法，只有“不说是非”“不听是非”“不传是非”“不怕是非”。须知世间只要有人的地方就有是非，因此懂得处理是非，才是真正有智慧的人。

无语问苍天

过去中国的皇帝自称是“天子”，天主教耶稣的父亲叫“天父”，一般民间相信“天帝”，中国人更有“靠天吃饭”的观念，甚至被人冤枉了，什么人都不了解，但我相信“天知道”。

天是什么? “天能覆我，地能载我”，天应该是一个大自然的道理，不是私人所能左右的。所谓“天道无亲”，天是一个大公无私的真理，他不属于哪一个人，人不能支使天，尽管你呼天抢地，天自有他的原则。

有一句话说：“人从巧计夸伶俐，天自从容定主张。”有时候我们求告无门的时候，呼叫“天啊！”“天啊！”有时候又感到“无语问苍天”。天不是能被声音打动的，所谓“天理”“良心”，你要合乎天理、良心，才能获得天的反应。

说到“无语问苍天”，要问什么呢?

一、天理何在。一个人被欺负了，心中感到不平，不禁慨问：“天理何在！”但有时候也会想得开，所谓“人善人欺天不欺，人恶人怕天不怕”，你不要慨叹“天理何在”，天理循环，到最后谁也逃不过“因果”的天理法则。

二、天道有无。人间世事纷乱，一时找不到平衡，到了自己无明困惑时，心中不禁怀疑“天道有无”? 无论什么事，都推给天，但是天道对人世间的裁决，究竟有公道没有? 假如自己觉得公平，就说上天有眼，假如觉得不公平，就会怀疑天道不公了。其实天道必然是有的，只是他不属于哪一边、哪一人，天道是有普遍性的，是有公正性的，尽管你感谢苍天，或是怨恨苍天，苍天都是一样。

三、天何无情。我们看到世间多少的天灾人祸，像干旱、水灾、地震、海啸，都是天降大难，甚至一阵龙卷风，也是从天而来，让世人感到天威难测。天应该是慈悲的、光明的，对人间应该是赐福的，但天又使人间饱受灾难，在灾难中嗷嗷待救的苦难众生，当然不免要抱怨“天何无情”了！

四、天心难明。天究竟是赐福人间，还是降祸人间? 每一个人当然都关心这个问题，也希望知道答案。其实，天赐福人间，天也降灾难给人间。人有善业，天当然会赐福；人有恶事，天也必定会降灾。天就如《大乘起信论》说的“一心开二门”：一是心真如门，代表善门；一是生灭门，代表恶门。所以，天心究竟是善是恶? 人间确实是难以明了；假如你了解，“天”就是“因果”的意思，因果就是天心。

日本楠正诚将军被冤枉致死的时候，也是心生不平，他在身上藏了五个字“非、理、法、权、天”。意思是说：“非”不能胜过“理”，“理”不能胜过“法”，“法”不能胜过“权”，“权”不能胜过“天”。到最后管你皇权也好，君权也好，人权也好，生权也好，在因果的天理法则之下，一样都会得到一个公平公正的交代。你在“无语问苍天”吗? 这就是最好的答案了。

取舍

我们每天的生活里，都有我要、我不要，在取舍之间要做抉择。我们一生当中，也有多少关于自己的前途、名节，理智上是取是舍，也都在要与不要之间，必须有所拣择。

人生其实时时都在取舍之间，关于人生的“取舍”，略述如下：

一、伦理上的取舍。我们在家庭里，有父系的伦理与母系的伦理，另外社会上有社会的伦理、工作的伦理、朋友之间的伦理。当这些与我有关系的人士，我对他们要取要舍，应该到什么程度？例如，父母和儿女同时受灾难时，你是先救父母，还是先救儿女？所谓取舍之间，有轻重缓急，你养成习惯以后，遇到伦理感情上的是非得失，应该就懂得如何处理了。

二、法律上的取舍。在高速公路上开车，两旁没有警车监视的情况下，你的车速是遵守规定，还是超速？这就考验你平时守法的精神。因为人都有侥幸的心理：“人家不知道”“我只做这一次”；但是，在法律上万一你取舍不当，后果就不堪设想了。

三、利害上的取舍。一般人，凡是对我有利的，就是我所要的；于我不利的，是我所不要的。当然，取我所要，舍我所不要，人情之常；但是，如果一件坏事，是对你有利的，你应该做吗？一件好事，对你是不利的，你应该拒绝吗？所以，你是不是自私，是否以自我为中心，是否自我主义者，在利害取舍之间，一试即知。

四、情义上的取舍。有时候，人与人之间，依据金钱的多少决定自己帮不帮忙。所谓“银货两讫”，有时候，金钱之外，还有友谊上的关系，还有交情上的关系，还有道义上的关系，你是否应该给予帮助，还是加以拒绝？人与人的关系，除了金钱之外，如果能注意到还有情义上的、道义上的、因缘上的关系，人的质量，就能在取舍之间不断地升华。

五、善恶上的取舍。一切事情有大善大恶，有小善小恶，有不善不恶。有的看起来是善，实际上是恶；有的看起来是恶，实际上是善。例如，警察取缔违法，看起来是不近人情，实际上维护社会秩序是尽责；父母打小孩，看起来打骂过分，实际上是出于“爱之深，责之切”。所以，吾人的心中每天就是在善恶里翻滚，所谓“天人交战”，你在善恶上如何取舍呢?

六、正邪上的取舍。行为、思想、语言，只要表现出来，别人就会用正邪、善恶、好坏来评鉴你。社会上所以纷乱，就是因为善恶、正邪不分。明明是一个欺骗的行为，行的是邪事，但他用美丽的语言，或假借宗教的名义来行之；明明言语不当，但是他认为用邪行能使你畏惧，使你忌讳，以此满足他的心理。社会上正派的人很多，但因为他不能像商业一样，在脸上挂个正字标记；社会上的邪人邪事也很多，也不能一一拆穿。正邪之间，就靠你的智慧去辨别、取舍了！

过分

佛教讲究修行要“中道”，不偏左、不偏右，是为“中”；不执着、不松懈，也是“中”；不空不有、不苦不乐、不冷不热、不多不少，都是“中”。凡一切事，如果超越中道，就是过分；过了分，就会出毛病。

饭菜好吃，吃得太多，过分暴饮暴食，当然会产生疾病，即使满汉全席，奢侈浪费，也会吃出毛病来。正常的睡眠，是为了补足精神，恢复体力，但是睡得过分，就会造成精神懒散，萎靡不振，甚至还会睡出许多毛病来。

不只吃、睡过分会产生问题，有时候用力过分、用脑过分、用计过分，都会有不良的后果，所以凡事不能过分，是为上策，例如:

一、用人不要过分。世间事情，都要靠人而成，尤其要靠集体创作，所以人要有组织、有安排，要能因才适用。一般“大材小用”，力有过剩；用人太少，事情不能成办。用人不当，不管太多、太少，所谓“七个厨子八个客”，或是“忙死了厨子饿死了客”，都是过分不当。

二、说话不要过分。人与人之间，不能不说话，但是说话太多，说了过分的话，只会坏事。有的会议，简单的问题，由于说话不当，造成想法复杂，即使再讨论也不能解决问题。一场国际交涉，使臣的说话，有的“一言以兴邦”，有的“一言以丧邦”。语言低调，事情能成；语言过分尖锐、傲慢，不但伤人，而且事情不能成功。春秋战国时，出了不少说客，如苏秦、张仪、范雎，李斯，都是一流的优秀说客，都是善于说话者。再如“触龙说赵太后”与“冯谖客孟尝君”，触龙把已经决定不让长安君到齐国当人质的赵太后说动，让她改变心意；冯谖替孟尝君用巧计说动齐湣王，得以重回朝廷执掌相印，都是因为善于言词，所以说话要善巧，但不能过分。

三、用度不要过分。泉水涓涓，细水才能长流，不能过分汲取；力气大小，量力而为才能持久，不能过分劳动。牛马负重，超过体力所能，不能得到充分休息，会导致死亡。人力亦复如此，尤其钱财要能量入为出，只有三百，不能支出五百；只有五千，不能支出八千。超额支出，就如同过分开发；一旦过分用度，入不敷出，只得举债度日，但是等到债主上门时，日子就更加辛苦，更加难过了。

四、欲望不要过分。人间的生活，离不开“欲望”。“欲”是生命的源头，人是因为“欲”而有生命的，生命要“欲”来维持，这也是正常的事。佛教讲“五欲”，除通俗的财、色、名、食、睡等五欲之外，色、声、香、味、触也是五欲。生活中完全远离五欲，生命无法存在，适当地需要五欲，还算正常；如果过分贪恋五欲，就为欲所牵引，如果过分纵欲，人生的麻烦就会随之而至。

五欲当中，有人过分好财，有人过分好色，有人过分好名，有人过分好吃，有人过分好睡，节欲是生存之道。佛教以希求真理法财来代替财欲，用希求慈悲智慧来代替色欲，用希求道德人格来代替名欲，用希求法喜禅悦来代替食欲，用正当休息来代替睡欲。因为过分纵欲，有害于人；懂得适当地疏导，欲望也是生存之道。

双赢

世间的人，大多希望“我胜你败”，不喜欢“双赢”。例如运动场上，不管篮球比赛、足球比赛，还是棒球比赛，最后如果打成平手，都要延长加赛，再决输赢。

任何比赛，赢的人欢喜，败的人气馁；如果大家双赢，不是一团和气吗？如何才能达成“双赢”呢？

一、互惠就能双赢。世界所以有纷争，就是因为“你有我无”“你多我少”“你乐我苦”，就如企业剥削劳工，地主剥削农民，一方得利，一方吃亏，难以公平，所以必有一场战争较量；如能互惠，就不致发生不平之鸣。

二、共有就能双赢。在这个世界上，天地万物应该共生共存，共荣共有。假如我拥有全世界的土地，谁来耕种呢？假如我拥有全世界的银行存款，谁来使用呢？所以“共有”的思想才能使国家社会安邦定国。甚至是现在的大国，也知道要济助小国，否则小国也会“造反”。

三、妥协就能双赢。社会上，一般人和人相处，太过计较，太过认真，不肯妥协，即使亲如兄弟，也会兄弟阋墙，亲如婆媳，也会婆媳相争。要彼此互相妥协，像跳探戈一样，你进我退，我进你退。像过去有一个在朝为官的父亲，回信给他与人打官司的儿子说：“万里投书只为墙，让他三尺又何妨；万里长城今犹在，不见当年秦始皇。”能够互相妥协，才能双赢。

四、共识就能双赢。一个国家的衰败，往往由于执政者没有共识；一个团体不能和谐，也因为团体分子发生纷争，缺乏共识。由于彼此各自争强好胜，没有共识就有纠纷，就会衰落，最后只有同归于尽。一个国家的政党，同党同派的就称为“同志”；而现在的党派之间，因为缺乏共识，经常纷争不已，殊为可惜。

五、礼让就能双赢。在佛教经典里有一则趣谈。有一天，家里来了客人，父亲叫儿子上街买菜。儿子出门许久不见回家，眼看用餐时间已过，父亲于是亲自上街找儿子。在一座桥上，看到儿子和另外一个人，正在桥上僵持，互不相让。父亲问明原因后，说：“儿子，家里的客人正等着吃饭，你先把菜送回家，这里让我来和他对，看谁怕谁！”其实，互不相让只有双方受害，相互礼让，才是双赢。

六、和平就能双赢。现在举世都希望世界和平，人民安乐。但是，一些国家的领导人，有的要使土地扩大，有的人要使国力增强，有的要使经济振兴，有的要以文化侵略，致使世界不能和平。和平，需要有“平等”的观念，人与人、国与国之间，都要互相尊重、包容、慈悲、平等，有这样的精神，才有和平的希望，才是真正的双赢。

装

有人说，这个世界善良的好人，是装出来的，吓人的魔鬼，也是装出来的。其实，真正的好人不需要装，真正的坏人，他也装不起好人。因为既是假装的，就不可能与原来的真相完全一样，因此有人装斯文，斯文的假相被人识破，一钱不值；有人装可怜、装可爱，让人看破，所谓揭穿了假面具，要再让人对他生起信心，恐怕就很难了。

有人装道德，道德四两可以充半斤，一时还可以蒙混得了别人；有些人装学问，就不容易过关了，因为学问四两是四两，半斤就是半斤，由不得掺假。

这个世界，大部分的人都喜欢伪装，化装游行、化装舞会，甚至化装表演。明明是一个不肖的奸臣孽子，到了舞台，可以化装成忠臣孝子；明明是一个风尘荡妇，在舞台上可以装成大家闺秀。偏偏这个世间，多数人都为那些装扮的假相而入迷，而陶醉，而向往。明明告诉你，这是化装的，但是你看得出假装背后的真相吗？现在试举数列：

一、装聋作哑。有的人对你的所求，不表示认同，不肯帮助你，他就来个装聋作哑，顾左右而言他，让你不得办法，只有知难而退。

二、装疯卖傻。有的人想要韬光养晦，不想在浊世里与人共浮沉；有的人胸怀大志，不愿与人同流合污，但又怕自己的意图被拆穿，于己不利，因此就故意装疯卖傻。有名的蔡松坡将军，就是靠这一套功夫掩饰，蒙骗了袁世凯的侦探，逃到云南组织起义护国军，最后终于打破了袁世凯的帝王之梦。

三、装模作样。有的人没有真才实学，却喜欢装成一副老学究的模样；有的人道德修养不够，但在人前总是一副道貌岸然的样子。其实再怎么装模作样，表里不一，终会被人看穿。

四、装腔作势。有一些势利小人，平步青云，做了大官，他就装腔作势，展现他的威风。甚至现在一些大官的随员、跟班、侍从人员，乃至开车的司机、守门的警卫都会狐假虎威，仗势欺人，这都是善于装腔作势的小人。

五、装神弄鬼。过去装神弄鬼的人很多，尤其在民间，装神弄鬼总是有人相信。有名的包青天断案，在“狸猫换太子”这出戏里，就是利用“装神弄鬼”这一招，把个大恶人郭槐吓得只有坦承招供。用装神弄鬼来办案，无可厚非，但用装神弄鬼来欺骗人民，借神敛财，殊为可恶。更有甚者，现在不但有人装神弄鬼，还有人装佛，真佛、活观音、达摩、济公、弥勒等，都有人装，可怜的大众，看装的装惯了，所以有的人“以装为业”，也就不稀奇了。

总之，这是一个“装”的世界，与其装恶人、装坏人，不如大家都来装君子、装好人，把这个社会装成真善美的世界，那么即使是装，只要装得真，装得美，还是好事。

伪装

人是善于伪装的动物，有的人想借用伪装逃过劫难，有的人想借用伪装获得别人的重视。为了达到目的，伪装成为人与人之间一种欺骗的行为。

国际间的外交，也有许多伪装，尤其战争时，“明修栈道，暗度陈仓”“声东击西”“围魏救赵”“欲擒故纵”等，各种诈术，无所不用其极。其实，人生也有很多的伪装，例如：

一、表情可以伪装。我们从戏剧里，看到各种角色，不管忠奸好坏，都靠表情表达，但那些表情都不是自己的本来面目。人生如戏，因此人生的伪装，时而表现欢乐人生，时而表现穷途末路。有时候对你好话恭维，其实是虚情假意；有的人满脸微笑，其实内藏奸邪。人能识透对方的伪装，确实需要经验老到；有时即使识破，也不能揭穿，只能心里有数罢了。

二、贫富可以伪装。有钱的人，把好衣服穿在里面，外套一件粗布衣衫，他在装穷；有的穷人衣食艰难，但他借也要借一件长衫外套，才肯跟你见面。富人装穷，穷人装富，总有他们的苦衷，或有他们的目的。其实，富就富，穷就穷，只要自己正派、正当，人穷志不穷，人穷只要不偷不抢，又何足惧哉。

三、忠奸可以伪装。人生，是忠臣，是奸佞，都可以伪装，所以善恶好坏，有时候都是可以表演的。有的人，故意装好人，所谓“黄鼠狼给鸡拜年”，不安好心；有的好人故意装成坏人，给你教训，给你压力，其实他是在教育你。像曹操是忠是奸，历史上各有说法；像王莽，所谓“周公恐惧流言日，王莽谦恭未篡时，向使当初身便死，一生真伪复谁知？”像秦桧、魏忠贤这许多大奸臣，他们在皇帝面前莫不装出忠诚不贰、忠心耿耿的样子，如此才能达到他奸邪的目的。

四、老病可以伪装。有的人年老了，不肯退休，还想继续工作；有的人年纪不老，却一副老态龙钟的样子，不但喜欢倚老卖老，甚至装病，博取别人的同情。老病是可以伪装的，像司马懿不就装病骗过曹丕的疑心，终能谋取帝位？有些政治人物，遇到难以应付的难题时，就装病住院，借病保全自己。有的小孩子装病，希望父母疼惜；有些女人也装病，希望丈夫给予安慰。善意的伪装，无可厚非；恶意的伪装，如瞒天过海，想要对人不利，就可疵议了。

五、战争可以伪装。战争时，为了瞒过敌人耳目，连旗帜的颜色都可以伪装；战略是攻是守，也是让人捉摸不定。情报员更是不惜一切，用伪装的方法获取情报；主帅运用的策略，虚虚实实，实实虚虚，也是极尽伪装之能事。三十六计中，每一计的设计者，都不愧是战术高手。春秋战国时，各国的说客，或以连横，或以合纵，总之兵不厌诈，这一切无非都是为了取得胜利，所以战争需要伪装。

六、道德可以伪装。有的人“外宽内忌”，明明心怀奸邪，但他表面上装成是善良的有德之士；有的人表面上乐善好施，暗地里从事贩毒走私的勾当，危害国家民族。有人说，学问不能伪装，学问四两是四两，半斤是半斤；道德四两可以充半斤。因此，心术不正，心怀鬼胎，外表却伪装成正人君子，这才是真正可怕的人。

世间的人情，有真实的也有虚假的，有人格的人，即使吃亏，也要以真情实意待人；没有道德的人，千方百计总要从别人身上骗得自己所要的利益。虽然世间本来就是真情假意“一半一半”，但社会的风气总得有正人君子之“德风”来加以改善，让世间尽量减少虚假的伪装，让人性的真情流露，让社会充满祥和之气，那不是无比美好吗？

丢丑

人总想把好的一面表现给别人看，丑的一面则希望加以掩饰，所以有人这样形容：动听的语言背后，蕴藏着多少的坏心；美丽的容颜背后，包藏着丑陋的灵魂。

世间的人都怕丢丑，有的学生成绩不理想，不想让家人知道，觉得那会丢丑；男生追求女生，最顾忌在女朋友面前丢丑。说到丢丑，其实有些事并非丢丑，吾人应该正确认识清楚；有些事确实是丢丑，也不能不懂。以下试举十事。

一、没有金钱财富不丑，没有人格道德才是丢丑：一个人有无金钱财富，与别人没有多大关系；但是没有道德人格，却会被人看轻，这才是丢丑。

二、没有知识学问不丑，没有正派行为才是丢丑：没有知识学问，只是自己识浅；没有正派行为，却会侵犯别人，所以会被别人歧视，这才算丢丑。

三、不擅语言讲话不丑，专讲别人坏话才是丢丑：一个人不善言词，逢人不善于言语表达并不可耻，只要能多做好事，一样会受到别人的赞美。但是如果能言善道，却一再讲别人的坏话，人家就要反击你，那才是丢丑。

四、没有好的面相不丑，没有良好行为才是丢丑：所谓“人丑心不丑”，心意善良，行为端正，怎么会丢丑呢？反之，行为不检，被人鄙视，才是丢丑。

五、没有好的命运不丑，没有好的良心才是丢丑：命不好会赢得别人的关心，但是没有良心就要遭人议论了。

六、没有正当职业不丑，做不正当职业才是丢丑：一时没有找到适合自己的职业，没什么大不了，可以慢慢再找；但是如果从事不正当的职业，杀盗淫妄的事情做多了，人人愤慨，这就丢丑了。

七、没有善朋好友不丑，没有好的人缘才是丢丑：一个人走到任何地方，如果没有人愿意和他共事、讲话、来往，必定是品德有缺，也就丢丑了。

八、没有健康身体不丑，没有勤劳性格才是丢丑：身而为人，丑陋残缺都不为过；但是若不肯勤劳，不用心工作，懒惰懈怠就会丢丑。

九、没有善名美誉不丑，到处恶名昭彰才是丢丑：没有善名美誉没关系，只要本分做个小人物就好；但如果是个大人物，却恶名昭彰，那就丢丑了。

十、没有父母儿女不丑，到处惹人讨厌才是丢丑：父母失去儿女，或是儿女失去父母，这不丢丑，倒是儿女满堂，出外却到处惹人讨厌，这才是真正的丢丑。

丢丑会被人取笑，所以丢丑的人会感到可耻。其实，一时的丢丑无妨，只要能知耻、知惭愧、知反省，必定可以增加自己的美德，日后别人自然会对你刮目相看。

歧视

人活着最大的希望是什么？要活得有尊严！如果遭人歧视，活得一点尊严也没有，那么活着有什么意义呢？偏偏在这个世界上，到处都有各种歧视的问题存在，例如：

一、种族歧视。世界上，由于气候、地理等生长环境的不同，就有各地区不同的种族，彼此会相互歧视。黄种人、白种人、黑种人，经常相互歧视，尤其德国的日耳曼民族说，他们一个人胜过其他种族的数十人。其他如英国人、美国人、日本人等，都有一些种族的优越感，所以形成世界上的种族歧视。其实，如果全世界的民族，都能像孙中先生提倡的“五族共和”，若能实现“以平等待我之民族”的理想，那将是何等美好的世界呢？

二、宗教歧视。世界上，每个人都有各自的宗教信仰，但有些人对信仰不同宗教的人士，不屑往来，所以造成宗教之间不能相互尊重，甚至相互歧视。宗教与宗教之间都不能和平相处，其他不同的政党、不同的职业之间，又怎能不互相歧视呢？

三、职业歧视。世间的职业有士农工商，有的人坐办公室，可以舒服地吹冷气，一些劳动阶层的人，则要忍受风吹日晒，靠劳力赚取金钱。假如世界上没有劳工，无人生产，就如没有人煮饭，我怎么能活下去呢？所以大企业家不可以看不起小店经营，有店面的商人也不能看不起摆地摊的小贩。世界上除了偷、抢等贱业以外，其他的职业都很神圣，都不容被歧视，因为正当的工作都很伟大。

四、性别歧视。自古以来，男尊女卑，致使千百年来一些有智能的妇女，受屈受辱。其实男女只是性别的不同，至于能力、智慧，乃至对人类的贡献，男女都不该有所歧视，有所分别。

五、贫穷歧视。现代人“笑贫不笑娼”，贫穷往往被人耻笑、贱视。贫穷不是什么罪恶，富有的人为非作歹，兴风作浪，大斗进、小斗出，那才是卑贱。贫穷有德的高士，历代很多，所以贫穷不该被歧视。

六、阶级歧视。印度是一个阶级森严的国家，四姓之中的首陀罗被归为“贱民”，一直被社会抛弃在黑暗的角落里。其政治的领导人，是没有能力闻问，还是不想闻问？自古中国的圣德明君，不知看法如何？

综上所说以外，还有很多的歧视，例如对残障者的歧视，对低能者的歧视，对弱智者的歧视，对年迈者的歧视等。歧视别人，难道自己的地位就能提高了吗？“歧视”是一种非常落伍的观念，所谓“大地众生皆有如来智慧德相”，人人皆有佛性，人人皆可为尧舜，只要人穷志不穷，人人都能尊严地活着，都不容被歧视。

谣言

谣言满天飞的社会，是一个不健康的社会。自古以来，政治上意图当皇帝的人，往往假造签诗欺骗民众，表示自己为王称帝，是乃“承天意以从事”；也有一些人假借宗教之名，妖言惑众，以遂自己的不轨图谋。

社会上，由于有一些人唯恐天下不乱，因此只要发生一点芝麻绿豆大的小事，马上就会被绘声绘影地大肆渲染。所谓“好事不出门，坏事传千里”，人性本来就有好传是非，好打听别人隐私的劣根性，比如人家儿女私奔了、男女偷情了、兄弟分家失和了，马上成为街头巷尾的大新闻。

其实，一个健康的社会，每个人都应该对自己的行为负责。若有违法情事，应该依国家法律处理，犯不着别人用谣言来给予传播。对于谣言，一个有智慧的人，应该懂得如何处理。兹将谣言的处理，略述如下：

一、谣言不可听。当两军作战，听说前方某处被攻陷，某地已经失守了，军队死伤无数。这样的消息传开，后方人心惶惶，人人自危，这是正中敌人之计；因为后方的社会不能安定，前方的军士怎么有心作战呢？

二、谣言不可信。既是谣言，怎么可以相信呢？例如，有人说，“南极星翁”在某某路口替人祈福，大家赶往一看，只是一个乞丐，没有什么南极星翁啊？你既知南极星翁只是神话中捏造的一个人物，怎么能相信呢？

三、谣言不可传。在抗战期间，日本飞机不断到中国轰炸。每当飞机一来，警报响起，民众在躲警报的同时，也会相互询问：“是几架飞机？”“是一架飞机。”随口说的话，到了第两个人就传成“就是十一架飞机”。再有人问：“究竟是几架飞机？”回答：“九十一架飞机。”从一架飞机，经过三个人转话，就变成九十一架飞机，你说谣言怎么不可怕呢？

四、谣言不可说。明知是谣言，我们就不要跟着谣言起舞，所以谣言不可说。人的恶习，不喜欢听真实语，喜欢听谣言；不喜欢说真实语，喜欢说谣言，所以谣言的社会不可爱，令人厌恶。

五、谣言不可怕。过去常有宗教界传说："世界末日来临了！""地球即将毁灭了！"哪里发生一点地震、风灾，就绘声绘色地说："这是神在惩罚世人！"说得人心惊胆战，害怕无比，好像人类的末日就在今天。但事实上，预言一项也没有发生，太阳一样照常升起，日子一样在过，所以谣言不必害怕。

六、谣言不可惑。谣言最能惑动人心，如果你想要破坏两个人的交情，或是想要污损一个人的名誉，你只要造谣生事，说他即将造反，说他出卖朋友，说他集众滋事，说他卷款潜逃……很快就会造成很大的杀伤力。所以，搬弄是非，两舌恶口的谣言，只要你轻易听信以后，朋友再不像朋友，同事再不像同事，即使骨肉兄弟，也会被谣言所惑而拆散了亲情，所以说"是非止于智者"，千万不可以轻易被谣言所惑。

流言

世间有一种能够伤人于无形的力量，叫作"流言"。流言是没有根据的话，一旦经人散布，在大众之间流传开来，就像没有定性的风一样流来流去，所以称为"流言"。

中国的字汇确实很有意思，天马行空的云彩叫"流云"，瞬间消逝的星星叫"流星"，不稳定的沙石叫"流沙"，到处打家劫舍的盗匪叫"流寇"，动不动就打人甚至坏事做绝的恶霸叫"流氓"，女性在暗巷里卖春叫"流莺"，鸟类传染病毒叫"禽流感"，甚至有的感冒称为"流行性感冒"。

谈到"流"，流风、流行都经不起时间的考验，但是一句流言所造成的祸患，其结果却是很难逆料。试就"流言"说明如下：

一、流言的得失难以捉摸。一句流言，慢慢成为谣言，成为顺口溜，成为童谣，甚至历史上靠流言当上皇帝的，大有人在。靠流言获益的，必是放流言的人；被流言中伤者，必是受害人。但是有的人放流言伤人，最后反而害了自己；有的人则拜流言之赐，一夕成名，可谓因祸得福。在一个公司、团体里，有的主管因为一些流言而失去职位，有的人则因此而升官发财，所以流言的得失，有时也让人难以捉摸。

二、流言的是非难以清楚。所谓流言，究其内容，都是一些关乎别人私密的是非，或是破坏好事、伤害他人的不实之言。虽然有人说“是非以不辩为解脱”，但也有人主张对流言要加以澄清说明才好，只是流言一经散布，锐不可当，要想把流言的是非说清楚，就如同绘画，真是越描越黑，谈何容易。

三、流言的传播难以定准。所谓“好事不出门，坏事传千里”，流言虽然没有确实性，但是传播迅速，因为人性中总有一些幸灾乐祸的心理。有的流言传个两三天就销声匿迹，有的传播三五个月，还是甚嚣尘上，沸沸扬扬。有的流言不出三五里路，有的流言传播千里；有的流言有人相信，有的流言不只听的人不信，传播流言的人也是将信将疑，所以流言的传播难以定准。

四、流言的伤害难以计算。流言是一些没有经过证实的耳语，它像暗箭一样，虽然来路不明，但对当事人造成的伤害是必然的。甚至不仅造成当事者个人的伤害，有时还牵连到亲友、团体，导致在财政、名誉等各方面无法估计的损失，所以流言的伤害难以计算。

社会上有一些名人经常饱受飞短流长之苦，如电影红星阮玲玉，自杀时留下四个字“人言可畏”。台湾多次发生银行挤兑的现象，也是起于一句流言。流言有时是空穴来风，有时像是煞有介事，如何辨别是非流言的真假？如何让流言造成的伤害降到最低？所谓“是非止于智者”，唯有人人都当智者，才能让流言无所遁形。

乱用

天生万物，必为我用！万物有用，但是要用得如法，用得恰当。鞋袜穿在脚上，你不能戴在头上；衣褂穿在身上，你不能把它当作裤子穿。碗是用来吃饭的，你不能用盘子吃饭；茶杯可以喝茶，但茶杯不能当饭碗使用。所以，世间万物，用之有方，不可乱用，乱用的后果，例如：

一、乱用金钱。无论我们拥有多少金钱，都不可胡乱花用，如果没有节制地乱用，不要多少时日，就会床头金尽。

二、乱用人情。请托别人办事，看个交情，卖个面子，用个一次、二次，或许可以；但是常常这里套交情，那里攀人情，次数多了，就行不通了。社会是很现实的，人情值多少钱呢？

三、乱用特权。给你一个通行证，你有特权进出，但你不能用特权犯法。你走私贩毒，这样的特权就危险了。你在政治上有地位，当然到处都可以享特权；但是过分地滥用特权，到处官僚作风，到处敲竹杠，到处揩油，到处讲特权，那你的特权就是危机了。

四、乱用关系。“某某人是我的朋友”“某某人曾当过我的部下”“某某人曾受过我多少恩惠”“某某人是我过去结拜的兄弟”，甚至“我们同乡”“我们同学”“我们同事”，这些关系都很好，但是如果有一人不承认和你的关系，你的人格、信用就会破产。

五、乱用信誉。团体有团体的信誉，个人有个人的信誉，所以过去商店都讲“金字招牌”，都讲“百年老店”，这就是信誉造就的。是信誉，必定是美好的，不能乱用，乱用以后，信誉受到破坏，就没有信誉了。

六、乱用头衔。有的人喜欢用名片，名片上都印了许多头衔。头衔代表一个人的身份，给人名片是代表一种礼貌，本意很好。可惜有一些人滥用公家的头衔，某个公司董事长已经没有实权，不过还没有改选，就到处对人说“我是某公司的董事长”，或说“我曾做过什么官职”。乱用头衔，必然会遭人疑忌，受人批评，让人对你不屑。

七、乱用药物。一般人“乱用”的习惯非常普遍，但是很多的“乱用”中，最危险的就是乱用药物。有了一点小病痛，让人知道后，身边的同事、朋友，个个都像医生一样，这个要提供什么秘方，那个要介绍什么良药。其实病有病理，药有药效，对症下药，才能药到病除；乱用药物，有人过敏，有人病情转为严重，有人必须到医院挂急诊。一般人到了这个时候总算知道乱用药物的危险，但是百千年来的坏习惯，仍然不改，至为遗憾。

八、乱用成语。中文成语，言简意赅，短短四个字往往能表达一个很深刻的意涵，所以讲话、写作，一般都会经常使用成语。但是，成语大都有历史典故，背后的故事、意思如果没有搞清楚，乱用成语的结果就会贻笑大方。最近台湾有关部门设立网络电子成语辞典，本意是为了提供大家查询方便，立意很好。但是为了“三只小猪”惹来很大的争议，甚至之前的“罄竹难书”“音容宛在”，都因为援用不当，引起轩然大波，可见中国的历史文化源远流长，成语不能乱用。

除了上述所说以外，吾人在世间，能给人利用才有价值，但千万不能被人胡乱用来为非作歹、为虎作伥，否则后果就不堪设想了。

私交

上古时期，有谓“大夫无私交”，为的是怕私交过重，形成朋党，危害到国家的公益。然而时至今日，国与国之间、团体与团体之间、人与人之间，都讲究私人的交情够不够，甚至“私交人员”也成为外交上的重要联络关系。不过一般官员都懂得谨守此一外交规范，就是一般团体的重要人士，也会注意私交的得当与否，深恐稍有不当，会被主管炒鱿鱼。

究竟哪些情况下是不当的私交呢？略举如下：

一、私交敌国。两国断交，成为相互敌对的国家，这时每一个国民，尤其政治人物，要以国家为重，不可以与敌国有一些私交往来，否则被安上一个“私通敌国”的罪名，那是非常严重的事。不过，国与国在敌对中，也不是绝对不能来往，只是凡有往来，应该呈报有关的领导，如此才能确保自己的安全。

二、私交叛道。有的人从团体里叛逃出去，表示他的思想、理念，甚至所作所为，都已经和原来的团体背道而驰。此时如果你再和叛道者有私人的往来，这就是公然向团体大众挑战，后果可想而知。所以，每个国家、团体或个人，都有一些“异议人士”被列入黑名单，为了站稳职务上的立场，叛道者不可随便交往。

三、私交损友。人不能没有朋友，交朋友要交益友，不可以交损友。所谓“损友”者，就是思想不纯、行为不正、吃喝嫖赌、花天酒地，甚至出卖国家团体者，这种朋友要列为“拒绝往来户”。也就是说，举凡贩毒者，烟酒不离手者，游荡玩乐者，如果你没有力量感化他，就不能和他靠一边站，否则受其影响，其过大矣！

四、私交不当异性。未婚的青年男女，异性交往，只要身份相称，家长同意，两情相悦，都会顺当，也会受到祝福。怕只怕对方已名花有主，或者对方家族有某些因缘反对，这就得谨慎考虑了。男女相爱，两性结合，本是美事，如果弄成三角恋爱或婚外情，或是拐骗人口等罪名，自然麻烦多多。也有的青年男女，事先互不了解；因为不了解而匆匆忙忙地结合，等到相互了解后，懊悔不及，又再匆匆忙忙地分手。但是，男女婚姻，这等人生大事，岂容如此草率地分合，所以不当异性不能私交。

五、私交帮派。民主国家，都有国家公开承认的政党。人民参加政党，只要不引起党同伐异，不引起思想冲突，不引起分裂报复，所谓在自由民主的旗帜下，无可厚非。除了政治上的党派以外，现在社会上还有许多帮派，所谓黑道。有些黑道确实不公不义，叫人望而生畏；但也有些黑道，急公好义，救苦救难。一般人民受了冤枉委屈，找官府、法律，都无法得到应有的救济，只有找黑道来报复，所以是非好坏就很难论断了。不过，一个正常人士，安分守己，平淡生活，还是不要轻易地私交帮派，以免惹祸上身。

六、私交同性恋。有时候，正常的异性相恋，都会遭人飞短流长；如果来个“同性恋”，在一个民风保守、社会观念还未进步到这种程度的地方，要想让整个社会大众接受，其困难也就可想而知了。

关于“私交”，俗语说：“龙交龙，凤交凤，交个老鼠的儿子会打洞。”“私交”本来是应该受到尊重的个人自由，但如果牵涉到家族名声，牵涉到思想问题，甚至牵涉到国家安全，那么即使自己有能力私交，也不能不考虑这些问题的是非后果。

双手

有人说“双手万能”，也有人说“万恶的双手”，可见人的双手，可善可恶。我们的一双手，见到了朋友，很远的地方就对他“摆摆手”；彼此面对面，就相互“握个手”；到了离别的时候，就“挥手”说再见。甚至不管你做什么善事，我都给你帮助，做你的“推手”。双手的功用，奇大无比。兹将双手的善恶好坏，试述如下：

一、顺手牵羊的小偷之手。人因为与生俱来的坏习惯，喜欢贪小便宜，经常“顺手牵羊”。顺手牵羊的人不会发财，反而人格给人看贱。元朝有一位许衡，在一次兵荒马乱中逃难在外，途中肚子又饥又渴，路人告诉他，旁边果园里的水果可以摘来吃。许衡说：“那园子是有主人的，怎么可以随便摘来吃？”路人说：“兵荒马乱，哪里还有什么主人？”许衡回答：“兵荒马乱，园子无主，难道我心里也没有主人吗？”

二、一刀毙命的凶残之手。有的人生性凶残狠毒，遇到一些不满的事，动不动就对人拳打脚踢，甚至一刀毙命。这种凶残之手，将来即使再世为人，也会几世无手可用。

三、散播黑函的无形之手。现在的有些人，当他对你有所不满时，他不肯正大光明和你讲理、评论，而是在暗中阴谋陷害你。例如散发黑函，只要花个几块钱买张邮票，替你向上司投诉，向家人告状，向媒体散播谣言。现在的社会，如果没有办法求证，也没有人公平、客观地评论是非，只要有人陷害你，你的罪名就已经确立。因此，多少人在一封黑函之下，毁了一生，无法申诉。

四、推动摇篮的慈母之手。双手也不全然都是坏的，也有好手。尤其我们每个人，所以能够从稚龄婴儿，慢慢长大成人，靠的就是母亲那一双推动摇篮的手。慈母的手，就是孕育生命最温暖的摇篮；那双手，对生命的抚育，劳苦功高。

五、作育英才的严师之手。老师春风化雨，作育英才，除了用一张口教导之外，一双手在黑板上，写了多少字，画了多少图表？在老师的口授笔书之下，学生一个个成为社会的栋梁之才。

六、紧握罗盘的司机之手。平时出外办事，或是出国公务，乃至各地旅游，所乘坐的交通工具，不管航空、海运、陆地等，哪一样不是靠着司机的双手，紧紧握住方向盘，一丝不苟，一心不二地专注驾驶，我们才能安全地前往目的地？

七、迎接新生的助产之手。在过去，所有新生命的诞生，都是靠助产士接生。所以，一个以助产为业的人，在他小心翼翼之下，多少新生命来到人间，平添生机。如果没有助产士的这双温柔之手，小生命一出生，可能会遭受到一些意想不到的苦难。

八、抚平人心的慈悲之手。在各种双手当中，有能力的双手固然令人尊敬，如果真要令人感动，还是那些抚平人心的慈悲之手了。我们看，医院里许多的医生，即使手里拿着手术刀，他们的慈悲心一直都在散发光芒；护理人员，他们细心照顾病人，时时用双手传达内心无尽的爱。乃至严冬时，双手捧着救济物品，赈济等待帮助的人士，内心也在默默地为他们祝福。一些人在苦难绝望的时候，慈心人士及时伸出救援之手，实在都令人感动。

总说一句，同样是一双手，有的手令人讨厌，有的手令人感动。我们应该如何运用自己的双手呢？答案就由自己决定。

黑手

人的手平时都是很干净的，因此人与人见了面，都会相互握手，在握手的当下，可以感觉得到对方的热诚、亲切、友谊。但是“黑手”就不一样了，人的手被称为黑手，必然表示所做的事见不得人。所以 “黑手”者，见不得天日，见不得大众，总是偷偷摸摸地搞些不上道的小动作。例如，有的国家有一些不正派的组织，我们称之为“黑道”，甚至还有“黑手党”，可能比黑道还更有组织，更有威力。

平时，我们的四周可能布满黑手，只是我们看不到，却很难预知什么时候它会悄悄地伸出手来，让我们不及防备，让我们吃大亏，这就是黑手的可怕。我们的社会上，究竟有些什么黑手呢？试说如下：

一、小偷。小偷只是鸡鸣狗盗之徒，把小偷称为黑手，可能还提高了他的地位。小偷又称“扒手”，只想扒窃一点钱财，偷窃别人一些物品，不至于搞得人家破人亡，所以世界各国对于小偷，在刑法的判决上，不同于抢劫犯，不至于判死刑。但是小偷也很可恶，自己不务正业，只以行窃为生，让人无端损失财物，把自己的安逸建筑在别人的辛苦上，所以也称之为“黑手”。

二、侦探。有一些人从事侦探工作，专门在暗中侦查别人，如果为国家做事，就叫“间谍”，如果受雇于私人，就叫“私家侦探”。“私家侦探”是现在新兴的行业，专门调查别人的隐私，因此也可以把他归为“黑手”之列。“间谍”当然也是黑手，不过他为了国家的利益，呕心沥血，利用种种的计谋来侦探对方的机密，让国家与国家能对等发展，也无可厚非。但是一般的私家侦探，有良知的侦探秉持职业道德，照实处理，倒也罢了；有的耍手段，私自拍照，制造事端，制造假情报，搞得人家庭失和，所以称之为“黑手”，也是名实相符。

三、阴谋。有些黑手，就是站在你的对面，你也不知道，因为他搞阴谋，阴谋藏在他的心里。在政治上，搞阴谋的手段很多，造谣、陷害，你在明处，他在暗处，你吃了暗亏，受了伤害，还不知道对方是谁，这种阴谋，是黑手中最可怕的黑手。

四、狠心。狠心的人容易成为黑手，因为他没有善念，没有慈心，只是跟人比狠、比凶残，所以社会上多少的黑道，心狠手辣，犯下多少命案。尤其，有些人并非跟人有什么深仇大恨，只为了钱财，因此犯下掳人勒赎，甚至绑票撕票。虽然这些人终将受到因果报应，但社会上仍有许多人心存侥幸，以为自己的狠心犯行不会被人所知。只是，天网恢恢，疏而不漏，狠心有恶报，这是必然的因果。

五、恶行。所谓恶行，抢劫、绑票、谋杀、陷人于劫难，甚至为钱充当杀手，出卖良知。凡此恶毒行事，完全不替人留有余地，一味的横行，像凶神恶煞一样，可以说，佛教的十恶行，他毫无顾虑，几乎全部毁犯。其实，黑道也好，黑手党也好，难道这许多恶行恶状不会有因果报应吗？所以奉劝世人，应该以慈眼视人，以善手行事，如此好心必然有好报。

黑道

社会是一个人群聚集而复杂的团体，在多元化的社会里，不但有为人歌颂的慈善团体，以及造福民间的公益团体等，另外还有一些为人所诟病的团体，如帮派、“黑道”等。

其实，在一个健全的社会里，“黑道”、帮派也未必不好。政治上有政党，民间有帮派，社会上有“白道”，当然就会有“黑道”。“白道”者未必是好，靠着“白道”的善名，沽名钓誉者也不在少数，例如报载一名绩优志工，竟是诈财数百万的骗徒，所以“白道”未必是好。在社会上，有一些政治人物比“黑道”还黑，因为他们仗恃权势，贪污和欺压人民，比起“黑道”更为可怕。兹将“黑道”的功过种种，略述如下：

一、“黑道”的形成。中国社会，过去一般人不能接受正常教育，有的人感到前途没有出路，因此投身“黑道”，寻找未来。有的人或因被人欺负，想要聚众报复，因此加入帮派，成为黑社会的一分子。“黑道”的人物，有的成为社会一些不当行业的保镖，你聚赌，我抽头；有些具正义感的“黑道”人士，偶尔也为社会不平之事伸张正义，成为人民的保护者。甚至警察也时常利用“黑道”势力，帮助除暴安良。但也有一些不肖者，走火入魔，持枪械斗，犯案累累，遂让“黑道”蒙羞。有为的“黑道”团体，也常举行自清运动，有些则随波逐流，向下沉沦，因此被社会所诟病，良有以也。

二、“黑道”的功过。近代的杜月笙先生，人称“上海皇帝”，堪称“黑道”中的佼佼者。有人贫穷艰困，只要找到他，当他了解你的正当需要，他一句话OK，你就可以得到帮助。你受人欺压，冤屈难伸，只要杜月笙知道，再大的冤枉，都能得到昭雪。国家遭受外侮，在日本军铁蹄蹂躏下的中国，杜先生救国安民，都受到政府的奖励。上海的达官贵人，如果不和杜月笙打交道，可以说在上海滩难以立足。追随杜月笙的人，有许多是国家的忠勇之士，当然难免也有一些宵小不贤者。“人非圣贤，孰能无过”，再伟大的杜月笙，难免也有为人诟病的地方，何况有些“黑道”以打杀为强，以挑衅为主，这就使“黑道”的名声愈加不能为人所接受。

三、“黑道”的定位。“黑道”是好是坏、是忠是奸？其实难以定论。过去国家的治安单位，也会借用帮派分子为其效力，甚至地方上的选举，也常借用帮派分子为其桩脚拉票。“黑道”，多少人诅咒、唾骂，所以“黑道”者如过街老鼠，为人所不屑；但是“黑道”对某些团体而言，也成为他们的守护神。因此讲到“黑道”的定位，“黑道”本身应该要以古代的游侠为榜样，助弱除奸、去邪扶正，就如曾被佛陀降伏的鸯掘摩罗，也是从一个无恶不作的暴徒，转而成为证果的罗汉。“黑道”如能自我转型，自能获得社会的地位。

四、“黑道”的转型。在台湾，廖添丁是家喻户晓的人物，“黑道”人物不妨学习他的“盗亦有道”，能够行侠仗义，帮人解决问题，让“黑道”人物今后成为正义的伸张者、弱势的扶助者，有时候展现怒目金刚，有时候也表现菩萨低眉。“黑道”能够转型，不但自救，也是救人也。

四种田

自古以来，谁拥有广大的田地，谁就富有；现代人，能拥有众多员工的公司，也是富者。田地能生产五谷，一年收成的粮食，除了供给自家需要以外，多余的还可以贩卖，使家道富裕。所以自古都是说：某某富豪有良田万顷，某某士绅富甲一方。大富豪和大地主，往往画上等号。

中国自从“文化大革命”打倒地主之后，旧时代拥有土地的许多富人，都被时代的洪流淹没了，但基本上，“田”与人间的关系，其利益还是保持的。例如佛教说的“八福田”中，有佛、圣人、僧、和尚、阿阇黎、父、母、病人等，都是我们可以求福的对象，分别称为“敬田”“恩田”“悲田”，加上吾人的“心田”，是为四种田，略述如下：

一、敬田。世间，宗教师、善人君子，都是值得我们恭敬的对象，我们供养他，就像在田地里播种一样，可以获得很大的回馈。在佛经里处处记载着供养三宝而获得大功德的事迹，例如“贫女一灯”：一个贫穷的女孩，剪下自己的头发卖钱，她把所得的钱换取一盏油灯供佛，结果感得当生被立为皇后的果报。所以布施如播种，尤其在佛门里布施做善事，可以种一收百，种百收万，种万收亿，百千万亿的功德，生生世世享用不尽。

二、恩田。所谓“恩田”，是指父母、师长，都是我们报恩的对象，我们对父母的养育之恩、师长的教导之恩，能发自内心真诚地感恩图报，这就像是在田地里播种一样，也会获得很大的收成。可惜现在社会上有些人不知孝顺父母，不懂尊敬师长，忘恩负义，这就像是把很多田地任其荒芜，不去种植，如此怎么能有收成呢？

三、悲田。世间需要我们慈悲关照的人很多，如前面所说的“八福田”中，那些贫穷人士、伤残人士，都是我们发挥慈悲的对象。我们在这些慈悲的田地里播种，就像在开垦贫瘠的土地，虽然地上到处是土石沙砾，只要我们加以种植，仍然会开花结果，一样可以有收成。我们播种讲究的是收成，现在世间哪里没有敬田，哪里没有恩田，哪里没有悲田？只要我们愿意，哪里不能让我们播种而得以致富呢？

四、心田。每个人都有一颗心，心是我们的工厂，可以生产各种产品；心也是我们的田地，在心田里不管种植任何种子，都可以开出花果来。就如学生读书，把读书的种子播在心田里，心田里就可以生出智慧来。同样的，我们种植福德因缘在心田里，他就可以长出功德的禾苗来。现在的计算机，一个小小的磁盘片，里面可以容纳千万个字句名言，何况我们无形无相的心田广大如虚空，你在这个无限广大的功德田中种植，必然能有百千万倍的收获让你受用。

所以，佛教的修行，讲究修心，其实修心就是种福田，你有播种，才有收成。现在有些人不肯耕耘，只希望有所得，成天求神问卜，这就如同对着田地高喊：田地呀，祈求你给我福报，让我有收成吧！但是你没有播种的因，如何能有果实可以收成呢？所以真正懂得宗教信仰的人，都懂得“要怎么收成，先怎么播种”！我们要想收成累累的果实，就应该好好地播种福田。

难看

人在日常处众中，一切行仪都会引来别人的观感、看法。有时候我们赞美某人威仪庄重，为人正直，或说某人慈祥恺悌，平易亲切，都可见出其行仪之美。但也有的人行为不正，或有不当，表现出一些难看的表情或行为，让人看了，嗤之以鼻，例如：

一、垂涎欲滴，吃相难看。人的性格，有的人好名，有的人好利，有的人好面子，喜欢装门面，但也有的人好吃，看到美食就嘴馋得口水都快要流下来。尤其当参加宴会时，众人都很有风度地相互谦让，只有他紧盯着满桌菜肴，一副垂涎欲滴的样子，甚至急不可待地动筷子，旁若无人地狼吞虎咽。这种贪婪的模样不但吃相难看，而且让人觉得他教养不够。

二、众中无状，行为难看。有的人非常注意出众，在大庭广众里总是表现自己礼貌、优雅的一面；但也有的人在大众中，坐无坐姿，站没站相，喜欢与人勾肩搭背，交头接耳，一些不合礼仪的无状行为，只会让人敬而远之，不会想要与他结交。

三、见钱眼开，样子难看。钱财人人喜爱，但钱财应该取之有道，只是财色往往使人失态，有些人只要有钱可赚、有利可图，总是不择手段，甚至不顾尊严地谄媚奉承有钱人，就如蚂蚁见到糖果、蝴蝶遇到花香一般，那种见钱眼开的样子，真是难看至极。

四、色胆包天，形象难看。有的人行为不检，在大庭广众下，公然对异性以言语挑逗，或者做出不尊重人的行为。这种色胆包天的人，固然毫无形象可言；有的人私下偷偷摸摸，做出有违礼法的放荡行为，也是令人不耻。

五、得意忘形，威仪难看。有些人伤心失意时，伤痛欲绝，倒也情有可原；有的人得意时，例如中奖、升官、考取功名等，他就眉开眼笑，喜形于色，甚至得意忘形，口沫横飞地高谈阔论，一副小人得志的样子，毫无威仪可言，也是为人所不屑。

六、怒时咆哮，表情难看。人在生气的时候，表情已经非常难看了，有的人还会暴跳如雷，骂东骂西、骂你骂他，那种咆哮怒骂的表情，只会让人觉得你修养不够，更加看不起你，这都是不知自我节制所招引的结果。

七、懒散懈怠，姿态难看。一个人衣冠整齐、端庄正直，平时出现在人前都是精神抖擞，容光焕发，自然让人乐于亲近；反之，平时懒散懈怠，精神萎靡，对什么事都提不起兴趣，走路垂头丧气，衣着邋遢，一副疲倦无力的样子，不但姿态难看，前途也很难被人看好。

八、龌龊猥琐，形容难看。做人应该正大光明、心胸磊落，走路昂首阔步，信心十足，如此才能赢得别人的尊敬。但是有的人生性拘谨放不开，举止庸俗不大方，形容鄙猥琐屑，这种人自觉卑下，也很难让人对他心生好感。

难看，就是不好看的意思。人都希望求美、求好，所以做人先要学习让人看你很顺眼，千万不要做一个难看的人。

抹黑

人类的行为真是无奇不有，“抹黑”别人就是一个很奇怪的行为。一个人被人抹黑，就如一面白色的墙壁，遭人胡乱涂上各种颜色，顿时变得脏乱难看；一张名画，被人在上面随便涂鸦，马上失去原有的价值。一个社会名人，名声、道德对他而言，几与生命同等重要。有人因为对他的成就心生嫉妒，蓄意破坏，于是借故或无端制造一些是非，在他的上司、家人、朋友、情侣之前抹黑他，或者在社会上用言论、文字故意栽赃他，破坏他的清白形象，让他多年辛苦的成就，毁于一旦，这是人类最为恶劣的行为。

抹黑的可恶之处，在于抹黑对被害人，甚至对整个社会都会造成难以磨灭的伤害。抹黑之可怕，例如：

一、可以无事生非。台湾每逢选举时刻，抹黑的花招真是层出不穷。选举是民主政治重要的一环，民主本来是很可爱的，但是有些候选人为了自己当选，不择手段地抹黑对方，把他的祖宗八代、家人亲族，甚至过去的前尘往事都挖出来抹黑，可以说多数都是“莫须有”的罪名。对于这种无事生非、故意栽赃的抹黑行为，真是令人痛心。

二、可以混淆视听。所谓抹黑，例如故意曲解对方的语意，不是的说是，是的说不是，让别人对你的言论主张，分辨不出真假。你到某人家里访问，只是单纯地探访朋友，他说你结党营私；你去弱势群体救济慰问，他说你收买人心，显有贿赂之嫌。甚至说你曾和某个盗贼合伙，你们是朋友至交；你只是在路上和某个异性偶然相遇，他说你带着情侣出游，让你百口莫辩。总之，种种混淆视听的抹黑不一而足，不但伤害当事人的名誉、尊严，也损伤了社会的公理正义与是非正直。

三、可以坏人名誉。名誉可以说是一个人的第二生命，抹黑最大的致命伤，就是坏人的名誉。他人兢兢业业，做一个正人君子，在社会上维护自己良好的形象；因为你的嫉妒、排斥、打压、毁谤，施以种种抹黑，让他的名誉受损。许多艺人也因为被抹黑而含冤莫白地自杀了事，所以抹黑的罪过不可谓不大。

四、可以自损阴德。抹黑的行为纵使一时能够得逞，造成被抹黑者名誉受伤，甚至前途受损。但是“路遥知马力，日久见人心”，我们相信世间仍有公道存在，正邪好坏还是不容混淆。即使社会舆论受了抹黑者利用，让他人受到损伤，但是抹黑的人即使一时逃过法律的制裁，因果却不会不算这笔账。所谓“善有善报，恶有恶报，不是不报，时辰未到”，抹黑者必然自损阴德，因此被抹黑的人也不必太难过，因为因果必然不会辜负人，这是不容置疑的。

跳

“跳”是人的动作之一，有的人“急得跳脚”，一定是遇到十万火急的事，这是很不好的事；但是跳舞也是用两脚跳来跳去，却是一派悠闲的样子。其实一般词汇里，“跳”的意义多数是负面的，例如：

一、跳机。一些落后地区的人民，向往进步国家的繁荣，但又没有合法身份，只有用“跳机”的方式达到目的。例如，利用观光名义取得签证，入关后就赖着不走，有的要求政治庇护，有的成为非法移民，等到五年、十年以后，最后以难民的身份特赦，达到移民他国的愿望。

二、跳票。信用是人的第二生命，但有的人不得已，拿这种生命跟人赖账，开出去的支票不能兑现，到期只有“跳票”，让对方损失金钱，让自己损失信誉，实在可惜。

三、跳井。有的人遭遇困难，不得已“跳井”寻短，结束生命。跳井之外，跳河、跳海都是一样的意义，都是企图以一跳来解决问题。

四、跳楼。“跳楼”是现代新兴的自杀方式。夫妻吵架，一时气愤；家庭发生变故，一时想不开。在情绪冲动下，不顾一切从楼上一跃而下，横死街头，这种轻忽生命的自杀方式，实在令人惊心动魄。

五、跳槽。职场中，有的人嫌这家公司不好，要换到那家公司去，嫌这个机关不好，要转到那个机关去，这就叫作“跳槽”。转换工作本来并无不好，可惜有的人“此山望见彼山高，到了彼山没柴烧”。尤其，转换职业要循正当渠道，有的人被人以高薪挖角，造成两家公司之间的矛盾。人生行事，最好凡事来去光明磊落，能够“皆大欢喜”最为圆满。

六、跳墙。小偷觊觎别人的财物，想要下手，但不得其门而入，只得“跳墙”。有的人做了不好的勾当，不敢光明正大地从前门进出，也只得“跳墙”。但是，人生经过这一跳，人格跳走了，信誉也跳没有了，所以“跳墙”甚至于“跳梁小丑”，皆不可为也。

七、跳坑。跳坑就是“跳火坑”，这是极为悲惨的苦境，若非情势逼人，谁愿意跳呢？但是一些青楼女子，为了家计，为了父母债务，为了兄弟学业，总之，在走投无路时，只得卖身青楼。不过跳下火坑，牺牲一己之幸福，虽然能解决家庭一时的困难，却也造成社会新的问题。

八、跳级。现在的社会，一切讲究制度、规矩，工作升迁、人事调动等，都有一定的制度。但是有的人利用关系，“跳级”升迁，让同事感到不公平、不服气，因而心生怨恨。不过，跳级升迁有时也是正常的，例如军中有人立了军功，自然可以得到拔擢；学校里，资优生也可以跳级升学，因为他的聪明才智过人，所以能够跳级。

跳级，有的让人羡慕，有的让人不平。按照一般正常人生的道路，还是以“循序渐进”为好。“跳级”总有一些意外也！

求

人生在世，追求的事物很多，例如求生存、求平安、求顺利、求快乐。在人生的各种追求当中，最常见、最应该追求的东西，列举如下：

一、求财。钱财对人的生存、名誉，都有重大关系。“有钱能使鬼推磨”，钱财对人岂不重要！有人为了求财，不惜运用一切手段；为了求财，心机用尽，结果到头来“人为财死”，宁不可叹！因此，钱财虽是生存不可或缺的要素，不过求财要求正当之财，所谓善财、净财；不正、不净之财莫贪，以免惹祸上身。

二、求名。人有了钱财，还不能满足，希望要有名声，所以有些人不惜花钱买官，为的就是求名。名声虽然虚幻不实，但总是令人陶醉。所谓“三代以前唯恐好名，三代以后唯恐不好名”，求名也非不好，但要能“实至名归”。尤其求名当求善名、美名、忠义之名，能够留名千古，未尝不好。

三、求爱。有了财与名，追求“爱”也是人与生俱来的本能。人要爱人，也希望被爱。爱本来就是生命的原点，爱可以让人觉得幸福、快乐，但是爱得不当，爱得不正，爱得不该，也会产生烦恼纠葛。佛教并不排斥爱，但希望人能把爱升华为慈悲。所谓慈悲，就是大爱、净爱、公爱，能够普爱一切、成就一切，甚至牺牲自我，成就他人，这才是爱的真义。

四、求职。人在世上，要有正当的职业，才能养家糊口，才能安然生存；如果没有正当的职业，无业游民总是社会的包袱，甚至成为社会的败类。职业没有大小贵贱之分，工作是神圣的，只要不会危害社会他人，不会败坏善良风俗，即使是摆个地摊，乃至为人剃头、洗衣，都是神圣的服务。只要自己的能力能够胜任，能对社会有所贡献，任何职业都可以安心从事。

五、求人。俗云："黄连苦，贫穷更苦；春冰薄，人情更薄；江湖险，人心更险；登天难，求人更难。"求人虽然很难，但是人生在世很难不求人。从小要求父母帮助我们成长，入学要求老师教我们知识，进入社会要求朋友、同事给我们帮助。平时的生活里，乘车要求司机开车，穿衣要求工人织布，吃饭要求农夫耕种，购买百货要求商人供应，如果没有这些人，我们又如何生存？只是求人也要求该求的人，不该求的人不但不能如你所求，甚至会求出麻烦来。其实人生与其求人，不如自己能给人，能够给人因缘、给人利益，当你播下了种子，还怕没有收成吗？所以跟人结缘，远比求人更好。

六、求道。放眼当今整个社会，求财、求名、求爱、求职、求人，所在多有，求道的人就少了。人，为了身体健康，都懂得要运动和注重营养；为了美貌，要化妆美容；为了技能，要求学用功，但是心中的道往往被忽略了。一般人都是为眼、耳、鼻、舌、身等外在的身相忙，但很少为"心"而忙。心是人的主宰，求道先要净心、正心；心能清净，心能正派，则何愁其他一切所求不能如意呢？

功

人在世间，莫不希望自己能建功立业，虽不一定要功勋盖世，至少能留下"立功、立德、立言"的三不朽事业。人虽然都希望有功于社会乡里，可惜很多人急功近利，往往适得其反，所谓"功败垂成"，因功而失败的例子很多。有哪些人不能成功呢？

一、无功受禄的人不能成功。没有功劳而想获禄，这就如同"缘木求鱼"，没有"因"哪里会有"果"呢？我们看到一些人成功，要知道，他们都是经过多少的辛苦，流过多少的汗水，才能功成名就。人生于世，只要建立功勋，实至名归，就是有人辜负你，历史和大众都不会亏待你；反之，无功受禄的人，如历代的外戚，靠裙带关系，纵然受封，别人不服气，也无法成功。

二、急功近利的人不能成功。功劳不是一时的，建功立业是一生的事。有的人没有耐性，没有恒心，只望一时侥幸，所以急功近利。急速成长的树木花草，价值有限；历经岁月考验得来的成就，才能实至名归。好大喜功，急功近利，例如过去的武将贪功冒进，结果全军覆没，良堪痛惜。

三、居功自傲的人不能成功。有的人本来建立了功劳，让人崇敬，但是他居功自傲，反而因功获罪。例如清朝时候的鳌拜，因居功自傲，就连年幼的康熙也承受不了，最后康熙智慧而勇敢地铲除了鳌拜，所以居功自傲的人，应该以此为戒。

四、贪功起衅的人不能成功。有些人为了贪取功名，制造是非，挑起事端，让别人互相斗争，他好从中取利。这种人或能侥幸获利，但长此以往，让人认识了他的诡计、谋略，大家往来谨慎；如此纵使一时成功，但孤家寡人一个，没有朋友，人生又有何乐趣呢？再说，一旦让人看出他是两面人，是专门挑拨操弄的小人，虚假面具被拆穿，也会为人所唾弃而功败垂成。

五、邀功求赏的人不能成功。古今的英雄，建立功劳后都希望因功获奖。古代的韩信，向汉高祖要求封“假齐王”，汉高祖生气不允，后经张良暗示，灵机一动，改口说“要封就封真的，何必要假的”，因此封他为“齐王”，但韩信因此埋下杀身之祸。近代选举，每次胜选的功臣，都会要求封赏；因为封赏难以公平，彼此斗争，搞得鸡犬不宁，纵使有人侥幸成功，得来的赏赐也不会长久。

六、前功尽弃的人不能成功。有的人立下许多功劳，但不能守成，因为另外的因缘不具，让所有的功劳付之东流，终致“前功尽弃”，殊为可惜。所谓“狡兔死，良弓藏，走狗烹”，所以能够谨守功劳，不要功败垂成，也是人生重要的功课。

限

社会上，有限公司很多，但是没有“无限公司”。“限”是人间的现实，我们的寿命是有限的，但是尽管不能活得长久，总要好好活出意义。物质是有限的，欲望是无穷的，我们无法以有限的物质，满足无限的欲望，所以不能放任自己无限的欲望去侵犯别人。

关于“限”，兹述如下：

一、限量。世间的物品，都有限量，在买卖供需不能平衡下，只有限量销售。例如，粮食生产不够，只有限量买卖；汽车出产不足，只有限定每家只准购买一部。过去土地放领，也是规定一家只能拥有多少亩。就是现在的银行发行钞票，也是限量流通，十元、百元、千元钞票，各印多少，不是无限地发行。有限才不会浮滥，才能有效控管，人民才有信心。

二、限重。物品都有重量，比方说，轮船载重多少，不能超载，以免危险；卡车载重多少，八吨、十吨，也有限量，超重违反交通安全就要受罚，也是非常合理。甚至我们每个人的精神、体力，能负担多重，也有限制，如果超重，压力太大，也会吃不消。

三、限高。房屋建蔽率多少，楼房限建多高，必定都有标准。建蔽率是房屋投影面积与基地面积的比率，比率愈低，则留下的空地愈大，绿地就愈宽广，居住的环境质量也会相对提升。同样的，楼房高度也会影响居住质量，房子建得太高，不但影响周边建筑的视野、采光，本身也有安全上的风险。所以一般发达国家，都市的建筑都有高度限制。

四、限期。限期就是时间的限制，如学生读书，限制小学几年、中学几年、大学几年。服务公职也有一定的年限，规定几年可以申请退休，乃至民选的官员，也有任期的限制。甚至法院里判刑，只要是有期徒刑，十年、八年，都有一定的年限。即使一般民间租屋，也会签约，五年、十年为期，期限到了，才可以要人搬迁。

五、限额。一部汽车能坐多少乘客，都有限额；一个学校招生多少，也要限额录取。公司招募职员，限额几名，就是重质不重量。现在联合国对一些国家发出“限武”通令，就是不准许制造太多的原子弹、核武器。所以今后的世界，能不战争最好，万一不得已要发动战争，双方都能在武器上限额最好。

六、限界。限界就是物和物之间的界限，例如土地和土地之间有界限，房屋和马路之间有界限。有界限，则互不干扰，所以世界上国有国界，河有河界，山有山界，大家都以界为限，免得超越，产生纷争。

其实，不管限量、限重、限高、限期、限额、限界，都以“心理”为重，我用物、用钱、用情、用人，都有限制，有限，才能节制自我。